Jürgen Pietsch · Heino Kamieth

Stadtböden

Entwicklungen, Belastungen, Bewertung und Planung

EBERHARD BLOTTNER VERLAG · TAUNUSSTEIN

CIP-Titelaufnahme der Deutschen Bibliothek:

Pietsch, Jürgen:
Stadtböden: Entwicklungen, Belastungen,
Bewertung und Planung /
Jürgen Pietsch; Heino Kamieth. –

Taunusstein: Blottner, 1991
    ISBN 3-89367-004-1
NE: Kamieth, Heino

© 1991, Eberhard Blottner Verlag, 6204 Taunusstein
Herstellung: LaserSatz R. Studt, Taunusstein
Umschlaggestaltung: M. Köster, Grafik-Design, München
Druck: PDC Paderborner Druck Centrum
ISBN 3-89367-004-1

Stadtböden
Entwicklungen, Belastungen, Bewertung und Planung

"Boden aus der Luft" 62

Trümmerschutt zur Stadtparzellierung Landsch. eingesetzt 61

"schwere Vegetation" 139

Versauerungsringe um Bäume 99

"Lockersysteme" 170
Pararendsina aus Trümmerschutt 172

[Brauned-] Hortisole "
Kultur-, Recyclin Substrate
Marktböden u. ...ionsböden
(Technosol) 58

Städte nicht entbunden, sondern gegründet (über Rechtsverleihungen) 17

ideol. Wohnkonwidte
Steine + Böden + Smaase + Feuer
19.42

Lübecker Altstadt:
Kolluvisol-Hortisol-
(Pararendsina-)Ges. 58
...böden

• humose "fossile" Oberböden bis in große Tiefen 71

Meliorationsmischungen (exporte u. eroberte Gipse en erytwane Systemenn 71

"Boden" { phys. Material in Anspruch genommene Fläche 17

Inhalt

6

8

Einleitung

1. Stadtböden: Terra incognita?

Böden in Städten bedeuten mehr als Baugrund oder in m²-Preisen wirtschaftlich faßbare Immobilie. Spektakuläre Kontaminationen haben einen Gegenstand ins Bewußtsein gerufen, der, von Wissenschaft und Planung vernachlässigt, Lebensqualität und Umweltverträglichkeit in erheblichem Umfang beeinflußt. Über Belastungen hinaus weisen Entstehung und Genese urbaner Böden sowie deren Rolle im Ökosystem Stadt vielfältige, eng mit der Geschichte menschlicher Siedlungen verknüpfte Aspekte auf. Bautätigkeiten, Nutzungseinflüsse, Abfälle, Brände und Kriege haben kleinräumig wechselnde Böden und Substrate entstehen lassen. Von kleinsten belebten Mauer- und Pflasterritzen über Gärten und Grünflächen bis hin zu Deponieabdeckungen und Sportplatzbelägen: Überall Böden. Unterm Pflaster ist nicht nur der Sand, es lassen sich auch und gerade unter sogenannten Versiegelungen Bodenfunktionen beobachten.

Das vorliegende Buch ersetzt keine Stadtbodenkunde (die noch zu leisten wäre), bringt aber notwendige Grundlagen und Ergänzungen und reicht weit über die disziplinäre Sicht "Bodenkunde" hinaus. Den inhaltlichen Rahmen stellt unser Vorwissen zum BMFT-geförderten Forschungsvorhaben "Erfassung und funktionale Bewertung urban und industriell überformter Böden", insbesondere aus dem Teilprojekt "Bodennutzung, Bodenbewertung und -planung im urban-industriellen Bereich unter Nutzung kommunaler Umweltdatenbanken" dar.

1.1 Boden und Umweltpolitik

In den letzten Jahren ist der Zustand unserer Böden zu einem akuten umweltpolitischen Thema geworden. Erste Initiativen des Bundes und der Länder sowie Bestandsaufnahmen bei einigen Kommunen verdeutlichen den Handlungsbedarf auf allen Planungsebenen, obwohl sie bisher nur auf den Schutz des Bodens, nicht auf seine Entwicklung gerichtet sind. In den vorhandenen

10

Schutzkonzeptionen, Bodenprogrammen, Bodenberichten und entsprechenden Abschnitten von Umweltberichten ist zwar von Boden oder besser "Böden" die Rede, auf die Besonderheiten in Aufbau und Belastungen von Stadtböden wird allerdings kaum oder nie eingegangen. Das ist weiter nicht ver-
wunderlich. Sieht man sich Werke vom Typ "Grundlagen der Bodenkunde"
bzw. "Die Böden Deutschlands" an, so taucht dort nicht einmal der Begriff
"Stadtboden/urbane Böden" auf. Die Deutsche Bodenkundliche Gesellschaft
richtete erst 1987 einen Arbeitskreis "Stadtböden" ein. Demgegenüber steht
die lange Tradition der "Bodenfrage" im ökonomisch-rechtlichen Sinne.

Die fortschreitende Industriegesellschaft geht mit zunehmenden funktionalen
Anforderungen an die Böden samt parallelen Belastungen einher. Besonders

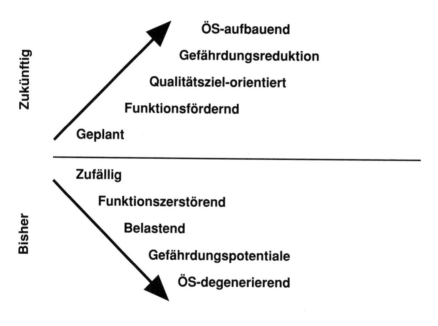

Abb. 1: Stadtbodenentwicklung – Tendenzen

in und am Rande von Ballungsräumen besteht eine ständige Nachfrage nach
Fläche für die Ausweitung des Verkehrs, für Wohn- und Industriebauten und
für die Ver- und Entsorgung. Mit steigender Rationalisierung und Automati-
sierung in Gewerbe und Industrie gehen schnellerer, oft extensiverer Flächenverbrauch und höherer Stoffumsatz einher. Vermehrt wird über Freizeit-
nutzungen die Lebensgrundlage Boden in Anspruch genommen. Erst in An-

sätzen werden die Dimensionen der Aufgaben in den Industrieregionen der ehemaligen DDR erkennbar. Beispiele und statistische Angaben im Buch beziehen sich zugangsbedingt in der Regel auf das Gebiet der alten Bundesrepublik.

In den Großstädten sind die Probleme besonders deutlich geworden:
- durch hohe Bevölkerungs- und Bebauungsdichte sind auch Überformungen und Emissionen konzentriert,
- Nutzungsintensität und -vielfalt führen zu speziellen Bodengenesen und -typen,
- Städte wachsen gleichsam auf ihren Abfällen,
- urban-industrielle Flächennutzungen verdrängen natürliche und naturnahe Nutzungen,
- noch vorhandene Freiräume werden durch Freizeit und Erholung belastet und beeinträchtigt, insbesondere Uferzonen und Wälder, die gleichzeitig durch Schadstoffe im Wasser, in der Luft und im Niederschlag Gefährdungen erfahren.

Verluste ergeben sich entgegen tradierten Überzeugungen nicht an Bodensubstanz, sondern an Qualitäten und Funktionen. Der "Verbrauch", die Abnutzung des Bodens, wird jedoch nicht nach den ökologischen, den langfristig verursachten Schäden beurteilt, da bisher nur die "Bau"fläche, nicht aber die Eigenschaften und Funktionen des Bodens als Teilkompartiment der Ökosysteme als Wert in Kostenkalkulationen eingeht. Die heute übliche Belastung und Ausbeutung des Bodens übersteigt meist seine Regenerationsfähigkeit. Durch verzögert sichtbare Schäden sind die Nutzungsmöglichkeiten bereits eingeschränkt oder sogar unwiederbringlich verloren. Aufwendige Sanierungsmaßnahmen sind erforderlich und gegen langfristige Umweltrisiken abzuwägen.

Bodenschutz allein greift im besiedelten Bereich entschieden zu kurz bzw. daneben, da Optionen durch Entwicklungen, Verbesserungen oder durch Vorsorge nicht berücksichtigt werden können. Die bisher allein ökonomisch-rechtlich ausgerichtete "Bodenpolitik" führt zu ökologischen Zufälligkeiten.

1.2 Verdrängung und Wahrnehmungsmängel

"Boden gilt wie Arbeit als originärer Produktionsfaktor (Kapital als abgeleitet). Der Faktor Boden umfaßt die Erdoberfläche, die Bodenschätze als standortgebundene Rohstoffe, die naturgegebenen Energiequellen – und we-

gen der Unbeweglichkeit – auch das Klima. Die spezifische Einkommensart, die durch den wirtschaftlichen Einsatz des Bodens erzielt wird, heißt Grundrente oder Bodenrente (bzw. Pachtzins, wenn der Eigentümer den Boden nicht selbst nutzt). Boden unterscheidet sich von anderen Produktionsfaktoren durch seine Unbeweglichkeit, seine grundsätzliche Unvermehrbarkeit (trotz Neulandgewinnung bzw. -erschließung durch Rodung, Entwässerung oder Eindeichung) und seiner Eigenschaft als Standort durch die fehlende Abnutzung." Meyers Enzyklopädisches Lexikon, 1972, S. 407.

Eine Geringschätzung und Reduzierung des Bodens ist in allen Handlungsbereichen, z. B. Industrie und Gewerbe, Stadt- und Landschaftsplanung, durch die Bewohner allgemein, aber auch bei der Bewirtschaftung und Pflege der Grün- und Freiflächen festzustellen (Vgl. Abb. 1). Bisher bestehen, sichtenbedingt, Definitionsmängel und Wahrnehmungslücken. Altlasten, Bodenbelastungen allgemein eröffnen Wahrnehmungsmängel, insbesondere der ökonomischen Theorie bzw. der Volkswirtschaftslehre. Der ökonomische Bodenbegriff meint tatsächlich eine nicht physische, sondern eine abstrakte Fläche, sozusagen die Projektion von Boden, quasi über diesem schwebend. Ergebnisse von Flächensanierungen sind **Bodenlosigkeit** oder **Verbrannte Erde.**

Definitionen bodenbezogener Phänomene, z. B. von "Versiegelung", legen einen bestimmten Bodenbegriff zugrunde. Statt einseitiger Definitionen wird ein integratives Paradigma erforderlich.

Mögliche, bisher weitgehend inkompatible Klassen von Sichten und Definitionen zum Boden reichen von:

- Produktionsfaktor und -grundlage: z. B. Landwirtschaft, Gewinnung von Bodenschätzen;
- Wirtschaftsfläche (geometrisch-statistische abstrahiert);
  Ökonomischer Boden ("-rente), über die klassische Funktionen hinaus (Bodenpreis in m²) geht es um Preise für Substanz (nach m³, t), Sanierung und Herrichtung (Altlasten, Dachgärten, Grünflächen);
- Physikalischem Boden ("Biotop), ermöglicht ökosystemare Betrachtungen (Ökosystem Stadt, Wasserhaushalt) einschließlich entsprechender Funktionen;
- rechtlicher Sicht (Regelung der Verfügbarkeit und des ökonomischen Umgangs) bis hin
- zum Boden als Heimat, Wohnort, Erholungsfläche,

die über den "Boden als Planungsfaktor" integriert werden sollen.

Fläche und Boden stehen nur für teilidentische Inhalte. Bisher nicht erleichtert wird der Zugang zum Boden trotz seiner Attraktivität in der Alltagssprache. Übertragungen wie "Industrieboden", "Bodenverkehr", "doppelbödig", "bodenlos", "Boden gewinnen" weisen andererseits auf archaische Denkmuster. Primitive Gesellschaften, Schamanen hatten möglicherweise bessere Rezepte als Ökonomen: sie ließen der "Mutter Erde" Opfer bringen, die als Erhaltungsinvestitionen interpretiert werden können.

Die Vielfalt der Böden, wie sie schon ohne menschlichen Einfluß entstanden ist, wird im urbanen Bereich nochmals durch anthropogene Ausgangssubstrate, Mischungen und Schichtungen potenziert. Versuche, Stadtböden auf den Begriff zu bringen, sind dennoch an der tradierten Nomenklatur orientiert. Stadtböden können nicht mehr nur einer Disziplin überlassen werden. Theoretische und methodische Grundlagen funktionaler Wahrnehmung von Stadböden können nur disziplinübergreifend erarbeitet werden.

1.3 Neue Perspektiven und Lösungswege durch funktionale Wahrnehmung

Erfordernisse komplexer Sichten auf Stadtböden ergeben sich durch Gefahrenabwehr, Umweltvorsorge, querschnittsorientierte- Umwelt- und sonstige Fachplanungen. Funktionale Wahrnehmungsmuster erlauben z. B., urbanindustrielle Überformungen und Genesen als bisher weitgehend verdrängten Fakt erheblicher Größenordnungen, nicht als Störung zu betrachten.

Eine kommunale Bodenwirtschaft neuer Prägung muß sich den in Ballungsräumen umgesetzten Substratmengen, einer bisher vernachlässigten Form des Bodenverkehrs, stellen, diese und die sich daraus ergebenden Neubildungen und Belastungstransfers steuern. Lärmschutzwälle als Moränen des Industriezeitalters stellen Ergebnisse dar, die ein "altes Verständnis" symbolisieren. Bodenbörsen, die Substrate, nicht Flächen vermitteln, können ein Element neuer Lösungsmuster sein, wenn die bewegten Mengen einer Qualitätsüberwachung unterliegen. Im Rahmen eines Programms der "Ökologischen Erneuerung" des Ruhrgebietes wurden noch 1989/90 in Essen belastete Substrate aus einer Deponie auf – inzwischen gesperrte – Spielplätze verbracht. Mengenangaben zum Stofftransport aus:

- Bodenaushub (mit Sondermengen wie aus dem U-Bahn-Bau)
- Bauschutt
- Bodenaufbereitung/Sanierung

14

- Aschen und Schlacken (Müllverbrennung)
- Kompostierung
- Klärschlamm
- sonstigen (Einträge über den Luftpfad, Bodenhilfsstoffe etc.)

ergeben nach Hamburger Zahlen für den besiedelten Bereich, soweit erfaßt, ca. 150t/ha/a mineralischer Substrate und 5-10t/ha/a organischer Substrate (ohne die Kompostierung in Gärten!).

Funktionale Sichten lassen, etwa durch
- Substratbilanzen,
- optimale horizontale und vertikale Differenzierung (z. B. Schichtung und Profil) von Technosolen,
- einen urbanen Wasserhaushalt, bei dem Oberflächenabfluß, Verdunstung und Grundwasseranreicherung gebietsspezifisch eingestellt werden können,
- Biotopmanagement und
- Gefährdungsreduktionen
qualitätszielorientierte Stadtbodenentwicklungen zu.

Anzustreben ist ein ökonomisch-ökologischer Kontext, in dem jede Verfügungsform von Stadtböden als tolerabel gilt, die eine nachhaltig multifunktionale Nutzung zuläßt. Grenz- und Richtwerte, Ge- und Verbote genügen als Instrumente nicht mehr. Nutzung- und trägerspezifische Lösungswege, Vorsorge durch Ökologische Planung und umweltverträgliche Technologien sind durch geeignete Instrumente zu unterstützen:

- Informationssysteme verschaffen den Überblick,
- Entwicklungen müssen in Zeitreihen und Bilanzen sichtbar werden,
- Schnittstellen der Umweltplanung zum Bau-, Abfall- und Altastenbereich,
- obligatorische Umweltverträglichkeitsprüfung.

Zielgruppenspezifische Lösungsmuster erfordern
Umweltqualitätsziele als Maßstäbe und Sichthilfen. Anregungen kommen auch aus dem Umgang mit Böden außerhalb der Stadt, in anderen Klimaregionen und/oder der 3. Welt. Erinnert sei an Effekte wie Zerstörung, Abschwemmung, Verwehung, Vesalzung oder Devastierung (Tropenwälder).
Es stellt sich die Frage, ob der Begriff der Bodenkultur, der auch institutionell vielfach verankert ist, in der Stadt einen neuen, handlungsleitenden Inhalt erhalten kann. Die noch unverbundenen Strömungen und Sichten wären durch eine urbane Bodenkultur zu verbinden, die ökologische, ökonomische

und ethische Aspekte vereint. Die urbane Bodenkultur kann über Umweltqualitätsziele operationalisiert werden.

Der Aufbau des Buches ermöglicht durch weitgehend abgeschlossene Kapitel den Gegenstand "Stadtböden" als Facetten zu betrachten:

In der Geschichte der Stadt- und Siedlungsentwicklung zu beobachtende Phasen und Formen urbaner Bodenbildungen und -veränderungen zeigt Kapitel 2, ergänzt um planerische, rechtliche, politische und ökonomische Aspekte. Im Kapitel 3 wird auf die Bereiche "Genese" und "Eigenschaften" eingegangen, der die Böden im besiedelten Bereich als sich schnell wandelnde "Wesen" darstellt. Kapitel 4 setzt sich mit Belastungen auseinander, die aus den unterschiedlichsten Nutzungen resultieren, dazu zählen auch die in Kapitel 7 dargestellten Probleme der Altablagerungen und Altlasten. Im Kapitel 5 werden Oberflächeneffekte von Böden bzw. deren Nutzungen ohne die Scheuklappen des Denkens in "Versiegelungen" dargestellt. Kapitel 6 faßt alle Ergebnisse für bestimmte Nutzungstypen zusammen. Die sich immer mehr von der Sonder- zur Normalform entwickelten Altlasten und kontaminierten Standorte werden in Kapitel 7 in den urban-industriellen Kontext gestellt. Unerläßlich sind bessere und besser verfügbare Informationen über den Boden in der Stadt. Methoden zur Erfassung, Beurteilung und Darstellung und die Organisation in Umweltinformationssystemen enthält Kapitel 8. Wege und Möglichkeiten, Boden durch Schutz, Planung und Entwicklung "gut zu machen", sind im abschließenden Kapitel 9 dargestellt.

2. Böden und Stadtentwicklung

Den Boden im Kontext zur Entwicklung der Städte und Siedlungen zu betrachten, erfordert das Eingehen auf die Bedeutung, die der "Erde" in den verschiedenen Epochen zugekommen ist. Nicht zu Unrecht wird der Boden als "Grundlage jeder städtischen Entwicklung" (BONCZEK, 1978) bezeichnet. In der deutschen Sprache steht das Wort "Boden" gleichermaßen für die physische "Erde" wie für die in Anspruch zu nehmende neutrale "Fläche". In anderen Sprachen werden das Substrat und die Fläche mit getrennten Begriffen belegt. Zu ihrer Zeit waren jeweils rechtliche, wirtschaftliche, technische, kulturelle, hygienische und ökologische Aspekte in unterschiedlicher Weise prägend für die Wahrnehmung der Böden. Bis hin zu Bemühungen in den 60er Jahren, sich von den "chtonischen Fesseln" (SOMBART, 1968) zu lösen, wurden Böden eher als hindernd bei der Stadtentwicklung denn als ökologische Grundlage betrachtet.

Im Untergrund der Städte, ihren Böden, sedimentiert die Siedlungsgeschichte, belegbar von Tontafeln über Baumaterialien und Konsumgegenstände bis hin zu Disketten. Stadtforschung, Geschichte generell, erhält vielfach ihre Informationen durch Ausgrabungen, wenn andere "Archive" nicht mehr ausreichen (z.B. Bagdad, Rom, Köln, Frankfurt, Berlin). Der Informationsgehalt städtischer Böden umfaßt nicht allein Kulturschichten. Böden, denen historischer "Wert" zukommt, sind bodenökologisch gegebenenfalls als "Altlast" zu deuten (Müllplätze, Sickergruben, vorindustrielle Stätten der Metallverarbeitung und "Bodendenkmäler"). Der Bedeutungswandel des Bodens geht einher mit veränderter Wahrnehmung von Umwelt, deren aktuellen Pole durch Archäologie auf der einen und die Sanierung von Altlasten auf der anderen Seite markiert werden.

Entgegen pseudoökologischen Hypothesen sind Städte nicht naturwüchsig "entstanden", sondern wurden gegründet und gebaut. Rechtsverleihungen (Befestigungsrecht, Gerichtsbarkeit, Bannrecht, Münz-, Zoll- und Marktrecht, Regalien), wirtschaftliche Aspekte, Privilegien und Machtplätze initiierten Städte. Die Baugrundeignung spielte als Standortfaktor für Stadtgründungen eine nachrangige Rolle. Städte wie Venedig und Amsterdam zeigen

18

dies auf. Bautechnische Hindernisse, seien es nicht hinreichend tragfähige Untergründe oder zu hohe Grundwasserstände, wurden durch Pfahlgründungen, Drainagen, Aufschüttungen und andere Lösungen bewältigt. Belagerungen machten Sinn, weil die Stadt (-fläche) nie schwerpunktmäßig der Nahrungsproduktion diente. Die Trinkwasserversorgung wurde notfalls durch aufwendige Kunstbauten gesichert.

Die Böden historischer Städte und Stadtlandschaften in Europa (Rom, Oberitalien, Südfrankreich, Paris, Flandern) sind durch vielfältige Entwicklungsphasen geprägt. Kolonialisierungen verschiedener Epochen in Europa und Übersee haben spezifische, den Ausgangsorten selten entsprechende Städte hervorgebracht. Kulturelle Einflüsse können durchaus physische Folgen haben. Totenkulte und Bestattungsformen prägen bis heute die Böden ausgewählter Areale.

Die Zufuhr organischer und anorganischer Stoffe und Substrate in die städtischen Areale erfolgte in wechselnder Intensität. Die Einfuhr von Substanzen und Materialien jeder Art übertraf in allen Epochen die Ausfuhr. In der Folge haben sich urbane Bodengenesen herausgebildet und das Niveau der Städte erhöht. Bodenbildung unter urbanem Einfluß stellt sich als wirksamer Mix von Gesteins- und Bodenentwicklungen (Litho- und Pedogenesen, vgl. Kap. 3) dar. Nach der Eroberung von Städten hieß es oft, sie seien dem "Erdboden gleichgemacht" worden. Dies galt allerdings nur für das Niveau, nicht für die Zusammensetzung.

Formen, Dynamik und Geschwindigkeiten der urbanen Bodeninanspruchnahme haben sich seit der Industrialisierung, insbesondere aber nach dem 2. Weltkrieg, rapide entwickelt. Selten allerdings zum Positiven.
Ein Blick auf Städte der Dritten Welt und der sogenannten Schwellenländer weist auf Dimensionen, die in den altindustrialisierten Ländern so nicht erreicht wurden. 5 Mio. Einwohner (Lima) gelten noch als klein. 10 Mio. Einwohner (Kairo, Schanghai) bilden die Mittelgruppe. Städte wie Mexiko-City und Sao Paulo führen mit über 15 Mio. Menschen die Liste der Megazentren an, deren Wachstum und Größenordnungen europäische Zentren längst hinter sich gelassen hat. Mangelhafteste Ver- und Entsorgungsinfrastrukturen führen rasch zur flächenhaften Vergiftung dieser Territorien. Hygienische Probleme kleiner vorindustrieller Ortschaften werden potenziert, Belastungen der Industriegesellschaft konzentriert nachvollzogen. Ganze Viertel leben auf und vom Müll. Auf ungeeignetem Baugrund errichtete Elendsviertel, Favelas sind ständig von Erdrutschen und anderen "Naturkastrophen" gefährdet, deren Ursachen weitgehend man-made sind.

2.1 Phasen und Formen urbaner Bodenbildung

Die Vielfalt der geo- und pedologischen Ausgangsvoraussetzungen und
Standorte, auf denen Städte entstanden, wurden und werden durch die Nutzungseinflüsse nivelliert. Andererseits sind diese Einflüsse wiederum so viel-
seitig, daß sich neue, stadttypische Böden und Untergrundverhältnisse entwickeln. Stadtbodengenetisch sind kontinuierliche (Nutzungs-)Einflüsse und
diskontinuierliche Ereignisse (Aufstände, Revolutionen, Kriege, Brände, Naturkatastrophen, Epedemien) zu unterscheiden. Sie werden überlagert von
Phasen wirtschaftlicher Prosperität bzw. Depression. Einzelne Epochen der
Stadtentwicklung führen jeweils zu typischen Formen und Megatrends stadttypischer Bodenentwicklungen, seien es Bauweisen von Wohn- und Indu-
striegebäuden, Ver- und Entsorgungseinrichtungen, die Nahrungsmittelproduktion, Lebens- und Haushaltsformen (z.B. Wäschebleichen), Belastungs-
quellen oder die Art der Heizung.

Idealstadtvorstellungen, Bemühungen von Stadtplanern, Launen von Landbe-
sitzern und Investoren, in der Mehrzahl jedoch sozioökonomische Bedingungen, haben Städte auf unterschiedlichsten Untergründen entstehen lassen.
Städte sind aus Erde geworden und gehen wieder in Böden über. In einigen
altindustrialisierten Regionen ergeben sich inzwischen Erfordernisse der
Rückentwicklung, für die u.a. neue Instrumente der Bodenordnung und Um-
weltqualitätziele zu entwickeln sind. Das Beispiel der Emscherzone in Nordrhein-Westfalen kann als hoffentlich positiver Großversuch (IBA Emscher-
park) in diese Richtung gewertet werden.

Der Umgang mit der historischen Dimension der Böden wird zu einem eigenständigen Problemkreis,
- wenn ökonomisch-planerische Verwertungsinteressen diese überlagern,
  (siehe Frankfurt-Bornplatz-Judengasse)
- wenn Standorte/Flächen "ideologisch hochgradig kontaminiert" sind
  (KRÜGER, 1989), wie am Beispiel von Bauten aus den Jahren 1933 - 45
  gezeigt werden kann.

2.1.1 Nicht nur auf Sand gebaut

Unterschiede der Städte korrelierten in der Vergangenheit häufig mit Unterschieden der Böden bzw. Geomorphologie. Die Bandbreite von "Stadtstand-
orten" reicht von Küsten – kaum über dem Meeeresspiegel (Amsterdam,
Venedig oder Bangkok) – bis zu Gebirgsstädten in mehreren tausend Metern

Höhe (La Paz). Dazwischen finden wir "Felsennester" an der Küste (Genua), eine große Zahl von Städten in Flußtälern unterschiedlichster Ausprägung (Köln, Frankfurt, Dresden) mit einer beachtlichen Untermenge in Gebirgstälern (Meran, Genf, Salzburg), solche in eigentlich unbewohnbaren Sumpfgebieten (Houston), auf Wasserscheiden, über Bodenschätzen (Ruhrgebiet, Lothringen) oder an Handelswegen. Damit zeigt sich, daß Städte nicht wegen bestimmter Bodenverhältnisse, sondern sich an diese und diese anpassend (Landgewinnung für Boston) gegründet wurden und wachsen. Das Ursprungssubstrat konnte fruchtbarster Boden oder steriles Gestein sein.

Aus und auf historischen Städten (Ur, Machu Picchu, Angkor Vat, Ghost-Towns im Westen der USA etc.) sind Böden entstanden und haben sie bedeckt. Erst Ausgrabungen, also ein Entfernen von Böden, haben sie wieder wahrnehmbar gemacht. Neben vergangenen Städten bedürfen Sedimente jüngerer Stadtgeschichte, entstanden durch Industrialisierung, Verkehr, Wohnen oder Müllablagerungen, der Einordnung.

Wasser kann die Einschätzung des Stadtgrundes positiv und negativ beeinflussen. Es soll in sauberer Form verfügbar sein, aber die Fundamente der Häuser und das Wohlbefinden der Menschen nicht beinflussen, die Abwässer der Stadt aufnehmen und fortführen. Niederschläge bedingen angepaßte Oberflächenausformungen, Pfahlbauten oder -gründungen sind bodenbedingt.

2.1.2 Formen und Megatrends stadttypischer Bodenentwicklungen

Bautätigkeiten, Baustoff- und Baugrundgewinnung beeinflußen mehrfach die Gestalt städtischer Oberflächen und die Bodenstruktur. Über die Baulanderschließung werden seit alters her von Natur aus ungeeignete Standorte bebaubar gemacht und neue gewonnen. Mit dem Einbringen von Baumaterialien, neben Gesteinen für die Häuser selbst , vor allem flächig Pflaster und Unterbau (Ziegel, Granit und Silikate in Lößgebieten, Kalkstein und Marmor auf Urgesteinsböden), ist eine – nicht standortbedingte – Vielfalt von Ausgangsgesteinen bereits in den historischen Städten festzustellen. Aufschüttungen für Verkehrswege, Bauplätze, aber auch zu Gestaltungszwecken, überwiegen anteilsmäßig.

Das Gewinnen von Baumaterialien, sei es in Steinbrüchen, Kies- oder Tongruben, ist, da selbst verändernd, ein Gegenstück zur Bodenentwicklung in der Stadt. Ihre produktionsspezifischen Abfälle bewirken eigene Lithogenesen. Verteidigungsanlagen wie Wälle, Gräben und Mauern machen bis zur Neuzeit oftmals die Masse der anthropogenen Umlagerungen und Substrate (Skelett) aus.

Kriegszerstörungen, Brände und Naturkatastrophen haben den Untergrund der Städte nachhaltig geprägt. Die dabei "entstandenen" Substrate sind konstitutiv für viele und mächtige (Boden-) Schichten. Sie wurden nicht selten zur Erschließung neuen Baulands genutzt (Vgl. Kap. 3).

Die "Vor Ort" stattfindende Entsorgung von Abfällen aller Art führte u.a. zur Schwermetallanreicherung durch die Mineralisierung organischer Abfälle. Schwermetallgehalte lassen sich als Funktion des Siedlungsalters interpretieren *(Kloke 1987)*, da Abfälle aus Küche und Stall, Fäkalien, Holz- und Kohleaschen mit ihren Spurenelementen ständig in Siedlungsnähe in den Boden kamen. Kloaken, heute sogar Bodendenkmäler, waren gesundheitsgefährdend und verdarben das Grund- und Oberflächenwasser. Vom kleinen Knochen- und Aschehaufen über den Kehrichtplatz bis zur Großdeponie hat die Abfallbeseitigung urbane Substrate geprägt. Die Zufuhr organischer Substanz in den Siedlungsbereich in einzelnen Perioden läßt sich durch organische Stoffflußtypen, bis hin zur Vertorfung und Verrindung städtischer Grünflächen (Vgl. Kap. 3), darstellen.

Nur die Neubauzonen am Stadtrand hatten keine urban-industriellen, bodenverändernden Vornutzungen. Ansonsten sind von der Baustoffgewinnung und -verarbeitung über Wohnbauten, Lagerplätze und Gewerbe- und Verkehrsflächen sowie Aufschüttungen häufig mehrere Vornutzungsphasen zu beobachten (Vgl. Kap. 6). Halbwertszeiten von wenigen Jahrzehnten schließen Inseln seit vielen Jahrhunderten ähnlich genutzter Flächen nicht aus: Kirchen (z. B. in Köln, Trier), die selbst oft an alten Kultstätten errichtet wurden sowie Friedhöfe und städtische Plätze.

2.1.3 Dimensionen

Städtische Agglomerationen nehmen einen wachsenden, immer größeren Anteil an der Erdoberfläche ein. Mehr als 50% der Erdbevölkerung lebt inzwischen in Städten, deren Flächenanteil noch weit unter 10% liegt.

Größenvergleiche zwischen alten und neuen Städten sowie alten Städten und neuzeitlichen Infrastrukturanlagen (Autobahnkreuze, Rangierbahnhöfe-, Flughäfen - Dallas-Fort Worth mit 70 km²) zeigen das exponentielle Wachstum städtisch geprägter Oberflächen. Der Hamburger Hafen nimmt eine Fläche von 80 km² ein. Die Altstadt von Regensburg umfaßt nicht mehr Fläche - ca. 100 ha - als ein am Rand dieser Stadt errichtetes neues Automobilwerk. In Nordrhein-Westfalen hat sich die Siedlungsfläche seit dem Ende des 2. Weltkrieges verdoppelt, ohne daß ein entsprechender Bevölkerungszuwachs zu verzeichnen war.

Während uns die Größenordnungen urban-industriell überformter Bereiche der Industriestaaten (Athen, Barcelona, New-York, Tokyo) bedrohlich erscheinen und weiter zunehmen, weisen insbesondere wachsende Stadtregionen in Schwellenländern und der Dritten Welt (Mexico-City, Bombay) auf noch entstehende Dimensionen.

Abb. 2.1: Die ägyptische Hieroglyphe für " Stadt" (aus: BENEVOLO)

2.2 Vorindustrielle Siedlungen und Städte

In den Jahrtausenden der Siedlungsgeschichte bis zur erst ca. 200 Jahre zurückliegenden Industrialisierung sind Städte unterschiedlichster Größe und Struktur entstanden, geplant worden und teilweise wieder vergangen. Siedlungen aus vorgeschichtlicher Zeit sind durch Boden erst wahrnehmbar. Feuerstellen und Werkzeuge, Reste von Pfahlgründungen markieren dem Kundigen frühe Orte. Ihre unterschiedlich bodenprägende Vielfalt bedarf noch eingehender Untersuchungen.

Größe und Kontinuität dieser Städte werden vor allem durch Staats- und Gesellschaftsformen, Phasen wirtschaftlicher Prosperität und militärische Anforderungen bestimmt. Das Maß technischer Fähigkeiten, verbunden mit kulturellen Werten, prägt das Bild der Stadt. Zerstörungen, Wiederaufbau und Erneuerungen, Wachstum und Niedergang führten zu urbanen Substraten lange bevor "Bodenkunde" als Disziplin auch nur gedacht war.

2.2.1 Städte des Altertums

Städtische Kulturen, wie sie sich seit dem 4. Jahrtausend v. Chr. im Zwei-stromland nachweisen lassen, zeichnen sich durch monumentale Kult- und Verwaltungsbauten (Totenstädte) aus, zu deren Dauerhaftigkeit Materialien entsprechend bearbeitet und/oder von weit hergeholt wurden. Noch heute er-heben sich im vorderen Orient Tall's mit ihren historischen Schichten meter-hoch aus der Umgebung. Altorientalische Städte (Mesepotamien, Ägypten) und solche der griechisch-römischen Antike wiesen Einwohnerzahlen und Ausdehnungen auf, die erst wieder von den Metropolen der Kolonialmächte ereicht wurden (siehe Tab. 2.1).

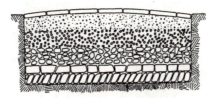

Abb. 2.2: Querschnitt durch eine römische Straße (aus: BENEVOLO)

In der ägyptischen Hieroglyphe für Stadt (Abb. 2.2) drückt sich ein typischer Stadtgrundriß aus. Die überlieferte Bodenverfassung des Esra (etwa 450 v. Chr., vgl. BONCEK, 1978) zeigt, daß die Ausbildung von Städten zu allen Zeiten mit Regelungen des Bodeneigentums korrespondiert.

Tab. 2.1: Die größten ummauerten Stadtgebiete des Altertums

Name	Fläche km^2	Einwohner	Zeit (v. Chr.)
Ur-Babylonien	1,3	50.000	2400
Uruk-Babylonien	5,0	100.000	3000
Theben-Ägypten	7,5	700.000	2000
Ninive-Babylonien	6,7	120.000	700
Babylon	30,0	350.000	600
Syrakus-Sizilien	14,0	400.000	400
Karthago	20,0	300.000	300
Alexandria	9,2	700.000	100
Rom n. Chr.	13,7	1100.000	200

aus: BONCZEK 1978

24

Über die enorme Bautätigkeit hinaus bilden technische Leistungen im alten
Rom zur Erschließung und Ver- und Entsorgung frühe Maßstäbe: Wasserleitungen (Äquadukte) und Kanalisation, Straßenpflasterung und die Entwässerung von Sümpfen hatten technologisch bis in die jüngste Zeit Vorbildfunk-
tionen (Abb. 2.3). Auch die Hoch-, Tief- und Grundbautechniken hatten bis
in unser Jahrhundert Bestand. Abfälle, seien es feste oder flüssige, und ihre Beseitigung führten zu bahnbrechenden Techniken wie die der Cloaka maxima.

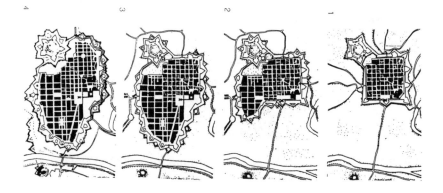

Abb. 2.3: Erweiterung einer befestigten Stadt (aus: BENEVOLO)

Allein das von weitem herangeschaffte Baustoffvolumen des "alten" Rom ergibt "vor Ort" eine Schicht aus mehreren Metern. Aus der Anhäufung wegge-
worfener Amphoren entstand so ein ganzer Berg, der Monte Testaccio. Nörd-
lich der Alpen sind militärisch motivierte römische Stadtgründungen wie
Köln bis heute besiedelt und ihre jeweils zeittypischen Substrate reichlich
vorhanden.

2.2.2 Städte des Mittelalters und der Zünfte

Städte auf und aus den Trümmern von Römerstädten, neue Kaufleute- und
Handwerkersiedlungen, etwa die blühenden Hansestädte, kennzeichnen in
Mitteleuropa das frühe Mittelalter. Die oberitalienischen Stadtrepubliken mit
ihren ererbten Bautraditionen stehen in dieser Phase eher als Sonderform.
Der Höhepunkt der Stadtgründungstätigkeit in Mitteleuropa lag um 1300
(STOOB 1985). Insbesondere in Frankreich (z.B. Aigues Mortes) und Osteu-

ropa (Deutscher Ritterorden) wurden neue Städte planmäßig errichtet. Die Baumaterialien der Wohnhäuser bestanden oft aus Holz und Lehm, seltener aus Stein, von Grundmauern abgesehen.

Religiöse und spartenmäßige "Viertel" (Färber, Seifensieder, Schlachter) waren durch Lebensformen und Gewerbeausübung bodenprägend. Auf dem Alten Markt in Duisburg lassen sich aus der Zeit von 900 bis 1300 fünf Schichten aus Abfällen, Sand und Schotter (zur Stabilisierung) nachweisen, das Niveau stieg um etwa 1m (Duisburg im Mittelalter, Duisburg 1983). Steinbrüche lagen zum Teil im und unter dem Stadtgebiet (Paris). Tote wurden überwiegend in Kirchengewölben und auf kleinen Kirchhöfen bestattet. Auch hier drangen "Faule Dämpffe und giftige qualm" (FLEMMING, 1950) empor. Schon nach 8 - 10 Jahren wurden die Gräber neu belegt.

Die Qualität der Umwelt und von Infrastrukturen in mittelalterlichen Städten waren nach heutigen Maßstäben miserabel. Erhebliche Luftverunreinigungen entstanden durch die ausschließliche Verwendung von - oft feuchtem - Holz und Torf als Brennstoff nicht nur zum Kochen und für die Raumheizung, vor allem auch zur Energieerzeugung für Gewerbebetriebe und sorgten neben vielfältigen Geruchsquellen (Gerbereien, Abfälle) für Situationen, die nach heutigen Maßstäben unzumutbar wären. Die festen Verbrennungsrückstände wurden als Rohstoff genutzt, vor allem aber dem Erdreich zugesetzt.

Über die selten gepflasterten Straßen wurden häusliche Fäkalien, Kadaver und Unrat entsorgt. Die Straßenreinigung oblag dem Regen oder recht und schlecht organisierten "Dreckfegern". Ihre Transporte reichten nur bis "vor die Stadt", also in heute regelmäßig innerstädtische Areale. Waren Straßen gepflastert, befanden sie sich oft in schlechtem Zustand, da Dachabläufe, Frost und Schmelzwasser dem Belag zusetzten. Zudem wurde die seltene Errungenschaft der Pflasterung angeprangert, weil dadurch die Erde nicht ausdünsten könne (FLEMMING, 1950).

Die Haustierhaltung (Schweine) erbrachte einerseits eine Verwertung organischer Abfälle, auch und besonders von den Straßen, führte aber andererseits zu zusätzlichem Schlamm, Dreck und Unflat, da die Tiere in nicht unwesentlichem Umfang "freilaufend" waren, ihre Exkremente also nicht zusammen mit Stalleinstreu über Mist-, Notdurft- und Abfallhaufen (in der Stadt Nürnberg gab es 1599 angeblich 386 Misthaufen, davon 25 öffentliche) entsorgt wurden. Daneben hinterließen Zug- und Reittiere ebenfalls ihre Verdauungsrückstände auf den Straßen. Märkte, Viehtrifte und Schlachttage trugen ebenfalls zur Belastung der Straßen mit Abfällen bei.

Abfälle wurden innerhalb und außerhalb der Häuser oftmals nur mit Stroh bedeckt oder gesandet. Bei der Anlage von Senkgruben legten die Städter Wert darauf, daß ein "möglichst großer Teil ihres Inhalts in den Boden versickern konnte" (LEHNERT, 1981), um die Abfuhrkosten zu sparen. Wenn der Boden durch die Infiltration undurchlässig geworden war, legte man daneben neue Senkgruben an. Wasserläufe, in die Abwässer und Abfälle eingeleitet wurden, versumpften und stanken. Sie galten schon früh (1597) als gesundheitsgefährdend und wurden deshalb zugeschüttet (FINDER, 1930). Die Wasserversorgung war in der Regel schlecht organisiert und die Brunnen durch Unrat, Senkgruben, Gewerbebetriebe, Viehställe oder Kirchhöfe erheblich beeeinträchtigt.

Brände und kriegsbedingte Verwüstungen verheerten die mittelalterliche Stadt häufig und führten zum Neuaufbau auf den alten Substraten (siehe Zerstörungen im 30jährigen Krieg und der nachfolgende "Wiederaufbau", Brand von London 1666).

2.2.3 Landesfürstlich-absolutistischer Städtebau

Der Wiederaufbau und Aufschwung nach dem 30jährigen Krieg, die Welle barocker Stadtanlagen, waren durch die landesherrliche Einflußnahme auf Bodeneigentum und Bodenwerte geprägt (BONCEK, 1978). "Eine Baustelle sei da zum Bebauen, wer sie nicht bebaut, verliert jedes Recht auf sie" (Bodenedikt, Großer Kurfürst, 1667). Dies drückte sich etwa in einer Förderung der Stadtentwicklung durch Subventionen und Sanktionen und der Einrichtung von Manufakturen in der merkantilistischen Wirschaftsordnung aus.

Die Stadtanlage wurde mehr und mehr militärisch bestimmt und führte zur "Architettora militare". "Der Gegensatz zu dem Mittelalter läßt sich knapp dahin ausdrücken: Das Mittelalter baute eine Stadt und legte später einen Mauering darum; der neuzeitliche Festungsbaumeister entwirft eine Festungsanlage und zeichnet die Stadt hinein" (EBERSTADT, 1920). Durch die Einführung von Geschützen wurden Modernisierungen der Verteidigungsanlagen erforderlich (Einführung des Bastionärsystems), zu denen in Deutschland Albrecht Dürer (1527) konzeptionelle Vorarbeiten leistete. Der französische Festungsbaumeister Vauban setzte bei Stadteroberungen eigene Erfahrungen, insbesondere beim materialintensiven Bau des nördlichen französischen Festungsgürtels, um. Wachstumsschübe befestigter Städte bewirkten großflächige Veränderungen (Ergänzung und Stabilisierung) der Substrate am Standort (einschließlich Glacis) wie an der Rohstoffquelle (Steinbrüche).

Der von den Römern stammende Grundriß von Turin und der die Stadt um-
gebende Mauerring wurde zwischen 1620 und 1714 dreimal erweitert. Allein
die Befestigungsanlagen beanspruchten zuletzt über 50% der Stadtfläche.

Das Schleifen und Niederlegen der Wälle und Ringe im ausgehenden 18.
Jahrhundert ließ dort dennoch selten Bebauungen zu. die Folgenutzung waren häufig Grün- und Verkehrsflächen (Vgl. Braunschweig, Hamburg, Frankfurt). Reste und Grundformen der Befestigungen lassen sich noch heute deutlich in den Stadtgrundrissen oder als physische Relikte erkennen (Spandauer
Zitadelle).

Neugründungen wie Mannheim und Karlsruhe zeigen, wie ein ästhetischer
Grundriß den Funktionen der Stadt auch zu jener Zeit nur sehr begrenzt ent-
sprach. Der Übergang von Manufakturen zur Frühindustrialisierung (ca. bis
1840) drückte sich u.a. im wachsenden Energiebedarf aus, der neue, boden-
verändernde Anlagen zur Gewinnung von Wasserkraft und Holz(kohle) erforderte. Neue Schiffahrtskanäle sind Vorläufer großmaßstäbig bodenumla-
gernder Verkehrsinfrastrukturen.
In dem ganzheitlichen Ansatz der durch englische Landschaftsparks und die
Romantik beeinflußten "Landesverschönerung" sollte durch das planvolle
Zusammenwirken von Agrikultur, Landeskultur, Städtebau und Architektur
ganz Deutschland in eine blühende Gartenlandschaft verwandelt werden
(DÄUMEL, 1969).

2.3 Städte des industriellen Zeitalters

*Der industrielle Produktionsprozeß löst sich von der Landschaft ab, mit
jedem technischen Fortschritt wird seine Bindung an sie loser, seine
Selbstherrlichkeit größer, bis zum Grenzwert hin, daß die Landschaft zur
bloßen Standfläche wird, die nach rein industriellen Erwägungen frei gewählt werden kann. (FREYER, 1966)*

Das Wachstum der Städte erfolgte durchaus nicht gleichmäßig. Während einige alte Städte stagnierten oder gar schrumpften, ging das rasche Wachstum
der Siedlungen in den neuen Industrieregionen und entlang der Eisenbahnli-
nien mit neuartigen Formen der Bodeninanspruchnahme einher, zu erkennen
an der beginnenden funktionalen Differenzierung. Der Bevölkerungsanteil
wuchs in der 2. Hälfte des 19. Jahrhunderts in den Städten gegenüber der
Landbevölkerung erheblich. Städte begannen in den Industriestaaten das
Dorf als vorherrschende Siedlungsform abzulösen und haben in rund 200

Jahren die Erde in Tiefe, Fläche und Intensität nachhaltig verändert. Weder städtebaulich noch bodenpolitisch wurden die Probleme, die mit der Entwicklung von der Agrar- zur Industriegesellschaft auftraten, gelöst.

Leitbilder und Ordnungsvorstellungen auf städtischer und regionaler Ebene sollten und sollen ideale Stadtgrößen, Zuordnungen der Nutzungen und optimale Freiraumstrukturen bezeichnen. Insbesondere das Wachstum prosperierender Zentren folgte zwar nie stadtplanerischen Konzepten, erst recht nicht ökologischen Modellvorstellungen. Dennoch lassen Ingenieure, Planer und Sozialwissenschaftler nichts unversucht, ideale oder zumindestens bessere Stadtstrukturen, verbunden mit einer entsprechend zu ordnenden Bodennutzung, vorzuschlagen. Relevant für uns sind die Leitbilder der industriellen Epoche, da aus ihren Problemen abgeleitet. Neben gesellschaftlichen Idealen finden sich, getreu dem jeweiligen wissenschaftlichen Weltbild, Vorstellungen von der Stadt als Maschine, Organismus oder Ökosystem. "Städtebau ist in den ersten und wohl wichtigsten Kapiteln seiner Arbeit nichts anderes als praktische Bodenpolitik" (SCHUMACHER 1923, zitiert nach BONCZEK 1978).

Flächeninanspruchnahmen und -zuordnungen folgen, wenn nicht Idealen, so doch typischen Trends. Nach BENEVOLO ist eine "liberale" (Frühindustrialisierung ohne öffentlichen Eingriff) und eine "postliberale" Phase (primäre Infrastruktur und Baulinien öffentlich, privater Grundbesitz ohne Regelung) in den Städten zu unterscheiden. Über Hygieneerwartungen hinausgehende Umweltbelastungen und Bodenverunreinigungen fanden mangels Problemwahrnehmung bis in jüngste Zeit keinen Niederschlag in städtebaulichen Leitbildern und siedlungsstrukturellen Konzepten.

Das ungeordnete Wachsen von städtische Maßstäbe überschreitenden Industrieregionen ließ Anfang dieses Jahrhunderts neue Ordnungsvorstellungen und Planungsträger entstehen (Vgl. Siedlungsverband Ruhrkohlenbezirk SVR, Generalsiedlungsplan für das Ruhrgebiet). Die Entlastungsstädte um London, von der alten, als zu groß empfundenen Stadt durch ausgedehnte Grüngürtel getrennt und selbst wiederum häufig der Gartenstadtidee folgend, repräsentieren eines der wenigen Beispiele im großen Maßstab erfolgreich umgesetzter Regionalplanungskonzepte. Das Achsenkonzept, erstmals in den 20er Jahren von Schumacher für Hamburg vorgeschlagen, angewandt auf die innere Struktur von Siedlungsräumen, erzeugte neben bandartigen Verdichtungen scheinbar von baulicher Nutzung freie "Achsenzwischenräume". In der Realität wurden diese Gebiete jedoch rasch durch Verkehrsinfrastrukturen, Ver- und Entsorgungseinrichtungen oder Freizeitanlagen aufgefüllt,

29

wenn sie nicht sogar für "extensive Bebauung" genutzt wurden (ENQUETE-KOMMISSION HH, 1987). Dem soll nun mit von außen in das Stadtzentrum sickernden "Landschaftsachsen" begegnet werden.

Spätestens mit der Wahrnehmung der "neuartigen Waldschäden" war das in den siebziger Jahren bei Planern populäre Konzept der "Ökologischen Ausgleichsräume" (BROP 1974), die den belastenden Siedlungsräumen, vertrauend auf die Selbstheilungskräfte der Natur zugeordnet werden sollten, gestorben.

2.3.1 Industrialisierung und Verkehr

Rückstände bzw. Kuppelprodukte der industriellen Produktion werden nahe bei der Quelle über den Boden-, Luft-, oder Wasserpfad ohne Rücksicht auf die Umwelt (der Begriff war noch nicht eingeführt) abgelagert. War eine Versickerung - analog zur Technik der Fäkaliengruben- nicht möglich, wurden Abwässer in die Vorfluter eingeleitet und führten schon vor der Einleitung häuslicher Abwässer zu erheblichen Gewässerbelastungen (WEY, 1982). Bergehalden der ersten Generation führten in größerem Maßstab Vorgehensweisen der vorindustriellen Naturaneignung fort (Vgl. Kap. 7).

Die Montanindustrie mit ihrem hohen Roh- und Hilfsstoffbedarf (Kalk für die Erzverhüttung, Ziegel für den Grubenausbau) und ihren erheblichen Nebenprodukten (Schlacken, Aschen, Teere oder Phenole) überformte den Raum zusätzlich. Über den Luftpfad emittierte Verunreinigungen schlugen sich ebenfalls in der Nähe des Austrittsorts nieder, weshalb früh empfohlen wurde, Industrieareale nur im Lee der Städte anzusiedeln.

Das industriell bedingte Stadtwachstum seit Mitte des 19. Jahrhunderts veränderte die Bodenverhältnisse in den betroffenen Gebieten gravierend. Im letzten Drittel des vergangenen Jahrhunderts, auch als "Gründerzeit" bekannt, veränderten sich die Industriestädte nochmals und wuchsen erheblich. Im Ruhrgebiet werden beste Böden besiedelt, aber auch die Sümpfe des Emscherbruchs trockengelegt und überbaut. Fabriken und Zechen mit den für sie errichteten Arbeitersiedlungen bildeten neue Kerne in der Montanregion. Stadtsanierungen, seien sie militärisch, durch die Wohnverhältnisse oder neue Infrastrukturen bestimmt (Vgl. Paris und die Maßnahmen von Haussmann, Abb. 2.4) veränderten die alten Zentren tiefgreifend. Wilhelminische Verwaltungs- und Prachtbauten (Gerichte, Rathäuser etc.) setzten stadträumlich neue Maßstäbe.

Abb. 2.4: Pariser Abrißarbeiten aus: (BENEVOLO)

Der Bau großtechnischer städtischer Infrastrukturen - seien es Stadt- und Straßenbahnen, deren Trassen oft aufgeständert oder auf Dämmen geführt wurden, Siele (Trenn- und Mischwasserkanalisation), Wasserleitungen und -behälter, Gaswerke (Leuchtgasanstalten seit 1827) und Leuchtgasleitungen, etc.- veränderten den Untergrund, die Straßenräume und führte zu neuartigen Nutzungstypen. Der Straßenschmutz (Staub) wurde bestenfalls durch Sprengen mit Wasser "gebunden". Pferdeäpfel und andere Verkehrsemissionen riefen in den Zentren Probleme hervor. Dem neuen Bauvolumen (Mietskasernen) entsprachen die häufig stadtnahen Areale der Baustoffgewinnung, die selbst bald wieder überbaut wurden. Neue Bautechniken und Materialien (Beton und Stahl) sowie erste Hochhäuser lassen die beginnende Moderne erahnen.

2.3.2 Boden und Stadthygiene

Beim Bau von Mietskasernen zur Unterbringung der rasch wachsenden Bevölkerung wurden selten die hygienischen Standards der besseren Wohngebiete erreicht. Neuartige Haustypen und das geltende Baurecht führten zu extremen Bebauungstiefen. Hinterhöfe verschmutzten noch mehr als die schon hochbelasteten Straßen. "Die Fäkalien wurden in die auf jedem Hof befindlichen zementierten Senkgruben direkt aus den darüber stehenden Hofabtritten entleert, und in diesselben wurden die etwa an den Häusern aufgestellten Nachtstuhleimer ausgeschüttet. Der Inhalt der meist durchlässigen Gruben wurde nach Bedarf nur zwei- bis dreimal pro Jahr abgefahren. Auch Müll, Abfall und Scherben lagerten lange in den Sammelbehältern auf den Höfen." (PREUSS, 1908)

Ver- und Entsorgungssysteme wurden aus stadthygienischen Gründen errichtet. Der Bau von Mischwasserkanalisationen zur Abwehr "hygienisch gefährliche Durchfeuchtung des Bodens und der Häuser und Vermeidung von Bodenverseuchung"(VARRENTRAP, 1869), erforderte gleichzeitig den Bau von Wasserleitungen (Städtetechnik). Ein angestrebter Nebeneffekt der Kanalisation war die Drainage des Untergrundes. Der Boden der Stadt sollte so "gesünder" werden. Damals wie heute hofft man auf die Selbstreinigung des Bodens. Bis zum Ende des 19. Jahrhunderts galt die Miasmenlehre, nach der giftige Ansteckungsstoffe außerhalb des menschlichen Körpers reproduziert werden, aber ein durch Miasmen erkrankter Mensch für andere ungefährlich bleibt. Milzbrand, Typhus und Cholera galten als Bodenkrankheiten. Noch in Meyers Lexikon von 1897 wird die Ansicht Pettenkofers dargestellt, nach der die Ansteckungsstoffe zu ihrer Reifung des Bodens bedürfen.

"In den meisten älteren großen Städten ist der Boden durch Senkgruben, Schlachthäuser etc. arg verunreinigt, und an vielen Orten ist infolgedessen das Wasser aus den städtischen Brunnen nur noch für gewisse technische Zwecke brauchbar. Die moderne Stadt kann daher nur durch rationelle Abfuhr der Exkremente, durch Kanalisation, geregelte Müllabfuhr, Zentralisation des Schlächtereibetriebes ... weiterer Verunreinigung vorbeugen und die Selbstreinigung des Bodens vorbereiten, für die Versorgung mit gutem Trinkwasser müssen Wasserleitungen angelegt werden" (Meyers Konversationslexikon 1897, Stichwort Städtereinigung).

Die "Beschaffung reinen Trinkwassers, die Beseitigung der Abtrittgruben und die Drainierung des Bodens" (VIRCHOW 1876) galten als die zu lösenden Aufgaben in der Stadt. Organisiert wurde ein Belastungsexport auf Rieselfelder und in Flüsse. Zur Entsorgung der Abwässer wurden ringförmig um die Stadt in Gütern organisierte Rieselfelder konzipiert. Die Überlagerung häuslicher durch gewerbliche und industrielle Abwässer erschwerte den Abbau. Mit Entwässerungsverbänden und -genossenschaften (Emscher) und ersten Kläranlagen nach der Jahrhundertwende wurde versucht, diesen Bodenproblemen organisatorisch und technisch Herr zu werden. Der Höhepunkt organischer Bodenbelastungen ging einher mit einem raschen, allerdings noch nicht wahrgenommenen schnellen Ansteigen der industriebedingten, vorwiegend anorganischen Belastungen.

2.3.3 Beginnende Funktionalisierung

Eingemeindungen und entstehende Stadtregionen führten mehr und mehr zu polyzentrischen Siedlungsstrukturen, auf die die tradierten innen-außen-Beziehungen nicht mehr zutrafen. Das seit seinem Aufkommen Ende des letzten Jahrhunderts mehrfach "modernisierte" Ideal der Gartenstadt (z.B. alte und neue Margarethenhöhe in Essen) will Bebauung erstmals in Grün- und Freiraumstrukturen einbetten, ihnen ein Primat einräumen. Möglichkeiten der Nahrungsmittelproduktion in der Stadt, nicht nur beschränkt auf einzelne Arbeitersiedlungen, beeinflußte städtebauliche Konzepte (Leberecht Migge) insbesondere der Zwischenkriegszeit. Die beginnende Grünpolitik integrierte Stadtparks oder Kleingärten in Freiflächensysteme. Die der Charta von Athen erstmals zugeschriebene Trennung der Funktionen in der Stadt wurde dort nur manifestiert, war aber längst gefordert und teilweise auch realisiert.

Neben weitgehend Theorie gebliebenen Entwürfen wie der "broad-acre-city" Frank-Loyd-Wrights, einer Art Weltschrebergarten, machten das Konzept der Gartenstadt, die Ideale der Charta von Athen aus der Zwischenkriegszeit und Ansätze wie "Die gegliederte und aufgelockerte Stadt" (GÖDERITZ, RAINER, HOFFMANN, 1957) oder Scharouns Stadtlandschaften die Ausdehnung der Stadt in die Fläche zum Programm. Besonders die Trennung der Funktionen Wohnen, Arbeiten, Erholen und Verkehr ist nie mit örtlichen Bodenpotentialen abgeglichen worden, sondern folgte Infrastrukturen und abstrakten Ordnungsvorstellungen. Grüne Mitten, wie sie für "Neue Städte" in der Nachkriegszeit diskutiert und teilweise umgesetzt wurden (HOCH-DAHL) ahmen unter anderen Bedingungen entstandene Vorbilder, etwa den Central Park in New York nach.

Während noch 1941 Aufträge für größere Natursteinlieferungen zum Ausbau Berlins als Reichshauptstadt nach Finnland, Norwegen, Schweden, Italien und Frankreich vergeben (TRANSIT, 1985) und in Konzentrationslagern Baumaterialien für menschenverachtende Prachtbauten produziert wurden, prägten tatsächlich Bunker, kriegsbedingte Bodenverunreinigungen, Bombenschutt und -trichter, Trümmerberge als "Hügel der Zerstörung" die Jahre von 1940 bis 1950. Das Ausmaß dieser Veränderungen (nach Flächen und

Mengen) war in den Städten oft größer als in der gesamten vorhergehenden Siedlungsgeschichte.

Nach dem Einschnitt des 2. Weltkriegs haben sich die Entwicklungslinien der Zwischenkriegszeit, wie zunehmender Individualverkehr, die Entwicklung von Vorstädten mit hohem Freiraumanteil, verbunden mit extensiver Flächennutzung und verstärkt durch Einflüsse aus Amerika, dessen Städte anderen Traditionen und Entwicklungsbedingungen unterlagen, beschleunigt fortgesetzt. Die Zeilenbauweise (+Abstandsgrün) bei Wohnhäusern galten auch als Vorsorgemaßnahme für einen künftigen Bombenkrieg, um zwischen den Schuttkegeln Bergungsräume freizuhalten. Unterschiedliche Einflüsse wie der erneute Industrialisierungsschub, Anfänge des Materialrecycling, Belastungen und Chemisierung, städtebauliche Neuordnungsmaßnahmen, damit verbundene drastische Erhöhungen des Verkehrsflächenanteils bei zunehmender großtechnischer Machbarkeit (Erdbewegungen, Bauwerke, Strukturen) kennzeichnen die Wiederaufbauphase (1948 bis zum Ende der 50er Jahre).

Großsiedlungen und Einkaufszentren auf der "grünen Wiese" haben ihre Ausprägungen eher durch inzwischen wieder überwundene sozioökonomische Zeitgeistströmungen erfahren und manifestieren mangelnde Sensibilität der Industriegesellschaft im Umgang mit bisher nicht urban-industriell überformten Flächen.

Zunehmender Wohlstand, ausufernde Stadtrandsiedlungen und beginnendes Umweltbewußtsein gehen mit Rekordanteilen bituminöser Decken, beschleunigtem Nutzungswandel und ersten "Flächensanierungen" einher. Altlasten und großflächige Belastungen(erst erfaßt über andere Medien - Luftreinhalteplan - dann direkt gemessen), drängen ins Bewußtsein, Versiegelung kommt als neues Thema auf.

In den 60er Jahren stehen Namen wie Yona Friedmann für die These, das Habitat des Menschen könne sich vom Boden loslösen. Raumstadt genannte Superstrukturen, umfassend vorgestellt beim "Grand Prix International d'Urbanisme et d'Architecture 1969", sollten die urbanistischen Probleme lösen. Grund und Boden finden sich in diesen Konzepten, wenn überhaupt, nur als Metaphern für Überholtes, zu Überwindendes. Diese "Stadtstrukturen von morgen" (Sombart, 1968) konnten jedoch niemals vom Boden der Tatsachen abheben. Schüchterne Versuche wie die "Metastadt" in Wulfen tragen bereits wieder als Bauschutt zur urbanen Lithogenese bei.

Gegenwärtig werden Stadterneuerung und Revitalisierung der Städte verstärkt unter einer Sicht der Stadt als Ökosystem (MLS, 1985) betrieben, ohne daß allerdings wettbewerbsfähige Kriterien zu einer ökologischeren Stadt vorlägen. Ein bescheidenerer Ansatz setzt auf die "Innenentwicklung", um der flächenzehrenden Außenentwicklung entgegenwirken zu können.

2.3.4 Aktuelle Formen des Umgangs mit Boden

Stadtgebirge mit ihren Hochhausgipfeln und Straßenschluchten lassen Bodenprobleme in der postindustriellen Stadt nicht mehr vermuten. Dennoch wurden Altlasten, zuerst nur punktuell erkannt, als kontaminierte Standorte (Vgl. Kap. 7) zum ubiquitären Problem. Inzwischen bilden unbelastete Restflächen Singularitäten. Flächenhafte "Sanierungen" von Industriegebieten altindustrialsierter Regionen, Abbruch und Sprengung von Stahlbetonskeletten sowie neue Bauschuttaufbereitungstechnologien stehen für technisch induzierte Bodenbildungsprozesse. Von Planern werden bestimmte Besiedelungsformen (freistehende Einfamilienhäuser, Ökohäuser) ökologisch günstiger eingeschätzt als von Maisäckern symbolisierte landwirtschaftlich genutzte Flächen.

Von als "saniert" bezeichneten Flächen gehen zwar meist keine Gefährdungen mehr aus, ihr Substrat ist mit den alten Böden jedoch kaum noch vergleichbar. Makro- und Mikroumlagerungen von Böden führen zu kaum mehr übersehbaren Substratmischungen. Baugrundkarten zeigen vermehrt Auffüllungen aus nicht pedo- oder geogenen Substraten. Die Mächtigkeit urbaner Sedimente verhinderte nicht die Lächerlichkeit des Ansatzes, mit dem Indikator einer "potentiell natürlichen Vegetation" im 20. Jahrhundert Nutzungseignungen für Stadtfunktionen festlegen zu wollen, besonders wenn sie sich auf präurbane Substrate bezieht (Aachen).

In der Regel sind Stadtböden gegenüber dem Umland trockener, verdichtet, eutrophiert, organisch und anorganisch belastet. Die Entwicklung von Bodensubstraten, -hilfsstoffen und Profilen für spezielle Zwecke und Standorte erreicht nie gekannte Ausmaße: Dachgärten und Straßenbaumstandorte sind zu versorgen, Belastungen und Devastierungen machen Bodenaustauschmaßnahmen erforderlich, Dichtungsfolien für Feuchtbiotope und ausgeklügelte mehrschichtige Deponieabdeckungen demonstrieren Öko-High-Tech.

Aus Baumärkten und Gartencentern werden neue "Marktböden" (Torf, Humus und Rindenabfälle, sowie als "Erden" oder "Böden" bezeichnete Substrate) in mehreren Dutzend Mischungen verkauft. Massenhafter Einsatz organischer Substanzen wie Mulchmaterialien, Rohbraunkohle, Humuserden, Komposte und Häckselgut in der Grünflächenpflege führt zu erheblichen Veränderungen der Standorte. Substrate wie Katzenstreu und Abstumpfmittel im Winter ergänzen die Palette.

Bodenaushub und aus Bauschutt (ca. 50 Mio. t/J) aufbereitete Recycling-Substrate drängen in die Verwertung, schon um wertvollen Deponieraum zu sparen. Teile des alten Bundestags-Plenarsaales dienen inzwischen als Lärmschutzwall. Seit 1986 wird in Hessen vom Verband der baugewerblichen Unternehmen eine "Bodenbörse" betrieben, um Deponiekosten zu vermeiden und Deponieraum zu strecken. Für Berlin (West) wurde 1987 eine Bodenausgleichsrichtlinie erlassen, nach der "bei der Durchführung öffentlicher Baumaßnahmen, bei denen Boden zu beschaffen oder Überschuß abzufahren ist", Mengen über 300 m^3 der Bodenleitstelle zu melden sind. Müll-, Berge- und Schlackenhalden bilden die Endmoränen des Industriezeitalters. Lärmschutzwälle, die Zwischenmoränen der Automobilära, wirken als "moderne" Verteidigungsanlagen in ähnlichem Maße stadtbodenbildend wie vorindustrielle Stadtbefestigungen (Vgl. Kap. 3). Andere Moränenlandschaften werden in Bundesgartenschauen und Freizeitparks simuliert.

2.4 Rechtliche, ökonomische und politische Aspekte

In jeder Phase der Stadtentwicklung spielt der Boden in seiner Eigenschaft als Rechts- und Wirtschaftsgut eine entscheidende Rolle und hat sie über weite Strecken determiniert. Noch heute steht die Umweltdimension des Bodens dagegen zurück. "Wirksam beeinflußt wird die Gestaltung der Stadt in erster Linie durch die Besitzverhältnisse ihrer Bürger und durch die Eigentumsformen an Grund und Boden" (BONCZEK, 1978). Der Ausdruck "Grund und Boden" steht als Sammelbegriff für städtische und landwirtschaftliche Liegenschaften; "Grund" stammt aus dem mittelalterlichen Städtebau (Baugrund innerhalb der Befestigung) und "Boden" aus der frühen agrarischen Wirtschaftsordnung (für die außerhalb der Stadt liegende Fläche als Stadtfeld «campus civitas» oder als Feldmark) (BONCZEK, 1978).

Das Eigentum am Boden, die Verkehrs- und Nutzungsrechte (Bodenordnung), entsprachen selten einer dem Wohl der Allgemeinheit dienenden bestmöglichen Nutzung des Bodens (Grundes) in den Städten. Immer wieder wurden deshalb Vorschläge zu Bodenreformen entwickelt. Unterschiedliche Wirtschafts- und Gesellschaftsordnungen konkurrieren um nicht erreichte

Ideale. Keines davon hat bisher die nötige ökologische Funktionalität von Stadtböden antizipiert.

"Die kommunale Bodenpolitik .... befaßt sich mit der Nutzbarmachung, der Bebauung und Besiedlung des Bodens, den Eigentumsverhältnissen, dem Bodenverkehr, den Bodenwerten, sowie mit der Besteuerung des Grund und Bodens. Sie gliedert sich in Bodenwirtschaft und Bodenordnung" (BONCZEK, 1978). Planung und Erschließung sind als bodenpolitische Mittel zur Daseinsvorsorge zu sehen.

Boden (Fläche) ist, klassisch-ökonomisch als Produktionsfaktor gesehen, ein unbewegliches, aber kein homogenes Gut. Er kann als Kostenelement, Einkommensquelle oder Abschreibungsobjekt betrachtet werden. Eine Steigerung von Bodenpreisen im Verhältnis zum Einkommens-Index scheint sich bei steigender Erdbevölkerung als quasi-natürliche Entwicklung (Japan) darzustellen.

Im Flächenhaushalt der altindustrialisierten Regionen, bestimmt von geringen Freiflächenanteilen bei gleichzeitig erheblichen Potentialen an unter- oder ungenutzten "Siedlungsbrachen", werden Wandlungen im tradierten Umgang mit den Grundstücken erzwungen. Regionale Grundstücksfonds oder die Gründung eines Sanierungsverbandes in Nordrhein-Westfalen markieren diesen Wandel.

2.4.1 Bodeneigentum, - Bodenorganisation und - Bodenrechte

Verfügungsformen und Zugangsmöglichkeiten zu städtischem Grund und Boden unterscheiden sich vor und nach der Industrialisierung vor allem quantitativ. Bekannt ist die Allmende als gemeinschaftlicher Grundbesitz. Vielfach setzte "der Staat" kostenlos zur Verfügung gestelltes oder subventioniertes Bauland ein, um Stadtentwicklungen zu forcieren. Die landesfürstlich-absolutistische löste mittelalterlich-feudalistische Bodenordnungen ab und wurden von bürgerlich-kapitalistischen gefolgt. Das Allgemeine Preussische Landrecht mit seinem Grundsatz der Baufreiheit zielte auf die Erleichterung von Ansiedlungen, deren Dimension jedoch mit den heutigen Stadt- und Ballungsräumen nicht vergleichbar ist.

Beim Stadtwachstum der frühen Industrialisierung wurden Bodenspekulationen durch explodierende Einwohnerzahlen und Flächenmangel begünstigt. Befestigungen begrenzten die besiedelbare Stadtfläche und waren so mit auslösend für die hohen Bodenpreise zur Zeit der ersten industriellen Revolution. Die Intensität der baulichen Nutzung wurde nur unzureichend über Fluchtliniengesetz und später den Bauzonenplan geregelt.

Kataster wurden als staatliches Register in Deutschland seit dem 18. Jahrhundert zu steuerlichen Zwecken auf der Grundlage amtlicher Vermessung und Bonitierung angelegt. Das Liegenschaftskataster als Nachweis (ursprünglich Steuerregister) ist durch die Grundbuchordnung von 1897 verbindlich und in der heutigen Form seit dem Bodenschätzungsgesetz von 1934 gebräuchlich. Im Liegenschaftskataster werden alle Grundstücke und ihre tatsächlichen Verhältnisse (Lage, Größe, Nutzungsart, Bebauung) verzeichnet (BONCZEK, 1978). Mit der im Grundgesetz festgeschriebenen Sozialpflichtigkeit des Eigentums werden -regelmäßig umstritten - Anforderungen an den Bodenverkehr formuliert.

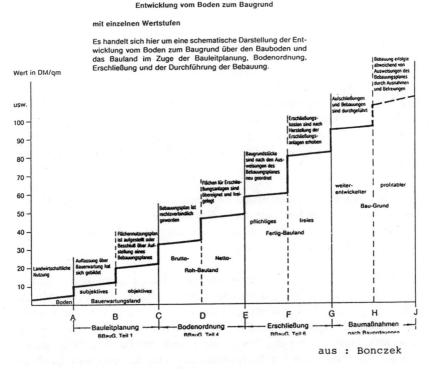

Abb. 2.5: Entwicklung vom Boden zum Baugrund

Nach dem 2. Weltkrieg entand das Erfordernis grundsätzlicher Lösungen. Unter dem Begriff "Wiederaufbau" kam den Bodenordnungs- und Liegenschaftsämtern bei der Stadtentwicklung eine wesentliche Rolle zu. Erst ab 1960 wurde eine bundeseinheitliche kommunale Raumordnung und Bodenpolitik, vor allem bedingt durch Bodenpreissteigerungen (BONCZEK, 1978), möglich.

Durch Bundesbaugesetz und Städtebauförderungsgesetz (1971) sollte eine Ordnung des Baulandmarktes erreicht werden. U.a. wurden städtebaulichen Flächensanierungen (nicht mit der Sanierung von Altlasten zu verwechseln!) juristisch der Boden bereitet. Das Instrument der Bodenordnung in der kommunalen Bodenpolitik mit ihren Möglichkeiten der Um- oder Zusammenlegung kann ähnlich wie die Flurbereinigung im landwirtschaftlich genutzten Raum gesehen werden. Die Praxis, mit Sperrgrundstücken unerwünschte Entwicklungen zu behindern, häufig geübt von der Montanindustrie im Ruhrgebiet, dient heute zur Maßnahmenunterbindung durch Bürgerinitiativen und Umweltverbände.

2.4.2 Boden als Wirtschafts- und Produktionsfaktor

Bodenwerte im ökonomischen, nicht im ökologischen Sinn sind zentraler Gegenstand ökonomischer Praxis und Theorie. Die Spanne zwischen dem Ertragswert (Landwirtschaft) und dem Verkehrswert (Bauland) wird rechtlich in der Entwicklung vom "Gemeinen Wert" zum "Verkehrswert" (BONCZEK, 1978) manifest. Zur Bestimmung von Baulandpreisen haben sich differenzierte Instrumente der Wertermittlung, z.B. Gutachterausschüsse, entwickelt.

Im sich in der ersten industriellen Revolution entwickelnden liberalistisch-kapitalistischen Städtebau wird der Boden zur Ware. Immobilienfonds, Leasing, Pacht und Miete führen bis heute vermehrt dazu, daß die Besitzer des "Bodens" ungleich den Nutzern sind.

Der Bodenmarkt ist in den Ballungsräumen u.a. durch kontaminierte Standorte inzwischen erheblichen Verwerfungen ausgesetzt. Die §§ zu Altlasten im BauGb (Vgl. Kap. 9), vor allem das BGH-Urteil vom Jan. 1989, neue Klauseln in Kaufverträgen, die Tendenz zu Bodenzertifikaten (Unbelastet?) und kaum kalkulierbare Sanierungskosten sind Indikatoren für die neue Situation. Anfang 1989 wird (nach dem BGH-Urteil) vermutet, daß über 6000 ha ob ihrer Belastungen dem Grundstücksmarkt nicht zur Verfügung stehen, mittelfristig blockiert sind. Städtebauliche Entwicklungen sind behindert, Bauwillige durch die Hilflosigkeit einzelner Behörden verunsichert. Die während der Nichtnutzung bzw. Sanierung durch Abzinsung entstehenden Wertminderungen verstärken die wirtschaftlichen Probleme.

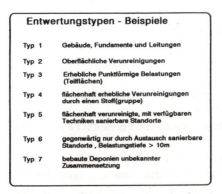 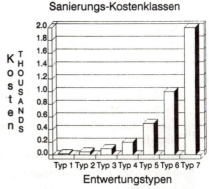

Abb. 2.6: Entwertungstypen und Kostenklassen

2.4.3 Vom Baugrund zur verbrannten Erde

Ein erhebliches ökonomisch-theoretisches Defizit zeigt sich bei der mangelnden Berücksichtigung von Erhaltungsinvestitionen in den Boden. Er wird paradigmatisch als omnipotent angesehen, gleich welche Funktionen (Fruchtbarkeit, Bauland) angesprochen werden.

Die möglichen Steigerungen der Bodenpreise (für baureifes Land) verstellen leicht den Blick auf Kosten, die mit der (wieder-) Nutzbarmachung von Flächen verbunden sind. Direkte und indirekte Umwelteinflüsse können Investitionen in den Boden erfordern, denen am Markt keine entsprechenden Erlöse gegenüberstehen. Ursprünglich handelte es sich nur um einigermaßen kalkulierbare Abbruchkosten, jetzt bewirken sowohl negative Umgebungseinflüsse (etwa mangelnde Attraktivität des Standorts durch Entsorgungsanlagen) und vor allem teilweise erhebliche Sanierungskosten (Vgl. Kap. 7) Neubewertungen, für die keinerlei Erfahrungswerte vorliegen.

Die erheblichen Kosten für Bodensanierungen oder nur für Erhaltungsinvestitionen zur Aufrechterhaltung von Bodenfunktionen sind von der volkswirtschaftlichen Theorie nicht internalisiert worden, obwohl der Boden traditionell als Produktionsfaktor betrachtet wird. Die ökologische Blindheit der Nationalökonomie erleichtert gerade im Bodenbereich die Umweltvorsorge nicht.

Das Ende von Automatismen auf dem Bodenmarkt, wie ewige Wertsteigerungen, zeichnet sich mit dem Umschlag von ökonomischen zu ökologischen Faktoren deutlich ab, wie die folgende Auswahl verdeutlicht:

- Kosten von Flächen für geordnete Entsorgung,
- Bergsenkungen im Ruhrgebiet,
- Preise und Folgenutzungen alter Industriegrundstücke, die von der LEG NW aufgekauft wurden,
- Kleingartengelände, deren "Bodenverbesserung" mehr Kosten verursacht als durch Pacht eingenommen werden kann,
- Kosten und Aufwände für die Bodensanierung im Vergleich zu sonstigen Grundstückskosten.

Erklärtes Sanierungsziel bei der Reinigung kontaminierter Standorte ist es denn auch häufig, die Aufwendungen für die Bodenbehandlung unter den für die betroffene Fläche auf dem Markt erzielbaren m²-Sätzen zu halten. Der "Normalen" Altlastensanierung ist der Rückbau gegenüberzustellen. Fälle wie:

- Dortmund-Dorstfeld,
- Love-Canal in den USA oder
- Leverkusen (Dhünn-Aue)

demonstrieren mehr als nur Ausrutscher nachhaltiger Bodennutzung.

Spektakuläre umweltbelastungsbedingte Verluste bei Immobilien/von Grundstückswerten, bei denen der Ruin der betroffenen Hausbesitzer nur durch Flächen- oder Kostenübernahme durch die öffentliche Hand vermieden werden konnte (Bielefeld-Brake, Barsbüttel), verstellen allerdings den Blick auf die mehrfachen Erträge derjenigen, die durch ihre Handlungen, "Wertschöpfung" genannt, erst die Situation herbeigeführt haben. Durch die Gewinnung von Rohstoffen (Bodenschätze, "Kies machen") wurde in der Regel eine landwirtschaftliche Nutzung abgelöst. Das entstandene Loch lies sich vorzüglich - selbstverständlich gegen Gebühr - mit Abfällen aller Art verfüllen. Der nun geringe ökologische Wert der Fläche forderte eine "Inwertsetzung" als Bauland für den Eigentümer geradezu heraus.

Die nur eingeschränkte Anwendung des Verursacherprinzips, ausgehöhlt etwa durch die ordnungsrechtliche Maxime einer Behandlung der Entdecker von Belastungen als Zustandsstörer, erleichtert den Umgang mit problematischen Standorten keineswegs.

Literatur

ALBERS, G., 1983: Wesen und Entwicklung der Stadtplanung. In: Grundriß der Stadtplanung. Akademie für Raumforschung und Landesplanung, Hannover

BENEVOLO, L.: Die Geschichte der Stadt. Campus Verlag Frankfurt 1983

BONCZEK, W. 1978: Stadt und Boden. Hammonia Verlag Hamburg

DAMASCHKE, A., 1922: Die Bodenreform. Jena

DÄUMEL, G. 1969: Das Ästhetische in der Landespflege. In: Landschaft und Stadt 3/1969 S. 129 - 133

DÜRER, A., 1527: Etliche Unterricht zu Befestigung der Stadt, Land, Schloß und Flecken. Nürnberg

EBERSTADT, R., 1920: Handbuch des Wohnungswesens und der Wohnungsfrage

FLEMMING, F., 1950: Die geschichtliche Entwicklung der hygienischen Verhältnisse und des Medizinalwesens in Hamburg von der Stadtgründung bis zur letzten Pestepidemie 1713 bis 1715. Med. Diss Hamburg.

FREYER, H. 1966: Landschaft und Geschichte In: Mensch und Landschaft im technischen Zeitalter, München

GÖDERITZ, J., RAINER, R, HOFFMANN, H. (1957): Die gegliederte und aufgelockerte Stadt. Tübingen

HILGER, M.-E., 1984: Umweltprobleme als Alltagserfahrung in der frühneuzeitlichen Stadt? In: Die Alte Stadt 11 (1984) S. 112 - 138

KLOKE, A., 1987: Umweltstandards - Material für Raumordnung und Landesplanung

KRÜGER, K. H., 1989: Die Entnazifizierung der Steine. In: Der Spiegel 4/89

MEYERS Konversationslexikon, 1894-1896: Fünfte Auflage, Leipzig und Wien

MLS (HRSG.) 1985: Konzeption einer Stadtökologie. Düsseldorf

PREUSS. Medizinal- und Gesundheitswesen in den Jahren 1883 - 1908, Berlin 1908

REULECKE, J., 1985: Geschichte der Urbanisierung in Deutschland, Frankfurt.

SCHUMACHER, F., 1951: Vom Städtebau zur Landesplanung. Tübingen

SOMBART, N.: Stadtstrukturen von morgen. In: Zukunft im Zeitraffer, Droste Verlag Düsseldorf 1968

STOOB, H. (Hrsg.) 1985: Die Stadt. Gestalt und Wandel bis zum industriellen Zeitalter. 2. Auflage Köln/Wien

TIEDEMANN, C., 1988: Weiter- bzw. Wiedernutzung gewerblicher Grundstücke. In: Der Sachverständige. Mai 1988 S. 114-115

TRANSIT, 1985: Von Berlin nach Germania, Berlin

VARRENTRAP, G., 1868: Über Entwässerung der Städte. Berlin

WEBER, H., 1969: Neue Stadtbauformen. Ausstellungsmaterialien des "Forum für Umweltsfragen" Zürich

WEY, K.-G., 1982: Umweltpolitik in Deutschland. Opladen

3. Böden in der Stadt, eine nicht nur ökologische Einschätzung

In urban und industriell überformten Gebieten sind 'Böden' unterschiedlichster Ausprägungen entstanden. Entstehungsursache waren weder primär natürliche Entwicklungen noch auf Bodenbildung oder Bodenentwicklung zielendes Handeln. Böden im urbanen Bereich unterscheiden sich sowohl in ihrer stofflichen Zusammensetzung als auch in der Ablagerungsart deutlich von denen naturnaher Standorte. Ihre physikalischen Eigenschaften und Belastungen werden durch die Zusammensetzung des Substrates und die Ablagerungsart bestimmt.

Vielfach sind stadt- und industrienahe Standorte durch Auffüllung und Aufschüttung, Entnahme und Kontamination gleichermaßen beeinflußt. Dies führt zu einer engen Verzahnung von naturnahen und anthropogenen Substraten als Ausgangsmaterialien von Bodenbildungen. Neben der Zusammensetzung oder dem Stoffbestand sind Durchmischungsgrad, Schichtungsgrad, Verdichtungsgrad und Kontamination von entscheidender Bedeutung (KNEIB, SCHWARZE-RODRIAN, 1986).

Entstanden sind in der Stadt neue Böden und Bodengesellschaften, wie sie nur durch und unter urbanen Nutzungen entstehen konnten. Sie weisen stadttypische Genesen (Entwicklungsprozesse) auf, die nur bis zu einem gewissen Grad an "natürlichen" Bodenentwicklungen gemessen werden können. Mit höherer Nutzungsintensität gehen Bemühungen einher, Genesen zu verhindern oder zu unterbrechen. Brachgefallene, ehemals intensiv genutzte Flächen zeigen, was ohne diese Eingriffe geschieht: Bewachsene Dächer, durchbrochene und verwitternde Asphaltdecken, Pflasterungen, die nur noch durch Freigraben erkennbar sind. Schon nachlassender "Erhaltungsaufwand" läßt Genesen sofort anspringen.

Die Vielfalt und die Intensität der Nutzungsansprüche an die Böden nimmt im urbanen Bereich so zu, daß deren Nutzungsmöglichkeiten und Funktionen im Naturhaushalt eingeschränkt bzw. sogar zerstört werden. Ein Grund für die Geringschätzung der Böden liegt in der Ausblendung dieses Themenfeldes in der herkömmlichen Stadtplanung bzw. die reduzierte Betrachtung von 'Böden' nur als Wirtschaftsgut und Baugrund.

Entscheidende Einflüsse auf die Gestaltung städtischer Böden und die Anforderungen an sie gehen von der urbanen Morphologie aus: Böden in Manhattan dienen vorwiegend als Baugrund, in Stadtgebieten mit aufgelockerter Bebauung werden Gärten angelegt, deren Böden auch der Nahrungsmittelproduktion dienen. In einer Stadt, die in einem Talkessel liegt und mit reichlich Niederschlägen versorgt wird, spielen Erosions- und Wasserhaushaltsprobleme eine andere Rolle als in einer Stadt der norddeutschen Tiefebene. Zusätzlich entscheiden städtische Oberflächenausprägungen, üblicherweise nur als Versiegelungsgrade und Versiegelungsarten erfaßt (Vgl. Kap. 5), in welchem Maße das Teilkompartiment Boden am Stadtökosystem beteiligt sein kann.

Wesentlich beeinflussen klimatische Parameter die Bedeutung von Böden im urban-industriell überformten Raum: Einerseits sollen Böden Oberflächen- und Grundwasser so rasch wie möglich abführen, andererseits sollen sie Wasser speichern, um die Vegetation zu versorgen, die über sommerliche Verdunstungen einen erwünschten Beitrag zur Verbesserung des Stadtklimas leistet.

Am Beispiel Wasserhaushalt wird deutlich, daß im urban-industriellen Bereich relativ kleinflächige "Reste" von natürlichen bzw. naturnah gelagerten Böden Funktionen und Aufgaben im Naturhaushalt für die gesamte Siedlungsfläche zu bewältigen haben. Weiter wird am Wasserhaushalt deutlich, daß Ansprüche an Böden und ihre Eigenschaften in Städten des Mittelmeerraumes, arider Gebiete und in den Tropen gänzlich andere sein können als in Städten Mitteleuropas. Versiegelte Oberflächen sind in Städten mit negativer Wasserbilanz als Sammler von Niederschlagswasser (Zisternen) lebensnotwendig.

Mit der Ausdehnung von Städten oder Ballungsräumen wachsen die Problemdimensionen. Urban-industrielle Böden sind Phänomene des gesamten besiedelten Bereichs und nehmen eine nicht unerhebliche Fläche ein: der Anteil der Siedlungsflächen liegt (nach Angaben des Ministers für Landes und Stadtentwicklung Nordrhein-Westfalen)
- an der Gesamtfläche der BRD bei ca. 12% und
- in NRW bei 19% der Landesfläche.

Bei einer Trendverlängerung bis zur Jahrtausendwende wäre etwa ein Viertel dieses Bundeslandes "Siedlung" (MLS, 1984).

Zur Näherung an das "Phänomen Stadtböden" bietet sich an, nach drei Konfliktbereichen zu differenzieren (vgl. Tab 3.1):

Tab. 3.1: Konfliktbereiche und Problemfelder zum Umweltmedium Boden im besiedelten Bereich

Bereiche	I Oberflächen	II Verunreinigungen	III Genese/ Eigenschaften
Problem- felder und Frage- stellungen	Boden- nutzungen "Flächen- verbrauch" Versiegelung Wasserhaushalt Klima	Altablagerungen Altstandorte Immissionen Grundwasser- belastungen Emissionen bestehender Nutzungen	Bodenüber- formungen Bodenpotentiale Bodenfunktionen Kenngrößen zu Stoff- u.Wasser- haushalt, Substraten Pedogenese/ Geologie

Die Inhaltsbereiche "Oberflächen", "Verunreinigungen" und "Genese/ Eigenschaften" repräsentieren sowohl aus der Sicht der Naturwissenschaften, als auch für die kommunale Planung die wichtigen Problemfelder bzw. Fragestellungen zum Umweltbereich Boden.

Bereich 1:
Im Bereich Oberflächen lassen sich Fragestellungen zur Bodennutzungsdynamik - d.h. wie werden die Böden in welchem quantitativen Ausmaß genutzt und belastet - und Wasserhaushaltsphänomene sowie klimatische Auswirkungen städtischer Oberflächen zusammenfassen.

Bereich 2:
Stoffliche Belastungen der Böden aus unterschiedlichsten Quellen fallen in den Bereich Verunreinigungen.

Bereich 3:
Er umfaßt bodenkundliche Fragen und Probleme sowie Überlegungen zur Einbindung von Böden in urban-industrielle Ökosysteme.

In diesem Kapitel 3 wird auf den Bereich "Genese/ Eigenschaften" eingegangen, der die Böden im besiedelten Bereich als sich schnell wandelnde "Wesen" darstellt. Kapitel 4 setzt sich mit Belastungen auseinander, die aus den unterschiedlichsten Nutzungen resultieren. Dazu zählen auch die in Kapitel 7 dargestellten Probleme der Altablagerungen und Altlasten. Im Kapitel 5 werden Oberflächeneffekte von Böden bzw. deren Nutzungen dargestellt. Kapitel 6 faßt alle Ergebnisse für bestimmte Nutzungstypen zusammen.

3.1 Böden als Komponenten urban-industrieller Ökosysteme

Böden in der Stadt sind überbaut, umgelagert, verschüttet, ausgegraben, kontaminiert und mit künstlichen, in der Natur nicht vorkommenden Stoffen versetzt. Kann bei derartigen "Böden" noch von Ökosystemkomponenten gesprochen werden? Welche Aufgaben und Funktionen können Stadtböden in urban-industriellen Ökosystemen noch wahrnehmen? Was macht Böden in der Stadt aus, sind sie noch als solche anzusprechen, was ist ihr Wesen und welche "Leistungen" erbringen sie für den Naturhaushalt und den bewirtschaftenden Menschen?

Antworten gibt die Wissenschaft vom Boden, die Bodenkunde, kaum; sie beschäftigte sich traditionell mit natürlich gewachsenen Böden und den Standorten von Wiesen, Äckern, Mooren und Wäldern. Ihre Forschungen hatten für Landwirtschaft und Forstwirtschaft im wesentlichen Ertragssteigerungen zum Ziel, ohne die ökosystemaren Auswirkungen zu berücksichtigen. Folgen waren u.a. die jahrzehntelangen und noch anhaltenden Bemühungen, feuchte Standorte und Moore trockenzulegen und "urbar" zu machen. Für urbane und industrielle Verdichtungsräume konstatierte man noch 1981 in Berlin anläßlich des Internationalen Symposiums über bodenkundliche Probleme städtischer Räume weiße Flecken in der Bestandsaufnahme. Gleiches gilt für die Genese von Böden überformter Gebiete; an dieser Situation hat sich bis heute wenig geändert (KNEIB u. SCHWARZE-RODRIAN, 1986). Stadtböden sind auf bodenkundlichen Karten kaum existent. Ausnahmen sind bisher Bodenkartierungen in den Städten Berlin (GRENZIUS und BLUME, 1984; GRENZIUS, 1987), Hamburg (MOLL und SPEETZEN, 1987) und Kiel (CORDSEN et al. 1988), die erstmals großflächig bzw. flächendeckend Stadtböden bodenkundlich beschreiben und klassifizieren.

Vorläufer bodenkundlicher Bestandsaufnahmen im urban-industriellen Bereich sind die Stadtrandkartierungen der Ruhrgebietsstädte. Sie sollten Grundlagen für die Planung der Ansiedlung von Industrie, Gewerbe und

Wohnungen im damaligen Stadtrandbereich bilden (MÜCKENHAUSEN und SCHÖNHALS, 1989). Diese für fast alle Städte des Ruhrgebietes in den unmittelbaren Nachkriegsjahren durchgeführte Kartierung hatte den Charakter einer Baugrunderkundung, daher wurden auch anthropogene Substrate als "Bodenbildungen" erfaßt.

Nicht nur die Bodenkunde, die ökologische Forschung insgesamt beschäftigte sich bis vor wenigen Jahren nur mit der "freien Natur", menschliche Siedlungen lagen lange Zeit außerhalb des Untersuchungsgegenstandes. Stadt und Natur sind für viele heute noch Begriffe, die unvereinbar sind. Die früher oft wiederholte Behauptung, jede Stadt sei generell lebensfeindlich, blieb lange Zeit unwidersprochen (SUKOPP, 1985). Inzwischen ist hier eine Neuorientierung zu beobachten. Die moderne Ökosystemforschung bezeichnet Städte als "urban-industrielle" Ökosysteme und bezieht die gestaltende Rolle des Menschen als konstituierenden Faktor mit ein. Zuerst hat sich die ökologische Forschung in der Stadt mit Biotopkartierungen und der Untersuchung von Bioindikatoren befaßt. Fragen zu urbanen Böden wurden erst in jüngster Zeit infolge der Bodenschutzdiskussion aus den planungsorientierten Wissenschaftsdiziplinen gestellt.

Definition Ökosystem:

Ein Ökosystem ist ein Wirkungsgefüge von verschiedenen Organismen, die sich aufeinander und auf die abiotischen Bedingungen in ihrem Lebensraum soweit eingespielt haben, daß sie ein übergeordnetes Ganzes bilden. An einem vollständigen Ökosystem beteiligen sich vor allem Produzenten, die von mineralischen Stoffen zu leben vermögen (meist grüne Pflanzen), und Reduzenten, die von organischen Stoffen zehren und dazu beitragen, daß diese schließlich wieder mineralisiert werden (gewisse Tiere und Mikroorganismen). Mit beiden Gruppen zu Nahrungsnetzen verknüpft sind in der Regel zahlreiche Konsumenten (d.h. Tiere und Mikroorganismen, die sich von lebenden Organismen ernähren). (Strahlungs-) Energie, Wasser, Nährelemente und andere Stoffe werden im System in mannigfacher Weise weitergegeben und umgesetzt. Dadurch ergeben sich viele Rückkoppelungen. Bis zu einem gewissen Grade vermag sich jedes Ökosystem selbst zu regulieren und zu erhalten.

Der Mensch ist an vielen Ökosystemen als Konsument oder Reduzent beteiligt, wirkt aber außerdem in zunehmendem Maße als "überorganischer Faktor" auf ihre Existenzbedingungen ein.
nach: ELLENBERG, MEYER, SCHAUERMANN (1986)

Abgesehen davon, daß Ökosysteme nicht eindeutig abgrenzbar sind, ihre Grenze legt immer der Wissenschaftler gemäß seinen Untersuchungszielen fest (vgl. TREPL, 1988), kann die Siedlungsform Stadt über ihre natürlichen bzw. anthropogenen Strukturen und Subsysteme als eine *funktionale* Einheit gefaßt werden. Dies bedeutet auch, daß auf die Flächeneinheit Stadt mehrere Ökosysteme zu projizieren sind.

Das Verständnis der Stadt als Ökosystem zwingt dazu, die Liste der ein Öko-system konstituierenden Elemente zu erweitern und zu verändern. Bereits der Mensch als "Schlüsselart" zeichnet sich dadurch aus, daß er nicht einfach in hoher Dichte auftritt, sondern Strukturen (Häuser, Versorgungssysteme) bil-det und bereits damit den Naturhaushalt erheblich beeinflußt. Städte in den entwickelten Industriegesellschaften weisen ein mehr oder weniger geordne-tes Nebeneinander von Wohngebieten, Bereichen für Produktion und Infra-struktur, Freiflächen und Entsorgungsanlagen auf, die sich zur Erklärung als Ökosystem nicht auf biotische, abiotische und technische Elemente (vgl. LANGER, 1974; TOMASEK, 1979) reduzieren lassen. Das Ökosystem Stadt weist zusätzliche Besonderheiten auf:

- Es deckt sich räumlich nicht mit der baulichen und politischen Fläche-neinheit Stadt, sondern reicht funktionell weit darüber hinaus, über Vor-städte bis zu verstädterten Dörfern und einzelnen Flächen der Ver- und Entsorgung. Von den Randbereichen bis in die Stadtkerne ist eine Durch-dringung städtisch-industrieller Umwelt, land- und forstwirtschaftlicher Umwelt und Reste natürlicher bzw. natürlich erscheinender Umwelt charakteristisch (vgl. HABER, 1988).

- Seine konstituierenden Elemente sind neben biologischen Produzenten, Konsumenten und Reduzenten die den Menschen dienenden und von ihm gesteuerten Subsysteme.

Unser diese Aspekte berücksichtigendes Ökosystem-Modell (Abb. 3.1) ent-hält folgende Subsysteme:
- Wohn- und Reproduktionssysteme (bestehend aus den Wohnbereichen, Schulen und Verwaltungsgebäuden sowie den zugehörigen Flächen),
- technische, produktive Subsysteme (Industriebereiche und Energiesyste-me),
- Infrastruktursubsysteme (Verkehrswege, Ver- und Entsorgungsleitungen),
- funktionale Subsysteme (Parke, Friedhöfe, Grünzüge),
- Agrarsubsysteme (Landwirtschaftliche Flächen, Forste, Kleingärten),
- naturnahe Subsysteme (Biotopschutzflächen, Brachen, Relikte).

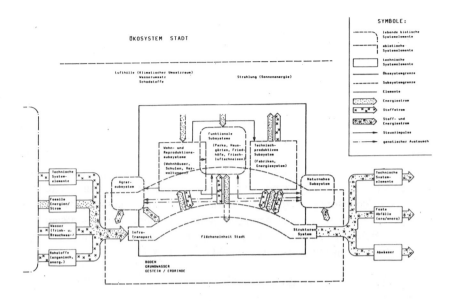

Abb. 3.1: Modell eines urban-industriellen Ökosystems

Von diesen Subsystemen sind das naturnahe Subsystem und das Agrarsubsystem prinzipiell auch durch die herkömmlichen Ökosystembeschreibungen erklärbar, erhalten ihre Funktion als Subsysteme des Stadtökosystems durch den steuernden Einfluß des Menschen, der ihnen ihre Eigenständigkeit nimmt. Der Boden/die Erdrinde, das Gestein und Grundwasser erhalten zusätzlich zu der aus anderen Ökosystemdarstellungen bekannten Funktionen zahlreiche weitere Bedeutungen (vgl. 3.3: Funktionen städtischer Böden).

Definition Böden:

Böden sind "*Naturkörper*" und als solche vierdimensionale Ausschnitte aus der Erdkruste, in denen sich Gestein, Wasser, Luft und Lebewesen durchdringen (STAHR, 1985). Nach SCHRÖDER (1983) besteht Boden je nach Anteilen und Durchmischung aus folgenden Bestandteilen:
- Mineralische Bestandteile als unbelebte, anorganische Komponente des Bodens: Gesteinsbruchstücke, primäre und sekundäre Minerale, amorphe Substanzen,

50

- Bodenwasser und -luft in ihrer Abhängigkeit von den mineralischen Bestandteilen (Gefügeformen).

Diese beiden Faktoren bilden die Grundlage bzw. den Raum für:
- Organische Bestandteile als teilweise belebte, organische Komponente des Bodens: Organismen der Bodenflora und Bodenfauna, Pflanzenwurzeln, unzersetzte und zersetzte Vegetationsrückstände, neugebildete Humusstoffe.

Obwohl sichtbar und faßbar sowie natürlich vorkommend, existieren keine Entitäten von Boden, keine diskreten Einheiten oder natürlichen Individuen, d.h. keine sinnvoll teilbar erscheinende Körper. Dennoch besteht keine Einförmigkeit in der Pedosphäre. Böden sind in der Regel vertikal in Horizonte gegliedert, die sich durch mehr oder weniger deutliche Übergänge abgrenzen lassen. In der Horizontalen bestehen meist fließende, kontinuierliche Übergänge: Bereiche mit relativ geringen Merkmalsänderungen lassen sich von anderen Bereichen abgrenzen, so daß Bodeneinheiten in Form eines unendlichen Mosaiks entstehen (SCHLICHTING, 1970).

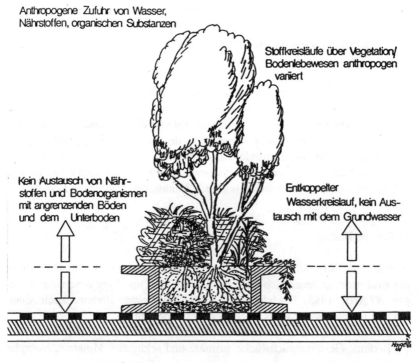

Anthropogene Zufuhr von Wasser, Nährstoffen, organischen Substanzen

Stoffkreisläufe über Vegetation/ Bodenlebewesen anthropogen variiert

Kein Austausch von Nährstoffen und Bodenorganismen mit angrenzenden Böden und dem Unterboden

Entkoppelter Wasserkreislauf, kein Austausch mit dem Grundwasser

Abb. 3.2: Etagenböden - Beispiel Pflanzkübel

Alle Bestandteile natürlicher Böden können ebenso in Stadtböden vorhanden sein, sie enthalten allerdings zusätzlich artifizielle Bestandteile. Die sich wiederholenden Eingriffe des Menschen in natürliche Entwicklungsprozesse (Genesen) der Böden und das daraus resultierende geringe Alter von Stadtböden deuten auf weitere Unterschiede.

Stadtböden können relativ abgeschlossene Einheiten urban-industrieller Subsysteme bilden, deren Funktionen durch den Menschen bewußt und unbewußt gesteuert werden. Selbst kleinste Einheiten, z.B. "Etagenböden", nehmen an Austauschprozessen im Ökosystem Stadt teil. Als Etagenböden sind zu verstehen: Dachgärten, Blumenkästen, Pflanzkübel, Verkehrsinseln, begrünte Tiefgaragen usw. Charakteristisch ist deren partielle Entkopplung von Stoffkreisläufen z.B. im Wasserhaushalt: Ein Austausch zwischen Niederschlägen und Grundwasser findet nicht statt (Abb. 3.2). Diese Böden können aber ähnlich mit Leben erfüllte, komplexe und dynamische "Wesen" wie ein Ackerboden sein. Stadtböden sind weder tote Artefakte noch völlig vom Menschen gesteuerte Systeme.

Durch Staubanwehungen, Laubfall, ja sogar durch Kaninchenlosung werden innerhalb kürzester Zeit, d.h. innerhalb weniger Monate, zentimeterstarke Bodenbildungen auf Asphalt, Beton oder Metalldächern induziert. Standortpioniere sind Moose und Gräser, Birkensämlinge, Holunder- und Weidensprößlinge. Aus Mauerecken, Nischen und Vertiefungen oder Regenrinnen

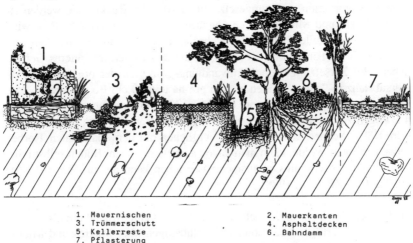

1. Mauernischen
2. Mauerkanten
3. Trümmerschutt
4. Asphaltdecken
5. Kellerreste
6. Bahndamm
7. Pflasterung

Abb. 3.3: Initialbodenbildung einer städtischen Brachfläche

wachsen sie auf jüngsten Böden, die ihnen schon Wasser und Nährstoffe, Standsicherheit und Ausbreitungsmöglichkeiten zur Verfügung stellen. Derartige Initialböden ermöglichen die Besiedlung von Extremstandorten, sind Kristallisationspunkte für Überwucherungen anthropogener Strukturen. In Abb. 3.3 sind für eine innerstädtische Brachfläche Initialbodenbildungen auf unterschiedlichen Ausgangsgesteinen dargestellt.

3.2 Urbane Böden - Lebensbedingungen

Jüngste Initialböden sind ebenso wie jahrzehntelang genutzte Gartenböden erst durch das Bodenleben, ihre biotischen Bestandteile, befähigt, in Nahrungsnetze, Stoff- und Energiekreisläufe eines Öko- (Sub)systems eingebunden zu werden. Erst mit dem Bodenleben werden viele Stofftransformationen und Stoffkreisläufe über den Boden ermöglicht. Es gibt im Boden kaum Stoffumsetzungen, an denen Mikroorganismen nicht direkt oder indirekt beteiligt sind.

In den Stoffkreisläufen spielen die Bodenlebewesen vor allem als Konsumenten und Zersetzer eine Rolle. Sie sind damit für das Recycling der in und auf den Boden gelangenden organischen Abfälle verantwortlich. Die pflanzlichen Rückstände werden in engem Zusammenwirken von Bodenfauna und Mikroflora in fein abgestufter Reihenfolge zerkleinert, mit dem Boden vermischt (Bioturbation) und umgesetzt. Etwa 70% der Rückstände werden zu Kohlendioxid und Mineralstoffen abgebaut (Mineralisation). Der Rest wird in zunehmend stabilere Huminstoffe überführt. Humus- und Tonteilchen verbinden sich zu Ton-Humus-Komplexen, die den Böden ihr inneres Gefüge geben. Bei Zersetzungs- und Umwandlungsprozessen der organischen Primärsubstanz in "guten" Böden wirken pro ha und 30 cm Bodentiefe ca. 25 t lebende Organismen mit, davon etwa 10 t Mikroorganismen, ca. 10 t Pilze, 4 t Regenwürmer und ca. 1 t weitere Organismen wie Milben, Spinnen, Asseln, Käfer, Schnecken und Mäuse. Verglichen mit dem maximalen Tierbesatz einer guten Weide, kann man davon ausgehen, daß im Boden selbst mindestens das 10fache an Organismenmasse leben kann als auf ihm (BLUM, 1987; KUNTZE et al., 1988).

Stadtböden sind zwar in den seltensten Fällen mit einer fruchtbaren Weide zu vergleichen, verfügen aber unter allen Nutzungen über Makro- und Mikrofaunen. Bodenlebewesen (Ameisen, Regenwürmer, Maulwürfe) sorgen in nicht unerheblichem Maße für das Entstehen von Böden aus urbanen Ausgangssubstraten. So lösen Ameisen Sand aus Pflasterfugen, ermöglichen die

Anreicherung mit organischer Substanz und die pflanzliche Erstbesiedlung an solchen Standorten. Das gesamte Bodenleben (Edaphon) ist wesentlich beteiligt an der Entstehung und Stabilität der Hohlräume, die Luft und Wasser halten.

Bodenleben ist in Stadtböden unter fast allen Nutzungen reichlich und immer vorhanden, wenn auch mit veränderten Artenspektren gegenüber Böden der freien Landschaft. Bodenleben stirbt nicht unter Belastung, sondern paßt sich an, reagiert sehr flexibel auf jegliche Belastungen. Im Boden sind sehr harte, "unfreundliche" Lebensbedingungen nicht selten. (vgl. DOMSCH, 1985, 1988). Viele Bodenlebewesen halten und regenerieren sich in Baumscheiben am Straßenrand und in "Etagenböden". Als mikrobiologisch besonders aktiv haben sich Ruderalflächen und Schuttgrundstücke erwiesen, niedrigere Aktivitäten wurden in Bolzplätzen, Industrie- und Gewerbebrachen sowie Schrottplätzen nachgewiesen (WERITZ, SCHRÖDER, 1989).
Bei entsprechender Bodenbeschaffenheit werden auch im Stadtzentrum hohe Abundanzen bei der Makrofauna erreicht, die eine intensive bodenbiologische Aktivität bewirken, und die besonders im Falle der Regenwürmer Nahrungsgrundlage für stadtbewohnende Wirbeltiere bilden. Die Regenwurmbesiedlung städtischer Böden kann die von natürlichen Standorten übertreffen, Artenzahl und Anzahl der Individuen nehmen aber mit zunehmender "Naturferne" der Böden ab (FRÜND et al. 1988).

Die Siedlungsdichten von Enchytraeiden und Schnecken entsprechen ungefähr den in der freien Landschaft zu erwartenden Werten (Enchytraeiden sind mit den Regenwürmern verwandte, ca. 2 - 40 mm große Würmer). Die gegen Bodenverdichtungen sehr empfindlichen Schnecken wurden bei einer Untersuchung in Bonn-Bad Godesberg (FRÜND et al. 1988) in großer Häufigkeit in den Böden von scheinbar unzugänglichen Verkehrsinseln und Fahrbahnteilern gefunden.

Auch Bodenbildungen auf Bau- und Trümmerschutt weisen einen ähnlich hohen Individuen- und Artenbestand an Bodenorganismen auf wie vergleichbare Bodenbildungen natürlicher Gesteine (WEIGMANN et al., 1981).

Überraschend sind die oft intensiven Durchwurzelungen urbaner Substrate durch Baumwurzeln. Oberflächenverbauungen ("Versiegelungen"), Tiefbauten ("Infrastrukturgräber") und kleinräumig rasch wechselnde chemische und physikalische Bedingungen bieten unter bestimmten Voraussetzungen ausreichend Lebensraum für Pflanzenwurzeln. Entscheidend ist ein stabiles Makroporensystem, das durch den Zugang von Wasser und Luft einen entscheidenden Einfluß auf die Wachstumsbedingungen hat. Bei Straßenbäumen ist intensive Durchwurzelung mit Feinwurzeln außer für offene Baumscheiben sogar typisch für:

- Rinnsteinbereiche (Wasserversorgung),
- schutthaltige Substrate,
- bestimmte Bereiche um Ver- und Entsorgungsleitungen mit Lockerungen und groben Substraten,
- alle Bereiche mit oberflächennahem Luft- und Wasserzutritt, selbst unter "Versiegelungen" (KRIETER, 1986).

Böden des besiedelten Bereichs sind also selbst als "Etagenböden" und Infrastrukturträger biologisch aktive Reaktionsräume und einer ständigen Fortentwicklung (Genese) unterworfene städtische Teilökosysteme, wenn auch einige Funktionen zerstört bzw. eingeschränkt sind.

3.3 Funktionen städtischer Böden

In "Böden" als belebten Systemen laufen Prozesse ab, die für alle Ökosysteme und deren Untereinheiten von elementarer Bedeutung sind. Der Mensch nutzt diese Eigenschaften für seine Umwelt und spricht daher von "Leistungen", die von Böden erbracht werden. Synonym werden dafür häufig die Begriffe Bodenpotentiale und Bodenfunktionen gebraucht.

"Bodenpotentiale" meint Leistungen, welche Böden erbringen könnten. Der Begriff suggeriert eine totale Verfügbarkeit und beinhaltet so die Gefahr einer Ausschöpfung des doch potentiell Möglichen. Der Begriff "Bodenfunktion" dagegen beinhaltet (lediglich) die z.Z. in Anspruch genommenen, genutzten Potentiale.

STAHR (1985) unterscheidet grundsätzlich drei Potentiale :

1. Das biotische Potential, das die Nutzung als Pflanzenstandort und der Leistungen von Bodenlebewesen umfaßt z.b. Bodenfruchtbarkeit und Stoffabbau,

2. das abiotische Potential, dessen Nutzung auf anorganische Produkte, Bestandteile oder Eigenschaften der Böden zielt wie Rohstoffe, Filter- und Speichereigenschaften und

3. das Flächenpotential, bei dem es um die Nutzbarkeit des Bodenuntergrundes geht. Böden im Sinne der Ausgangsdefinition werden dabei allerdings nicht genutzt.

Wichtigstes Potential der Böden ist ihre Fähigkeit, Pflanzen als Lebensraum und Standort zu dienen. Sie liefern und binden unter wesentlicher Mithilfe des Bodenlebens die für die Pflanzen lebensnotwendigen Nährstoffe, speichern einen Teil des Niederschlages, der den Pflanzen in Trockenzeiten zur Verfügung steht und sie sind durchwurzelbar, dienen den Pflanzen als Verankerung. Bei extremen Standorten in der Stadt, etwa für Straßenbäume und Fassadengrün, bedürfen die Vegetation und die Bodeneigenschaften ausreichender Abstimmung, damit die Pflanzen sich auch nachhaltig entwickeln können, ohne die begrenzten "Potentiale" auszulaugen. Grünflächen auf belasteten oder rekultivierten Standorten zeigen ebenfalls Mängel, wenn die Eigenschaften der Böden in ihrer Dynamik nicht hinreichend berücksichtigt wurden.

Eine weitere wichtige, jedoch begrenzte Funktion haben die Böden als reduzierende Reaktoren (Abfallbeseitigung). Nicht nur die organischen pflanzlichen und tierischen Abfallstoffe werden mineralisiert und die Nährstoffe wieder zur Verfügung gestellt. In die Böden eingetragen und nur teilweise abgebaut werden auch vom Menschen produzierte chemisch-organische Stoffe. So reichern sich in den Böden z.B. organische Halogenkohlenwasserstoffe, polychlorierte Biphenyle und weitere Kohlenwasserstoffe an, eingetragen über Abgase, Abfälle und Abwässer.
Im Kreislauf der Elemente stellen die Böden eine Stoffsenke dar. Besonders deutlich wird dies durch die bekannten Probleme anorganischer Schadstoffanreicherungen. Schwermetalle wie Blei, Cadmium und Zink werden nicht abgebaut und können sich zu bedrohlichen Konzentrationen für Pflanzen und die davon ernährenden Tiere und Menschen anreichern (Schadstoffe im Boden siehe Kapitel 4).

Als regulierender Faktor im Wasserhaushalt allgemein und dem der Biosphäre im Besonderen kommt den Böden große Bedeutung zu. Sie dienen als Filter, Puffer und Speicher und bieten den Pflanzenwurzeln nicht nur Nährstoffe und eine Versorgung mit Luft, sondern stellen ihnen auch mehr oder weniger kontinuierlich Wasser zur Verfügung. U.a. abhängig von der Durchlässigkeit wird Wasser an das Grundwasser abgegeben und ergänzt die langfristigen Vorräte. Das durch die Bodenschichten sickernde Regenwasser wird gleichzeitig gereinigt. So können über den Luftpfad eingetragene Säuren (Deposition) neutralisiert und Schadstoffe in der Bodenmatrix gebunden und damit vom Grundwasser ferngehalten werden. Diese "Leistungen" führen jedoch zu verminderten Bodenqualitäten, da sich die beanspruchten Potentiale erschöpfen. Filterleistungen etwa bedingen immer ein Erschöpfen des Filters, so daß diese "Nutzung" langfristig einer Zerstörung gleichkommt.

56

Menschliches Handeln führt vielfach zur Schädigung von Bodenpotentialen. Ihre Nutzung kann andere Potentiale irreversibel zerstören; besonders sensibel ist das biotische Potential. So können die Nutzungen Rohstoffgewinnung oder Entsorgungsfläche (Abwasser-Rieselfeld) die biotischen Potentiale Nahrungsproduktion oder Artenerhaltung für die Zukunft ausschließen. Häufiger Nutzungswandel kann nicht selten die Nutzbarkeit von Böden auf das reine "Flächenpotential" einschränken. Abb. 3.4 macht am Beispiel eines Schnittes durch eine Straße deutlich, daß über die Bauflächen und ihre unmittelbare Umgebung hinaus Stadtböden bis in größere Tiefen durch ihre Nutzung als Infrastrukturträger in ihrer Substanz völlig verändert und jeder weiteren Funktion entzogen werden können.

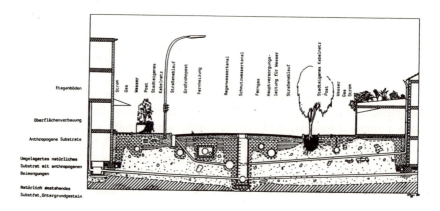

Abb. 3.4: Böden als urbane Infrastrukturträger

Durch Nutzung der verschiedensten Potentiale ist der Boden auch in der Stadt
- Lebensgrundlage und Lebensraum für Menschen, Tiere und Pflanzen,
- und damit Teil der Ökosysteme, besonders im Hinblick auf den Wasser- und Stoffhaushalt,
- regelndes Element der Natur und der (Stadt-)Landschaft.

3.4 Städtische Bodenbildungen (Genesen)

Durch die Bodengenese entwickeln sich die Ausgangsgesteine je nach den bodenbildenden Einflüssen zu bestimmten Bodentypen; unterschieden wird allgemein in Lithogenese, die Entstehung der Ausgangsgesteine und in Pedogenese, die eigentliche Bodenentwicklung. Alle Locker- oder Festgesteine an der Erdoberfläche unterliegen dem Einfluß des Klimas und der Witterung: sie verwittern. Verwitterung kann physikalisch, chemisch oder biologisch ablaufen. In der Pedogenese laufen weitere bodenbildende Prozesse ab: Umbildung und Neubildung sowie Verlagerung von Bodenbestandteilen. Außer durch Verwitterung werden Bodenbildungen etwa noch durch Sedimentation, Geschiebe (Eiszeiten) und Geröll (Schwerkraft) eingeleitet.

Im urban-industriellen Bereich laufen sowohl anthropogene als auch natürliche Litho- und Pedogenesen ab. Bodenbildungen auf Trümmerschutt in einer ungenutzten Brachfläche gehen zwar auf eine anthropogene Lithogenese zurück, unterliegen aber einer natürlichen, durch den Menschen nicht beeinflußten Pedogenese. Umgekehrt können nach natürlichen Lithogenesen anthropogene, überwiegend durch den Menschen gesteuerte Pedogenesen ablaufen.

Hauptfaktoren natürlicher Bodengenesen sind neben dem Ausgangsmaterial bzw. dem Ausgangsgestein: Klima und Wasser, Vegetation, Bodenleben und Zeit. Produkte dieser bodenbildenden Faktoren sind unterschiedliche Bodentypen, die sich aus mehreren Bodenschichten mit typischen Merkmalen, den Horizonten, aufbauen. Im urbanen Bereich werden die Ausgangsgesteine und die übrigen bodenbildenden Faktoren durch den Faktor Nutzung anthropogen variiert.

Urban-industriell überformte Böden unterliegen durch menschliche Tätigkeiten und Nutzungen bzw. Nutzungsabfolgen einer anthropogenen Dynamik, aus der sich stadtspezifische Genesen entwickeln. Diese sollten nicht als Störungen "natürlicher" Genesen aufgefaßt, sondern als eigenständige Entwicklungen unter besonderen, zeitlich und räumlich begrenzten Umweltfaktoren betrachtet werden. Sie unterliegen denselben naturwissenschaftlich beschreibbaren Prozessen wie andere Böden. Kürzer sind die Abfolgen und die Wirkungszeiten (Intervalle) der Einflüsse, ihre Wirkungen auf die Bodenentwicklung intensiver als außerhalb des besiedelten Bereichs.

Die Eingriffe und Veränderungen durch den Menschen zielen in aller Regel auf die Schaffung von geeigneten Standortvoraussetzungen, bodengenetisch sind sie meist zufälliger Art. Gezielte Steuerungen der Bodengenese beschränken sich auf wenige Nutzungen, wie z.B. Flächen der Nahrungsmittelproduktion oder Sportrasen, für die Kenngrößen des Bodenwasser- und Bodenlufthaushalts durch bodentechnische Eingriffe und Bewirtschaftungsmaßnahmen auf ökonomisch optimale Sollwerte gebracht werden.

Die in Kapitel 2 bereits dargestellten Phasen der Stadtentwicklung stehen jeweils für typische Bodengenesen:

Bis zur Industrialisierung waren kleinflächige, aus Abfällen resultierende organische Bodenbildungen zusammen mit Baustoffresten aus gebranntem Ton und Lehm vorherrschend. Stadtböden entwickelten sich auf Standorten, die bereits über einen langen Zeitraum städtischer Bodenkultur unterworfen waren. Unter bis zu 800 Jahre alter Gartennutzung entstanden in den Altstädten bis 1,5 m mächtige, stark humose Böden. Typisch für Lübecks Altstadt ist die Kalkregosol-Hortisol-Gesellschaft (mit Pararendzina) aus Aufschüttungen. Die Anteile der Beimengungen an Kulturschutt liegen zwischen 5 - 30% (vgl. AEY, 1987).

Mit der Industrialisierung wurden großflächig bis dahin nur landwirtschaftlich oder forstwirtschaftlich genutzte Böden umgewidmet. Junge Stadtböden verschiedenster Genesen entstanden. Die aufblühende Montanindustrie war Verursacher von in diesem Ausmaß bisher nicht aufgetretenen Schadstoffkontaminationen; die ersten "Altlasten" entstanden.

Typisch für Bodenbildungen in der unmittelbaren Nachkriegszeit sind relativ trockene, kalkreiche Trümmerschutt-Pararendzinen, überwiegend auf Brachflächen. Gleichzeitig mußten Böden und Grundwasser einen erneuten Schub an Kontaminationen infolge der Kriegseinwirkungen verkraften. Straßenbau und Straßenverkehr ließen kalkhaltige, mit Schwermetallen und Tausalzen angereicherte Straßenrand-Rohböden entstehen.

Als aktuelle Form der Bodengenesen sind in erster Linie Mülldeponie-Böden ("Methanosole"), "Marktböden" aus Pflanzsubstraten sowie "Funktionsböden" mit exakt eingestellten Eigenschaften (Landschaftsbau, Sportanlagen, Deichbau, Abdeckungen von Gebäuden und Ablagerungen, Böden von Freizeitanlagen) sowie Kontaminationen von weiträumiger, regionaler Ausdehnung zu nennen. Ein unter Bodenschutzgesichtspunkten extremes Beispiel für "Funktionsböden" bzw. Technosole stellen die Deichanlagen des Emscher-Abwassersystems im Ruhrgebiet dar (vgl. Abb. 3.5). Dieses System einer offenen Abwasserführung durch Siedlungsgebiete birgt aufgrund von Kontaminationen durch abwasserbürtige Schadstoffe und den in den Deichanlagen verbauten Abfällen aller Art ein gewaltiges Altlastenpotential.

Die starke Prägung der Stadtböden durch den primär bodenbildenden Faktor "Nutzung" läßt flächenscharf abgrenzbare (rechteckige) Böden entstehen, die

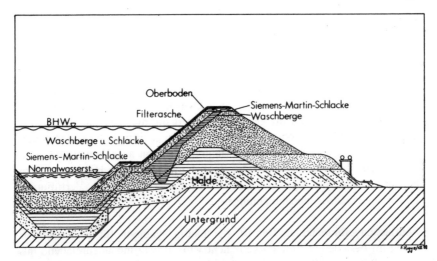

Abb. 3.5: Technosole - Beispiel Deichbau im Emscher- Abwassersystem

im Gegensatz zu Böden außerhalb urban-industrieller Bereiche eher Grenzen als Übergänge zeigen. "Stadtboden-Typen" sind in sich oft sehr heterogen, Mosaike mit einer großen Bandbreite an Erscheinungsformen und Eigenschaften, ohne einheitliche Morphogenese (vgl. RUNGE, 1975), die aber wieder typisch sein können für die jeweiligen urbanen Nutzungen. Auch aus diesem Grunde bietet es sich an, urbane Böden mit Hilfe von Boden-Nutzungstypen zu beschreiben und zu bewerten, ebenso wie Überlegungen zum Umgang mit den Böden in der Stadt und Maßnahmen ökologischer Bodenbewirtschaftung einer nutzungsbezogenen Ausrichtung bedürfen (vgl. Kap. 6 und 8).

3.5 Dynamik städtischer Böden

Auf die weiter zunehmende Ausdehnung der Siedlungsflächen wurde eingangs des Kapitels schon hingewiesen. Der Trend der Zunahme von Siedlungsflächen wurde in den Ballungsräumen noch weit übertroffen: So ist z.B. laut Umweltbericht 1982 der Hessischen Landesregierung die Wohnsiedlungsfläche der am Untermain gelegenen Gemeinden zwischen 1950 und 1980 um 172 % gewachsen. Die Gewerbeflächen haben sich in dieser Zeit sogar um 232 % ausgedehnt (HL, 1982). Von 1950 bis 1984 wurden in Berlin (West) ca. 4.800 ha an Freiflächen überbaut und versiegelt, eine Fläche, die größer ist als der Bezirk Berlin-Neukölln. Der Anteil der landwirtschaftlich genutzten Fläche am Stadtgebiet ging im gleichen Zeitraum von ca. 9 % auf ca. 2 % zurück (IFS, 1988).

Nicht nur durch den Nutzungswandel, sondern auch durch hohe Bodenbildungsraten und die rasche bodengenetische Differenzierung zeigen Böden im urbanen Bereich eine außerordentliche Dynamik. Punkt-, linien- oder flächenhaftes Bauen und Umlagern haben die ursprünglichen natürlichen Bodenbildungen häufig nicht nur einmal, sondern mehrmals erheblich verändert. Unter einigen Nutzungen wird laufend Substrat ausgehoben und neues eingebracht. Nach Schätzungen der Baubehörde gibt es im Hamburger Straßennetz jährlich etwa 36.000 Aufgrabungen und damit auch Verfüllungen und erneute Oberflächenabdichtungen.

Freiflächenverbrauch, ein Begriff, der häufig synonym für Bodenüberformung im besiedelten Bereich gebraucht wird, drückt nur unzureichend aus, welche Bodenqualitäten beansprucht oder zerstört wurden. Eingriffe in die Böden gehen über die umgenutzte Fläche weit hinaus. Nicht beeinflußt sind in Ballungsräumen nur noch Restflächen. Neben den Bauflächen und den Verkehrsflächen drängen Infrastrukturbauwerke, Abgrabungen, Ablagerungen und Deponien in die verbleibenden Freiräume. Insbesondere für Verkehrsinfrastrukturen finden Umlagerungen in immer größerem Ausmaß statt. Inwieweit die Substrate an einer Bodenbildung teilnehmen können, hängt von ihrer Schichtung und den Oberflächenausprägungen der Bauwerke ab.

Gering überformte Böden nehmen z.B. im Norden der Stadt Essen nur noch 10% der nicht bebauten Freiflächen ein (AUBE, 1986). Im altindustriellen Kernbereich der Emscherzone bedecken Bergehalden, Ablagerungen von sonstigen Montansubstraten, Deiche der zum Abwasserkanal degradierten Emscher und Entwässerungsbauwerke mehrere tausend Hektar.

Nicht nur die Bautätigkeit führt zu neuen Bodenbildungen, auch die Grünflächenpflege, Abfallbeseitigung, Immissionen und Kriegseinwirkungen werden zu Quellen urbaner Böden. In Hamburg summieren sich die Abfälle aus dem Baubereich (Erdaushub, Bauschutt, Baustellenabfälle und Straßenaufbruch) auf rund 2 Mio. m³ pro Jahr (BAHR, 1988).

Das sind pro Einwohner und Jahr etwa 2 Tonnen. Umgerechnet auf die Fläche des besiedelten Bereichs ergibt sich eine Menge von ca. 50 m³/ ha und Jahr. Bei der thermischen Behandlung Hamburger Abfälle fallen rund 300.000 t Schlacke an. Es kann davon ausgegangen werden, daß diese Schlacken weiterhin als Straßenbaustoff emittiert werden (FHH, 1988).

Nach dem zweiten Weltkrieg mußten innerhalb weniger Jahre gewaltige Schuttberge abgeräumt werden. In Essen fielen 15 Mio. m³ Trümmerschutt an, die zum Teil in den Bergwerken als Versatz eingebaut, überwiegend aber an der Erdoberfläche "beseitigt" wurden. Trümmerschutt wurde zur Deichverstärkung, zum Auffüllen von Bergsenkungsgebieten, Tälchen und Vertiefungen genutzt um "diese wieder zugänglich und für die Aufschließung durch Ansiedlung von Industriewerken reif zu machen" (HEYN, 1955). Geradezu begeistert beschreibt HEYN die vielfältigen Verwendungsmöglichkeiten von Trümmerschutt zur Gestaltung einer neuen Stadtoberfläche: "Am verbreitetsten ist wohl die Verwendung der Trümmer zur Auffüllung der im Stadtgebiet so verbreiteten und für die Verkehrsgestaltung so hinderlichen Dellen. Selbst unmittelbar am Stadtkern, d.h. also im geschlossenen, bebauten Gebiet wurden in den Einschnitten der ehemaligen Tälchen .... Anschüttungen vorgenommen,.... die eine Mächtigkeit bis zu 5 m besitzen".
Hamburg hatte der zweite Weltkrieg mehr als 10.000 ausgebrannte Ruinen und über 40 Mio. m³ Trümmermassen hinterlassen. 10 Mio. m³ wurden am Ort ihrer Entstehung eingeebnet, 24 Mio. m³ wurden abgeräumt und zur "Stadtgestaltung" eingesetzt. Ein Teil diente der Verfüllung des Stadtgrabens am Holstenwall und der Verbreiterung des Ballindamms. Mit einem anderen höhte man den Stadtteil Hammerbrook auf, schüttete Gräben und Kanäle zu. Im Stadtteil Öjendorf verkippte man Trümmerschutt, der nicht mehr für Bauzwecke zu verwerten war, just in der Grube, die beim Entnehmen von Boden für die Aufschüttung der Hammer Marsch entstanden war (FÜRST, 1947). Auf diesem Bodenaustausch wurde der Öjendorfer Volkspark gestaltet.

Nach einer Bilanz von FICHTNER (1977) mußte Berlin nach dem Krieg mit einem Berg von 55 Mio. m³ Trümmerschutt fertig werden. Ein Teil wurde konzentriert abgelagert (Trümmerberg), die Masse aber über das gesamte Stadtgebiet verteilt, z.T. mit anderen anthropogenen Substraten vermengt abgelagert. In seiner Bestandsaufnahme der Böden Berlins (West) berichtet GRENZIUS (1987):
"Anders als die Mülldeponien befinden sich die Ablagerungsplätze für die Trümmermassen auch in der Innenstadt. Die Ursachen dafür lagen in den Transportkosten des Schutts. Es wurden wenige zentral gelegene Kippen eingerichtet, die von den stark zerstörten Bezirken mit nicht allzu langen, kostengünstigen Anfahrtswegen zu erreichen waren. Auf der Mehrzahl dieser Areale sind Parks angelegt worden, andere dienten der Errichtung von Sportanlagen und Radarstationen. In die Trümmerberge ist zum Teil auch Müll eingelagert oder die Mantelschüttung erfolgte unter Verwendung von Müllkompost. Somit ist eine Trennung zwischen Mülldeponie und Trümmerberg, was den Inhalt betrifft, nicht immer eindeutig".

Außer der Zufuhr und Umlagerung mineralischer Substrate spielen für Bodenbildungen in der Stadt zunehmend organische Komponenten eine nicht unwesentliche Rolle (vgl. 3.6).

Eine nicht zu unterschätzende "Quelle" urbaner Bodenbildungen ist der Staubniederschlag. Der Grenzwert für den Jahresmittelwert liegt laut Technischer Anleitung Luft (TA-Luft) bei 0,35g/m² und Tag (IW I Wert). Pro Jahr summieren sich 130g pro m². Durch Verwehungen zusammen mit Laub wachsen daraus innerhalb kürzester Zeit "Böden aus der Luft". Auf das Hamburgische Stadtgebiet rieseln pro Jahr 41.000 t Staub (FHH, 1984).

Tab. 3.2: Kontinuierliche Quellen urbaner Böden

Quelle	Substrate	Mengen	Verteilung
Grünflächen-pflege	Häckselgut Komposte	1 - 10 kg/m²/a	Grünflächen
Abfälle aus dem Baubereich	Aushub Bauschutt Abbruch Straßenaufbruch	Großstadt 2 Mio m³/a (Hamburg)	Deponien Nivellierung Straßenbau Baustelle/n
Abfälle aus Verbrennung, Verhüttung	z.B. Schlacken Müllverbrennung Hamburg	300.000 t/a	Straßenbau
Immissionen	Staub (= IW I Wert)	130g/m²	diffus
Gartenpflege	Komposte Abfälle	kg/m²/a	Kleingärten Hausgärten

Entgegen der häufig vertretenen Ansicht, daß im urbanen Bereich Bodenbildungsprozesse unterbunden sind, bzw. Bodenneubildung und Bodenentwicklungen nicht stattfinden (vgl. z.B. BÖHME, 1986; RSU, 1987), sind gerade in der Stadt eben diese Vorgänge besonders offensichtlich und dynamisch.

In der Bodenkunde werden Bodenbildungen als jung bezeichnet, wenn in einem Zeitraum von 2000 bis 3000 Jahren eine Pedogenese vom Rohboden zum Bodentyp einer Parabraunerde abgelaufen ist (vgl. MÜCKENHAUSEN,

1977). Für Ruderalböden in Berlin wurden bodengenetische Prozesse nachgewiesen, die bereits nach 100 Jahren einen quasi-stationären Zustand erreicht hatten. Schon nach wenigen Jahren sind in Auftragsböden genetische Differenzierungen erkennbar, die durchaus Prozessen in vergleichbaren natürlichen Bodenbildungen entsprechen (vgl. RUNGE, 1975). Ursachen für die rasche Entwicklung von Stadtböden liegen bei
- mechanischen Nutzungseinwirkungen (z.B. Häckselgut),
- der teilweise "ererbten" Genese bei einigen Bodenbildungen,
- stadtklimatischen Besonderheiten und
- der stadttypischen Vegetation.

3.6 Formen, Ursachen und Prozesse urbaner Genesen

Bereits am gegenüber dem ursprünglichen (Paläorelief) erheblich veränderten Relief von Städten, vorwiegend
- zur Schaffung von Baugelände und -grund,
- zum Bau von Verkehrswegen und Verteidigungsanlagen sowie
- zu Entsorgungszwecken.
wird deutlich, daß Böden dort durch anthropogene Eingriffe bedingt sind und in ihrer Genese entsprechend beeinflußt sein müssen. Umlagerungen und Bauten tragen wegen ihrer Wirkungstiefe überwiegend zur Lithogenese bei, eine Bodenbildung im engeren Sinne erfordert geeignete pedogenetische Voraussetzungen.

3.6.1 Lithogenesen

Anthropogen beeinflußte Lithogenesen gehen auf vielfältige Ursachen zurück. Neben der Schaffung von geeignetem Baugrund finden weitere Umlagerungen in großem Maße statt. Die Zufuhr von festen Mineralstoffen (Steinen etc) verändert und präferiert in mehrfacher Hinsicht die Lithosphäre (Abb. 3.6):

1. Zur Schaffung und Herrichtung von Baugrund und Verkehrsflächen finden umfangreiche Baumaßnahmen statt.

Der *Landgewinnung* an der Küste, ob in den Niederlanden, Hongkong oder Boston, kommt ob ihrer Vielfalt und Großflächigkeit eine zentrale Rolle urbaner Lithogenesen zu. Verdrängt werden Unterwasserböden oder überschwemmungsgefährdete Standorte. Eingesetzt werden möglichst kostengün-

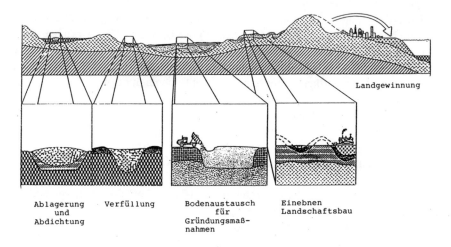

| Ablagerung und Abdichtung | Verfüllung | Bodenaustausch für Gründungsmaß- nahmen | Einebnen Landschaftsbau |

Abb. 3.6: Lithogenesen im urban-industriellen Bereich

stig zu gewinnende Gesteine, deren Abbau wiederum Bodenverluste hervorruft.

Auf Flächen, die wegen ihrer geringen Tragfähigkeit und/oder hohen organischen Substratanteile keinen geeigneten Baugrund darstellen, stellt der *Bodenaustausch* die gängige Maßnahme dar. Ein nachträglicher Bodenaustausch wird neuerdings angewandt, wenn Bauten auf mit Schadstoffen belasteten Standorten errichtet wurden (vgl. Kap. 7).

Bis in die Gegenwart beliebt ist das *Verfüllen* "störender" Geländevertiefungen, mit denen allerdings auch der Charakter einer Landschaft verschwindet. Nach Kriegen und Katastrophen dient der angefallene Trümmerschutt dazu, bisher zur Bebauung weniger geeignete Flächen "herzurichten".

Das *Planieren* von Geländeunebenheiten führt vor allem zu Umlagerungen anstehender Gesteine, doch werden häufig auch standortfremde und anthropogene Substrate eingebracht und Oberböden verschüttet.

Lineare *Abgrabungen* und *Aufhöhungen* für Verkehrs- und Infrastrukturanlagen stellen einen - allerdings weitverbreiteten - Spezialfall anthropogener Lithogenesen dar. Sie zeichnen sich durch bautechnisch bedingte Materialanforderungen aus, die durchaus Gesteine unterschiedlichster Herkunft vereinen können. Hinsichtlich Materialmengen und Ausdehnung erheblich ist die Anlage von Verkehrsflächen, seien es innerstädtische Straßen, Fußgängerzonen, Bahntrassen und Flugplätze. Unterbau und Oberfläche führen zum flächenhaften Gebrauch unterschiedlichster Gesteine. Der Einsatz von Naturstein, Beton und Schlacken, sowie bitumiösen Baustoffen ("Asphalt") hat Gesteinsbildungen und Mischungen zur Folge (vgl. Abb. 8).

2. Lithogenesen durch Umlagerungen.

Bei Abgrabungen, seien es Steinbrüche, Kies- oder Tongruben, in Siedlungsnähe zur Baustoffgewinnung reichlich vorhanden (Oberbodenvernichtende Vornutzung), werden Gesteinsschichten freigelegt und nicht zur Vermarktung geeignete Substrate separiert.

Verteidigungsanlagen der Vergangenheit und Gegenwart (Befestigungen, Mauern, Gräben, Bunker und Lärmschutzwälle) haben zu allen Zeiten Gesteinsumlagerungen und Konzentrationen steriler Substrate bedingt. Die Spanne der Substrate reicht vom Naturstein (Granit oder Kalkstein) über Kalkmörtel, Ziegel und Beton bis zum Abbruchmaterial.

Zur Gestaltung städtischer Freiräume werden zunehmend Bodenbewegungen erheblichen Umfangs vorgenommen. Pseudomoränen bei Gartenschauen stehen als Beispiele der jüngsten Vergangenheit. Auch hier werden nicht in jedem Fall solchen Formationen entsprechende Materialien eingebaut, sondern durch den Markt verfügbare Substrate.

Deponien von inerten Materialien, Bergematerial, Bauschutt, aber auch Haus- und Sondermüll stellen eine weitere Form urban- industriell bedingter Lithogenesen dar. Verwitterungsprozesse, denen einige dieser Substrate durch Exposition zugänglich sind, belasten die Umwelt.

3. Unspezifische Beimengungen verschiedener, potentiell zur Bodenbildung beitragender Materialien.

Baustoffe und Materialien haben, z.T. über Jahrtausende, zu einer Anreicherung unterschiedlichster, geologisch nicht standortspezifischer Gesteine (Sandsteinplatten in der Marsch, Granitmauern auf Löß, Tonziegel auf Sanden) in der Stadt geführt und damit die Lithogenese variiert. Natursteine aller Art, Ziegel und Kalkmörtel dominierten dabei bis in die jüngste Vergangenheit. Inzwischen beginnt mengenmäßig Beton zu überwiegen. Fundamente und Tragstrukturen, Brücken und Uferbefestigungen, Gehwegplatten und Fahrbahnen mögen als Beispiele genügen. Obwohl als unverwüstlich angesehen, zeigen Luftverunreinigungen und aggressive Wässer die Endlichkeit auch diesen Materials.

Aschen und Schlacken aus diversen Verbrennungs- und Verhüttungsprozessen sind als Baustoffe und "Dünger" über die Siedlungsfächen verteilt worden. Ähnlich wie bei den vorangehenden Materialien kommen ihre Elemente in Böden und Gesteinen natürlich vor. Problematisch für die Umwelt werden sie durch Konzentrationen und Bindungsformen.

Abhängig von Alter und Geschichte der Städte und Ballungsräume ist ihr Untergrund mit Konglomeraten aus den vorgenannten Materialien, vielfach ergänzt durch Gläser und Metalle, durchsetzt. Bautätigkeiten, Haltbarkeitsgrenzen, Brände und andere Katastrophen (Trümmerschutt aus den Kriegen) tragen ständig zu dieser Zufuhr anthropogener Substrate, z.B. als Abfälle aller Art, Bau- und Hilfsstoffe, bei.

Die dargestellten Gesteinsbildungen verändern urban-industrielle Gebiete nachhaltig über die gegenwärtige Nutzung hinaus. Historische, seit langem unbewohnte Städte (Angor Vat) zeigen, daß die anthropogen initiierten Lithogenesen, vor allem mit Blick auf die Ballungsräume der Gegenwart (Kulturschutt von mehreren Metern), auch in geologischen Zeiträumen prägende Wirkung haben.

3.6.2 Pedogenesen

Außer durch die Substrateigenschaften (Lithogenese) werden durch die Einrichtung von Nutzungen, die Pflege von Nutzungen und durch indirekte Wirkungen (aus der Nutzung resultierend) sehr unterschiedliche, für typische Stadtbodengenesen verantwortliche Prozesse in Gang gesetzt:

1. Anreicherungen, Umlagerungen und Austräge von zugeführten (importierten) Stoffen.

Böden in Siedlungen und Städten sind oft jahrhundertelang durch organische Abfälle der Nahrungsmittelproduktion angereichert worden. Mächtige, humose Oberböden (A_h - Horizonte) in alten Gärten oder auf ehemaligen Marktplätzen belegen diese Importe. Die auch heute noch stattfindende Anreicherung mit organischen Stoffen geht in erster Linie zurück auf die Zufuhr von Bodenverbesserungsmitteln. Die Zufuhr von nicht auf dem Standort entstandener organischer Substanz nimmt, gefördert durch "ökologische" Moden, Gartenbücher und den Freizeitmarkt beträchtliche Ausmaße an. In der Grünflächenpflege sind Ausbringungsmengen von 25 t/ha/Jahr Kompost durchaus üblich. Über Gärtnereibetriebe, Landschaftsbauunternehmen und Kleingärtner werden pro Jahr rund 10 Mio. m³ Torf abgesetzt; als relativ neues Produkt mit stark steigenden Mengen kommen 1 Mio. m³ Baumrinde und deren Veredelungsprodukte wie Rindenmulch, Rindenhumus, Rindenkultursubstrate zum Einsatz. Dazu kommen eine Vielzahl von Bodenhilfsstoffen aus den Gartencentern. Als neuester Trend gelten torfähnliche Substrate aus Kokosfasern.

Eine weitere stadttypische, etwas anrüchige Eintragsquelle organischen Materials ist Hundekot. Nach Angaben von BÖHM und STRAUCH (1987) fallen in der Bundesrepublik zwischen 800t und 1700t täglich an. Für Berlin (West), eine Stadt mit hoher Hundedichte, wird der tägliche Hundekotanfall auf 16t geschätzt. Die Exkremente konzentrieren sich auf wenige Flächen und sind daher als bodenbildender Faktor durchaus erwähnenswert.

Standortbürtiges organisches Material wird innerhalb städtischer Nutzungen verschoben: Abräumen von Laub und Grasschnitt ist einerseits Export, andererseits als Import auf einige Flächen konzentriert.

Zusammen mit den organischen Materialien gelangen Schadstoffe (z.B. Schwermetalle) als ungebetene Begleiter in die Böden. Abbauprodukte aus der Zersetzung von Komposten und organischen Abfällen können zu starken pH-Wert-Absenkungen durch die Bildung von organischen Säuren und Grundwasserbelastungen mit Nitrat führen.

Prozesse der Anreicherung, Umlagerung und Auswaschung von Schadstoffen treten nutzungsspezifisch auf. Randbereiche von Verkehrsflächen sind mit Schwermetallen und mit Natrium/Chlorid (aus Tausalzen) angereichert. Standorte von Gewerbe und Industrien weisen nutzungsspezifische Akkumulation von Schadstoffen auf. Auf Standorten mit einer Bau- oder Trümmerschutt-Lithogenese sind Kalkgehalte, Kalkumlagerungen und daraus resultierende Pedogenesen bekannt. Die Eigenschaft der Böden als Stoffsenke wird in urbanen Gebieten aufgrund der Fülle nutzungsbedingter Emissionen besonders deutlich.

2. Physikalische Eingriffe, die in erster Linie den Bodenluft- und Bodenwasserhaushalt betreffen.

Unbeabsichtigte Verdichtungen werden hervorgerufen durch den Betrieb von Nutzungen oder das Einrichten von Nutzungen. Dazu zählen Trittverdichtungen unter Freizeitnutzung, Befahren der Böden mit schweren Maschinen usw. Diese Ursachen können unterstützt werden durch Eigenschaften der betroffenen Substrate. Umgelagerte Lehmböden als Beispiel für natürliches Substrat oder verwitterndes Bergematerial als anthropogenes Substrat neigen bereits bei geringen mechanischen Belastungen, etwa in Grün- und Parkanlagen, zu starken Verdichtungen. Auch umgelagerte sandig-steinige Böden oder Horizonte mit hohem Skelettgehalt zeigen Verdichtungen (RUNGE, 1975).

Umgekehrt können durch Umlagerungen, Beimischungen von neuen Substraten ursprünglich dicht gelagerte Standorte aufgelockert werden. Typisch sind Bauschuttablagerungen in feuchten Senken und an Fluß- und Seeufern. Böden unter intensiver Freizeitnutzung werden gezielt durch eine Fülle bodentechnischer Eingriffe, besonders hinsichtlich ihrer physikalischen Eigenschaften, auf ein nutzungsspezifisches Optimum gebracht.

Bodenhilfsstoffe vom Torf bis zum Styroporgranulat dienen hauptsächlich der Auflockerung von "gemachten" Böden, zur Verbesserung der Bodenstruktur. Hilfsstoffe dienen auch der Abdichtung und Kammerung von Böden (Folien und Geotextilien), die Bodenentwicklungen "verinseln" können.

Technisch definierte neue Bodenhorizonte in "Funktionsböden", z.B. bei Sport- und Freizeitanlagen, steuern je nach Anforderungen der Bodennutzer Luft- und Wasserhaushalt. Ziel ist bei diesen Böden das Verhindern von Genesen bzw. das Konservieren einmal eingestellter Eigenschaften.

Städtische Oberflächen können einen hohen Anteil der Niederschläge an der Versickerung hindern, gleichzeitig sorgen Drainagen und unterirdische Leitungssysteme für eine Entwässerung der Böden. Hinzu kommen zahlreiche Grundwasserentnahmen durch Industrie und Gewerbe. Ehemals wassergeprägte Böden werden trockengelegt, umgekehrt findet auch eine Vernässung von Böden als Folge von Verdichtungen, Wassereinstau durch Gewässerregulierung und Infrastruktureinrichtungen statt. Fallen langjährige Grundwasserentnahmen aus, können sich ehemals entwässerte Bodenhorizonte innerhalb kurzer Zeiträume wieder auffüllen. Beispiele sind die Industriereviere Liverpool und Manchester, die nach dem Niedergang der alten Industrien große Probleme mit steigenden Grundwasserspiegeln haben.

3. Anthropogen induzierte chemische und biologische Prozesse in den Böden.

Da bei der Entstehung der Stadtböden bereits in der Lithogenese einige Prozesse der Verwitterung und Umbildung abgelaufen bzw. in Gang gesetzt wurden, läuft die weitere Bodenentwicklung beschleunigt ab. Nährstoffe stehen den Pflanzenwurzeln und dem Bodenleben aus dem Ausgangsgestein, Bodenverbesserungsmitteln oder aus Immissionen teils im Überfluß, teils sehr mangelhaft zur Verfügung; Stadtböden sind in der Regel gut bis übermäßig mit den Hauptnährstoffen Stickstoff und Phosphor versorgt. Nicht nur organisch, auch mineralisch wird in der Stadt reichlich gedüngt. Bei guter Nährstoffversorgung, Belüftung und ausreichend Wasserversorgung entwickeln sich Stadtböden mit Hilfe des Bodenlebens zu "schnellen Brütern" in den urbanen Stoffkreisläufen.

Bei unzureichender Luftzufuhr entstehen in Ablagerungen organischer Abfälle (vom Laub bis zum Hausmüll) Gase und reduzierende chemische Zersetzungen (Sickerwasserbildung), die in Boden und Grundwasser zu anaeroben Entwicklungen und Belastungen führen. Eine Besiedlung mit Pflanzen und Bodenfaunen wird dadurch verzögert bis unmöglich.

3.7 Klassifikation städtischer Böden (Systematik)

Aus der Genese der Böden ergeben sich Leitlinien für eine Einteilung, eine Systematik der Böden. Die Klassifikation von Böden bedeutet eine Einteilung aufgrund einer Eigenschaft oder einiger Eigenschaften. Sie ist quasi Vorläufer einer alle Eigenschaften berücksichtigenden Systematik (vgl. MÜCKENHAUSEN, 1977). Da die Genese urbaner Böden noch nicht hinreichend untersucht ist, sind bisher aus der Bodenkunde nur Ansätze für Klassifikationen vorhanden.

Eine Klassifikation von Stadtböden kann anhand eines Faktors vorgenommen werden, der wesentlich für die besonderen Eigenschaften dieser Böden verantwortlich ist: Dem Ausgangssubstrat. Urbane Nutzungen und deren Änderungen "hinterlassen" unterschiedlichste Substrate als Ausgangsmaterialien und Hauptfaktoren der Bodenbildung. Die Bodenkunde bezeichnet Ausgangssubstrate als Ausgangsgesteine. Unbefriedigend wäre eine Klassifikation nur nach einem "Natürlichkeitsgrad", z.B.
- natürliche Ausgangsgesteine einschließlich organischer Bildungen,
- anthropogen veränderte, natürliche Ausgangsgesteine,
- anthropogene Gesteine (künstliche, technogene Stoffe).

Eine weitere Gliederung ist nach der Art der Umlagerung (lockere, verdichtete, homogene, inhomogene Schüttung usw.), der Körnung (Ton, Lehm, Sand, Steine) und der Art des "Gesteines" (Schlacken, Bauschutt usw.) möglich (vgl. RUNGE,1975).

Für die Stadtbodenkartierung Kiel wurden bei Böden aus anthropogenen Gesteinen drei Gruppen gebildet (SIEM et al., 1987):

Gruppe 1: anthropogen verändertes Gestein mit einem technogenen Stoffanteil von weniger als 5% ;

Gruppe 2: anthropogen verändertes bis anthropogenes Gestein mit einem technogenen Stoffanteil von 5% bis 30% ;

Gruppe 3: anthropogenes Gestein mit einem technogenen Stoffanteil von mehr als 30% .

Je nach Entstehungsort der Ausgangsgesteine der Bodenbildung lassen sich zusätzlich verschiedene Umlagerungstypen unterscheiden:

- Umgelagerte Substrate anthropogener Lithogenese. Dazu zählen: Baustoffe aller Art vom Ziegelstein bis Beton bzw. Bruchstücke davon (Festsubstrate). Grus und Sand aus Recyclingmaterial der Bauschuttaufbereitung, Schlacken und Zuschlagstoffe aus Verhüttungsprozessen (Lockersubstrate);

- Umgelagerte Substrate natürlicher Lithogenese, die aus der Verlagerung von Böden resultieren. Dazu zählen neben natürlichen Ablagerungen (Sand, Lehm, Ton, Kies, usw.) auch "Montansubstrate" aller Art wie z.B. Bergematerial, Kohle, Koks und Flotationsschlamm. Ebenso organische, standortfremde Substrate. Zur Gruppe der umgelagerten Substrate natürlicher Lithogenese gehören auch mineralische oder organische "Marktböden".

- Substrate natürlicher Ablagerung und Lithogenese: Natürlich anstehende bzw. abgelagerte mineralische und organische Substrate.

- Mischformen mit horizontaler Zonierung (bedingt durch Überlagerungen aus dem Nutzungswandel) und vertikaler Zonierung (durch heterogene Flächennutzung und Veränderungen innerhalb der Nutzung).

Mit der Substratmischung einher geht eine "Mischung" ererbter und erworbener Eigenschaften. Humose oder lehmige Einschlüsse bzw. Horizonte in einem skelettreichen Ruderalboden aus Trümmerschutt sind Überreste des ursprünglichen, natürlichen Substrates. In Stadtböden finden sich öfters humose, "fossile" Oberböden bis in große Tiefen (BILLWITZ und BREUSTE, 1980). Diese Merkmalmischungen erschweren die Herleitung einer auf der Klassifikation aufbauenden Systematik, die nicht nur ein Merkmal, sondern alle Merkmal eines Bodens berücksichtigen soll.

Eine weitere Möglichkeit der Klassifizierung besteht darin, Böden nach ihrer genetischen Steuerung durch den Menschen zu unterscheiden. Anthropogene Böden im urban-industriellen Bereich unterliegen
- zufälligen Genesen (a) und
- gesteuerten Genesen (b,c).

a) Nicht gesteuerte Genesen kommen in Gang auf umgelagerten Substraten anthropogener und natürlicher Lithogenese. Erscheinungsformen sind:

- Schuttböden, die als Rendzinen bezeichnet werden. Sie setzen sich aus Lockersubstraten zusammen, die auf Trümmerschuttflächen, in Straßenrandbereichen überwiegend trockene Standorte bilden.
- Pionierstandorte, die als Initialböden bezeichnet werden können. Sie entstehen häufig auf Festsubstraten und bilden trockene bis extrem wechselfeuchte Standorte. Als eine Sonderform entstehen "Böden aus der Luft" durch Anwehungen. Initialböden dokumentieren die hohe Dynamik der Bodenbildung in der Stadt.
- Deponieböden mit hoher chemischer Dynamik. Die Bodenentwicklung wird durch Produkte der chemischen Verwitterung und Zersetzung verzögert. Die Ansiedlung von Flora und Fauna scheitert langfristig an extremen Standortbedingungen. Beispiele sind Bergehalden und Mülldeponien.
- Marktböden in Form von Kultursubstraten, Recyclingsubstraten.

b) Teilgesteuerte Genesen laufen auf umgelagerten und natürlich abgelagerten Substraten ab. Dazu gehören in erster Linie
- Gartenähnliche Böden (Hortisole). Charakteristisch ist die Anreicherung von Humus in den oberen Bodenschichten. Beispiele: Gärten, Park- und Grünanlagen usw.

c) Beispiele für gesteuerte Bodengenesen sind die vom Menschen gezielt
- aufgebauten Funktionsböden. Darunter fallen die aus den Stoffkreisläufen teilweise entkoppelten Böden mit technisch exakt gesteuerten Eigenschaften wie

72

- Oberflächenabdeckungen von Deponien und anderen "Landschaftsbau-werken",
- Grasdächer,
- Abdeckungen von Tiefgaragen,
- nach Normen gebaute Freizeitböden.

Unter Berücksichtigung der vielfältigen Nutzungskonkurrenzen und der kleinräumig hohen Variabilität urbaner Böden erscheint eine mehr funktionale Klassifikation, besonders unter Planungsgesichtspunkten, praktikabler.

In mehreren Arbeitskreisen ist die Deutsche Bodenkundliche Gesellschaft seit kurzem bemüht, Möglichkeiten der Klassifikation städtischer Böden zu erarbeiten. Mit den "Empfehlungen des Arbeitskreises Stadtböden der Deutschen Bodenkundlichen Gesellschaft für die bodenkundliche Kartieranleitung urban, gewerblich und industriell überformter Flächen (Stadtböden)" wurden erste Vorschläge veröffentlicht (AK STADTBÖDEN, 1989).

Literatur

AEY, W. (1987): Ökologische Kartierung in der Lübecker Altstadt. Exkursion zur 9. Sitzung der Arbeitsgruppe "Biotopkartierung im besiedelten Bereich", September 1987 in Rendsburg. Manuskript, unveröffentlicht.

ARBEITSKREIS STADTBÖDEN (1989): Empfehlungen des Arbeitskreises Stadtböden der Deutschen Bodenkundlichen Gesellschaft für die bodenkundliche Kartieranleitung urban, gewerblich und industriell überformter Flächen (Stadtböden). UBA-Texte

AUBE (Arbeitsgruppe Umweltbewertung Essen) (1986): Ökologische Qualität in Ballungsräumen, Methoden zur Analyse und Bewertung, Strategien zur Verbesserung. Der Minister für Umwelt, Raumordnung und Landwirtschaft des Landes Nordrhein-Westfalen (Hrsg.), Düsseldorf 1986

BAHR, G. (1988): Abfallwirtschaft in Hamburg - Behandlung der Abfälle aus dem Baubereich, in: Abfallwirtschaft im norddeutschen Raum. Akademie für Raumordnung und Landesplanung, Arbeitsmaterialien Nr. 135, Hannover

BILLWITZ, K. und BREUSTE, J. (1980): Antropogene Bodenveränderung im Stadtgebiet von Halle/Saale. Wiss. Zeitschrift, Univ. Halle, Heft 4, S. 25-43.

BLUM, W. (1987): Das Naturelement Boden. Naturopa 57, S. 4-7 1987

BLUME, H.-P. und RUNGE, M. (1978): Ökologie innerstädtischer Böden aus Bauschutt. Zeitschr. f. Pflanzenernährung und Bodenkunde. 14: 727-740

BÖHM, R. und STRAUCH, D. (1987): Hundekot in der Großstadt. Ein ästhetisches und hygienisches Problem. Ökologische Probleme in Verdichtungsräumen. Tagung über Umweltforschung an der Universität Hohenheim. Verlag Ulmer, 1987

BÖHME, S. (1986): Zum Zusammenhang von Oberflächenversiegelung und Vegetationsvolumen städtischer Teilgebiete - dargestellt am Beispiel der Stadt Erfurt. Landschaftsarchitektur 15 (1986) S. 2 Landwirtschaftsverlag Berlin

CORDSEN, E., SIEM, H.K., BLUME, H.-P. und H. FINNERN (1988): Bodenkarte 1:20.000 Stadt Kiel und Umland. Mitt. Dt. Bodenkundl. Gesellsch. 1988

DOMSCH, K. (1985): Funktionen und Belastbarkeit des Bodens aus der Sicht der Bodenmikrobiologie. Materialien zur Umweltforschung Heft 13. Verlag Kohlhammer, 1985

DOMSCH, K. (1988): Stand der Forschung in der Bodenbiologie und ihre Bedeutung für die landwirtschaftliche Bodennutzung, in: Bodenleben, Bodenfruchtbarkeit, Bodenschutz. Arbeiten der DLG, Band 191. DLG-Verlag Frankfurt, 1988

ELLENBERG, H., MAYER, R. und J. SCHAUERMANN (1986): Ökosystemforschung. Ergebnisse des Sollingprojektes. Verlag Ulmer, Stuttgart

EMSCERGENOSSENSCHAFT (Hrsg.) 1977: 75 Jahre Emschergenossenschaft. Essen

FHH (1984): Luftbericht 83/84. Umweltbehörde der Freien und Hansestadt Hamburg, Hamburg 1984

74

FHH (1988): Abfallentsorgungsplanung für komunale Abfälle in Hamburg, Stand September 1988, Baubehörde der Freien und Hansestadt Hamburg

FICHTNER, V. (1977): Die anthropogen bedingte Umwandlung des Reliefs durch Trümmeraufschüttungen in Berlin (West) seit 1945. Abh. d. Geogr. Inst. der FU Berlin Anthropogeographie, 21, S.169

FRÜND, H.-C., RUSZKOWSKI, B., SÖNTGEN, M. und U. GRAEFE (1988): Besiedlung städtischer Böden durch Regenwürmer, Enchytraeiden und bodenlebende Gehäuseschnecken. Mitt. Dt. Bodenkundl. Ges. 56, S. 351 - 356 (1988)

FÜRST (1947): Trümmerbeseitigung in Hamburg. Kurzreferat am 26.9.47 vor der Finanzdeputation der Freien und Hansestadt Hamburg. Unveröffentlichtes Manuskript, Amt für Trümmerbeseitigung

GRENZIUS, R. und BLUME, H.-P. (1984): Karte der Bodengesellschaften von Berlin (West) 1:75.000; interdisziplinäres Forschungsprojekt der Techn. Univ. Berlin: Karten zur Ökologie des Stadtgebietes von Berlin-W.

GRENZIUS, R. (1987): Die Böden Berlins (West). Klassifizierung, Vergesellschaftung, ökologische Eigenschaften. Diss. TU Berlin

HABER, W. (1988): Über den Umweltzustand der Bundesrepublik Deutschland am Ende der 1980er Jahre. Korrespondenz Abwasser 35, S. 1084 - 1089, 1988

HESSISCHE LANDESREGIERUNG (Hrsg.), 1982: Umweltbericht der Hessischen Landesregierung, Wiesbaden

HEYN, E. (1955): Zerstörung und Aufbau der Großstadt Essen. Arbeiten zur rheinischen Landeskunde, H. 10, Bonn 1955

IFS (1988): Städtebauliche Lösungsansätze zur Verminderung der Bodenversiegelung als Beitrag zum Bodenschutz. Institut für Stadtforschung und Strukturpolitik. Berlin 1988

KLOKE, A. (1980) : Richtwerte '80, Orientierungsdaten für tolerierbare Gesamtgehalte einiger Elemente in Kulturböden. Mitt VDLUFA, H. 1-3, S. 9-11, 1980

KNEIB, W.D. (1987): Bodenschutzkonzept im Hamburger Landschaftsprogramm. Garten und Landschaft 8/87, 25 - 29

KNEIB, W.D. und SCHWARZE-RODRIAN, M. (1986): Entwicklung von Kenngrößen zum Einbezug des Bodenschutzes in die Stadtplanung. Vorstudie im Auftrag des Umweltbundesamtes.

KRIETER, M. (1986): Untersuchungen von Bodeneigenschaften und Wurzelverteilungen an Straßenbaumstandorten. Das Gartenamt 35 (1986), S. 11

KUNTZE, H., ROESCHMANN, G. und G. SCHWERDTFEGER (1988): Bodenkunde. 4. Auflage, Verlag Ulmer, Stuttgart 1988

LANGER, H. (1974): Standort und Bedingungen einer ökologischen. Planung. Landschaft und Stadt 1/74

MLS (1984): Freiraumbericht. Ministerium für Landes- und Stadtentwicklung des Landes NRW. MLS informiert 1/84. Düsseldorf 1984

MOEN, J.E.T. (1988): Bodenschutz in den Niederlanden, in: Altlastensanierung '88. Zweiter internationaler TNO/BMFT Kongress über Altlastensanierung. April 1988 Hamburg

MOLL, O. und SPEETZEN, F. (1987): Durchführung der Bodenkartierung in Hamburg. Mitt. Dt. Bodenkdl. Ges. Bd. 55/II, S. 805 -806

MÜCKENHAUSEN, E.(1977): Entstehung, Eigenschaften und Systematik der Böden der Bundesrepublik Deutschland. DLG-Verlag Frankfurt, 1977

MÜCKENHAUSEN, E. und E. SCHÖNHALS (1989): Zur Geschichte der Deutschen Bodenkundlichen Gesellschaft und der Bodenforschung. Dt. Bodenkdl. Ges. (Hrsg.), 1989

RAT VON SACHVERSTÄNDIGEN FÜR UMWELTFRAGEN (RSU) (1987): Umweltgutachten 1987. BT-Drucksache 11/1568 vom 21.12. 87

RUNGE, M. (1975): Westberliner Böden anthropogener Litho- oder Pedogenese. Diss. TU Berlin

SCHLICHTING, E. (1970): Bodensystematik und Bodensoziologie. Z. Pflanzenernährung und Bodenkunde, 127, S. 1 - 9, 1970

SCHRÖDER, D. (1983): Bodenkunde in Stichworten. Hirt Verlag

SIEM, H.K., E. CORDSEN, H.P. BLUME und H. FINNERN (1987): Klassifizierung von Böden anthropogener Lithogenese, vorgestellt am Beispiel von Böden im Stadtgebiet von Kiel. Mitt. Dt. Bodenkdl. Ges. 55/II, 831 - 836

STAHR, K. (1985): Wie lassen sich Bodenfunktionen erhalten? In: Bodenschutz als Gegenstand der Umweltpolitik. Schr. R. d. Fachbereichs Landschaftsentwicklung der TU Berlin, Nr. 27. Berlin 1985

SUKOPP, H. (1985): Natur in der Großstadt, in: Stadt als Lebensraum. Wissenschaftsmagazin, Heft 2, Band 2, TU-Berlin

TOMASEK, W. (1979): Die Stadt als Ökosystem - Überlegungen zum Vorentwurf Landschaftsplan Köln. Landschaft und Stadt 11, (2), S. 51 - 60

TREPL, L. (1988): Gibt es Ökosysteme? Landschaft und Stadt 20, (4), S. 176 - 185, 1988

VEGTER, J.J., ROELS, J.M. und H.F. BAVINK (1988): Bodenqualitätsstandards: Wissenschaft oder Zukunftsvision? Untersuchung der methodischen Ansätze zur Ermittlung von Bodenqualitätskriterien, in: Altlastensanierung '88. Zweiter internationaler TNO/BMFT-Kongress über Altlastensanierung. April 1988, Hamburg

WEIGMAN, G., BLUME, H.P., MATTES, H. und H. SUKOPP (1981): Ökologie im Hochschulunterricht, in TROMMER, G. und W. RIEDEL (Hrsg.): Didaktik der Ökologie. Aulis, Köln

WERITZ, N. und D. SCHRÖDER (1989): Mikrobielle Aktivitäten in Stadtböden und ihre Bewertung unter besonderer Berücksichtigung von Schwermetallbelastungen. Mitt. Dt. Bodenkdl. Ges. 59/II, S. 1015 - 1020

4. Verändernde und belastende Einwirkungen auf Böden und das Grundwasser im besiedelten Bereich

Der auf den urbanen Oberflächen agierende Mensch verändert gezielt oder zufällig die Funktionen der unversiegelten Böden als Bestandteile des urban-industriellen Ökosystems und als Ressource für den Menschen selbst. Die aus urbanen Nutzungen und deren Veränderungen resultierenden stadtspezifischen Bodengenesen sind zum Teil auch als Folgen von Belastungen zu betrachten. Im folgenden sollen Veränderungen und Belastungen betrachtet werden, die einen Übergang zwischen lediglich veränderten Böden und Altlasten (vgl. Kap. 4.1) darstellen. Ein Teil der Böden dieser Kategorie bildet bis zu ihrer "Entdeckung" die stille Reserve an Altlasten im urbanen Bereich.

Belastende Einflüsse auf die unversiegelten Böden in der Stadt haben prinzipiell zwei Ursachen:
- Böden sind Stoffsenken; die meisten der in Atmosphäre und Hydrosphäre emittierten Stoffe sowie Stoffe aus dem Wirtschaftskreislauf gelangen als Sedimente in die Geosphäre, davon große Mengen in terrestrische Böden. In urbane Gebiete werden durch den wirtschaftenden Menschen große Stoffströme gelenkt, die umgewandelt und wieder verteilt (emittiert) werden. Sie konzentrieren sich als Nah-Immissionen auf Flächen, die für Stoffablagerungen ökologisch nur begrenzt aufnahmefähig sind. Zusätzlich gelangen nutzungsspezifische (Schad-)stoffe durch Bewirtschaftungsmaßnahmen sowie durch Unfälle in die Böden.
- Die Struktur der Böden als räumliche Anordnung der festen Bodenbestandteile bedingt wesentlich die Eigenschaften und die Entwicklung von Böden. Im urban-industriellen Bereich konzentrieren sich mechanische Einwirkungen auf die Bodenstruktur räumlich und zeitlich.

Die Einflüsse können den Boden in seinen Eigenschaften verändern, teilweise dient er nur als "Träger" von Belastungen, die dann Funktionen bzw. Nutzungen beeinträchtigen. Stoffliche Belastungen von Böden und Grundwasser werden anhand von Meßwerten erfaßt und beurteilt, die für sich alleine betrachtet eine Genauigkeit vortäuschen. Von der Probenahme über die Analytik bis zur Interpretation von Meßwerten ist eine große Bandbreite von Ungenauigkeiten und Fehlermöglichkeiten zu berücksichtigen, die für die Interpretation von Daten eine nicht unerhebliche Rolle spielen kann: "Es ist nicht unrealistisch, wenn man bei der allgemeinen Bewertung beispielsweise von Schwermetallanalysen in der Literatur und in Berichten einen allgemeinen Summenfehler (der alle Negativ-Faktoren einschließt) von +/- 33% annimmt, sofern nicht ausgewählte Proben besonders vorbereitet und mehrfach analysiert wurden" (KLOKE, 1982).

Sowohl durch Stoffe, deren Umsetzungen, als auch durch mechanische Einwirkungen werden verändert
- die Bodenchemie (pH-Wert, Mobilität von Stoffen),
- die Bodenphysik (neue Substrate, Wasser-, Lufthaushalt),
- die Bodenbiologie (Veränderung der Lebensbedingungen für Flora und Fauna),
- die Ökologie des Standortes (Boden als Basis für Biotope).

Eine bisher sehr wenig untersuchte Sonderform stofflicher Belastungen sind radioaktive Stoffe. Systematische Messungen in Stadtgebieten fehlen. Am Beispiel der Meßaktivitäten nach Tschernobyl wurde offensichtlich, welche Probleme die Interpretation verschiedener, nicht aufeinander abgestimmter Meß- und Erhebungskonzepte aufwirft.

4.1. Schadstoffe in urbanen Böden

Alle Stoffe oder Verbindungen, die in Böden eingetragen werden, sind potentiell Schadstoffe; entscheidend für ihre Bedeutung ist die Dosis-Wirkungsbeziehung. Sowohl "natürliche" (z.B. Chloride, Nitrate) als auch die mehr als 100.000 durch den Menschen geschaffenen künstlichen Stoffe verursachen Bodenbelastungen. Einige Stoffe gelangen in Größenordnungen von mehreren 100.000 t/a in die Umwelt, andere nur in wenigen kg/a. In Tabelle 4.1 sind Stoffe und Stoffgruppen zusammengestellt, die für Bodenbelastungen eine besondere Bedeutung besitzen.

Im Zusammenhang mit Schadstoffanreicherungen ist besonders wichtig, daß Böden nicht oder nur sehr begrenzt von aufgenommenen Stoffen befreit oder gereinigt werden können. Weder Versalzung, Schwermetallanreicherung noch Ansammlungen bestimmter organischer Verbindungen lassen sich ohne enormen technisch-chemischen Aufwand aus Böden wieder entfernen (RSU, 1988). Einige organische Verbindungen sind kurz- und mittelfristig (Tage bis

Tab. 4.1: Bodenrelevante Schadstoffe

a) Stoffe mit nachgewiesenem Gefährenpotential, die weit
   verbreitet sind und/oder besonders nachteilige Wirkungen haben

Arsen
Cadmium
Blei
Zink
Nickel
Aluminium
Kupfer
Salpetersäure/Nitrate
Schwefelsäure/Sulfate
Salzsäure/Chloride
PCB/PCT/PCN (polychlorierte Biphenyle, Terphenyle und-Naphtaline)
HCB (Hexachlorbenzol)
DDT (1,1,1-Trichlor-2,2-bis(4-chlorphenyl)-ethan u.Derivate)
PCP (Pentachlorphenol)
HCH (Hexachlorcyclohexan - Isomere)
PAH (polyclcyclische aromatische Kohlenwasserstoffe)
leichtflüchtige chlorierte Kohlenwasserstoffe (Trichlorethen,
Perchlorethen)
PCDD/PCDF, insbesondere TCDD, TCDF, OCDD,OCDF (chlorierte
Dibenzodioxine und Dibenzofurane)
langlebige Radionuklide
---
b) Stoffe mit nachgewiesenem Gefahrenpotential, jedoch von lokaler
   Bedeutung

Chrom
Thallium
Beryllium
Kobalt
Uran
Flußsäure/Fluoride
Cyanide
Ammonium
Mineralöle
Phenole
Nitroaromaten
aromatische Kohlenwasserstoffe, insbesondere Benzole, Toluole,
Naphthaline
Paraquat (1,1'-Dimethyl-4,4'-bipyridiniumdichlorid)
---
c) Stoffe, deren Wirkungspotential und Verbreitung weitergehend zu
   untersuchen sind

Antimon
Selen
Vanadium
Borate
Bromide
Phtalate
Oktachlorstyrol
Deiquat (1,1'-Ethylen-2,2'-bipyridiniumdibromid)
sonstige chlorierte Kohlenwasserstoffe
Inhaltsstoffe von Wasch- und Reinigungsmitteln, u.a.
Tenside und Phosphatersatzstoffe
---
aus: BT-Drucksache 11/1625, BMI, 1988a

einige Jahre) durch biologische Prozesse abbaubar. Ein Austragspfad stellt Niederschlags- bzw. Sickerwasser mit der Folge von Belastungsverlagerungen in das Grundwasser oder die Oberflächengewässer (Vgl. Chloride) dar.

Die Gruppe der persistenten, d. h. im Boden nicht oder nur in langen Zeiträumen abbaubaren, problematischen Stoffe bildet ein wachsendes Gefahrenpotential, weil sie sich mit fortschreitendem Eintrag kontinuierlich anreichern. Diese Anreicherung kann zu latenten, bei Überschreiten bestimmter Belastungsgrenzen deutlichen Beeinträchtigungen von Bodenflora und Bodenfauna und bis hin zu akuten Gefährdungen auch des Menschen durch direkten Kontakt bzw. über die Nahrungskette und das Grundwasser führen. Gefährdungspfade für Bodenschadstoffe zum Schutzgut Mensch sind (KLOKE, 1988):

- Belastungspfad Boden-Luft-Mensch (pulmonale/direkte Aufnahme),
- Belastungspfad Boden-Mensch (orale/direkte Aufnahme),
- Belastungspfad Boden-Mensch (kutane/direkte Aufnahme),
- Belastungspfad Boden-Grundwasser-Trinkwasser-Mensch (orale/ indirekte Aufnahme),
- Belastungspfad Boden-Pflanzen-Nahrung-Mensch (orale Aufnahme über die Nahrungskette).

Tab. 4.2: Ursachen und Eintragsformen von Schadstoffen in urbane Böden.

Quelle	Dauer	Eintragsform	Konzentration	Kontamination
Immissionen	sehr lang	diffus	sehr gering	Oberfläche
Ablagerung	mittelfr.	lokal	hoch	Obfl./Tiefe
Kanalisation	sehr lang	linear	hoch	Tiefe
Defekte Tanks, Leitungen	mittelfr.	lokal	sehr hoch	Tiefe
Unfälle	kurz	lokal	sehr hoch	Oberfläche
Bewirtschaftungs- maßnahmen	mittelfr.	lokal	gering	Oberfläche

An Eintragsformen in die Böden lassen sich grundsätzlich unterscheiden (vergl. Tab. 4.2):
1. Der diffuse, weiträumige, relativ gleichmäßige Eintrag in geringen Konzentrationen. Dazu zählen Massenschadstoffe sowie organische Verbindungen und Schwermetalle. Betroffen sind die oberen Bodenschichten.

2. Der konzentrierte, räumlich und zeitlich begrenzte Eintrag. Die Zufuhr in die Böden ist eher ungleichmäßig, nutzungstypisch und betrifft alle Bodenschichten.

Stoffliche Einwirkungen auf den Boden, deren Folgen sowohl qualitativ (z. B. durch Toxizität oder Persistenz) als auch quantitativ (z. B. durch Versauerung oder Auswaschung) problematisch sein können, folgen unterschiedlichen, diffusen oder konzentrierten, direkten und indirekten Eintragspfaden:

1. Deposition von Luftverschmutzungen aus Gewerbe, Industrie und Hausbrand (diffuse, eher großflächige Einträge);
An "Massenschadstoffen", die als trockene oder nasse Deposition letztendlich wieder in den Böden landen, sind zu nennen:
- Schwefeldioxid, ca. 3 Mio.t/a, vorwiegend aus Kraftwerken;
- Stickoxide, ca. 3,1 Miot/a, hoher Anteil Verkehrsemissionen;
- Schwebstaub mit anorganischen und organischen Inhaltsstoffen.

Während Schwefeldioxid und Stäube bundesweit seit Jahren deutlich rückläufig sind, ist die Tendenz bei Stickoxidimmissionen eher stagnierend bis leicht steigend.

Nach Berechnungen aus den Jahren 1983/84 werden z.B. mit einer Staubmenge von jährlich 41.000 t auf das hamburgische Stadtgebiet rd. 143 t Schwermetalle niedergeschlagen. Dabei handelt es sich um folgende Mengen (FHH, 1986):

Arsen	4,50 t/a	Nickel	14,90 t/a
Quecksilber	0,08 t/a	Vanadium	22,80 t/a
Cadmium	0,30 t/a	Blei	42,00 t/a
Chrom	3,90 t/a	Kupfer	54,20 t/a.

Über Luftverschmutzungen werden auch Spurenschadstoffe, hauptsächlich organische Verbindungen, in die Böden eingetragen:
sie sind ähnlich wie die Schwermetalle meist an Staubpartikel gebunden, werden aber auch durch Niederschläge aus der Atmosphäre gelöst. In der Bundesrepublik werden jährlich etwa 1,9 Mio Tonnen organischer Verbindungen an die Umwelt abgegeben. Es handelt sich um tausende Substanzen, die in unterschiedlichen Mengen freigesetzt werden. Viele dieser Verbindungen werden in der Atmosphäre abgebaut, stabilere Substanzen gelangen mit dem Staub und Niederschlägen in die Böden. Zu diesen Spurenschadstoffen gehört die umfangreiche und umweltrelevante Gruppe der Kohlenwasserstoffe, besonders halogenierte Kohlenwasserstoffe.

82

Tab. 4.3: Branchentypische Schadstoffe

Stoffe bzw. Stoffgruppen	Herkunft
Arsen	Farben- und Lackfabriken
Barium	Farbenfabriken
Biozide	Landbau
Blei	Akkumulatorenfabriken, Bergbau, Druckereien, Farbenfabriken, Fotokopierbetriebe, Film- und Fotofabriken, Kabelwerke, Keramikfabriken, Klischeeanstalten, Lackfabriken, Porzellanfabriken, Tonwarenfabriken, Verkehr
Brom	Druckereien, Fotokopierbetriebe, Film- und Fotokopierfabriken, Klischeeanstalten
Cadmium	Akkumulatorenfabriken, Kabelwerke, Keramikfabriken, Porzellanfabriken, Farbfabriken, galvanotechnische Betriebe
Chrom	Aluminiumhütten, Chemische Reinigungsbetriebe, Druckereien, galvanotechnische Betriebe, Eloxalanlagen, Farbdruckereien, Farbfabriken, Färbereien, Fotokopierbetriebe, Film- und Fotopapierfabriken, Klischeeanstalten, Lackfabriken, Lederfabriken
Cyanide (Cyanwasserstoffsäure)	Bergbau, Galvanotechnische Betriebe, Gaswerke, Kokereien, Maschinenfabriken, Nahrungs- und Genußmittelindustrie, Spiegelfabriken
Desinfektionsmittel	Massentierhaltung, Tierabfallverarbeitende Betriebe, Tierkörperbeseitigungsbetriebe, Krankenanstalten
Detergentien	Kraftfahrzeugwaschanlagen, Großwäschereien, Nahrungs- und Genußmittelindustrie, Tierabfallverarbeitende Betriebe, Haushalte
Fette	Akkumulatorenfabriken, Kraftfahrzeugfabriken, Kraftfahrzeugwaschanlagen, Färbereien, Nahrungs- und Genußmittelindustrie, Kabelwerke, Kerzenfabriken, Maschinenfabriken, Raffinerien, Schlachthöfe, Spinnereien, Tierabfallverarbeitende Betriebe, Wachsfabriken, Walzwerke, Waschmittelfabriken
Fluoride (Fluorwasserstoffsäure)	Aluminiumhütten, Eloxalanlagen, Farbenfabriken, Galvanotechnische Betriebe, Glasätzereien, Lackfabriken
Harze	Holzverarbeitungsindustrie
Isoliermassen	Akkumulatorenfabriken, Kabelwerke
Kohlenwasserstoffe	Kraftfahrzeugwerkstätten, Kraftfahrzeugwaschanlagen, Haushalte
Kupfer	Bergbau, Galvanotechnische Betriebe, Haushalte, Fotokopierbetriebe, Klischeeanstalten, Kabelwerke
Nickel	Akkumulatorenfabriken, Kabelwerke
Nitrat	Landbau, Düngemittelfabriken
Organische Lösungsmittel	Akkumulatorenfabriken, Kraftfahrzeugfabriken, Kraftfahrzeugwaschanlagen, Chemische Reinigungsbetriebe, Druckereien, Farbenfabriken, Färbereien, Fotokopierbetriebe, Galvanotechnische Betriebe, Kabelwerke, Kerzenfabriken, Klischeeanstalten, Lackfabriken, Maschinenfabriken, Spinnereien, Tierabfallverarbeitende Betriebe, Wachsfabriken, Webereien
Organische Säuren	Holzverarbeitungsindustrie, Nahrungs- und Genußmittelindustrie
Pathogene Keime	Massentierhaltung, Müllbeseitigung, Kläranlagen, Abwasser, Schlämme, Tierabfallverarbeitende Betriebe, Tierkörperbeseitigungsbetriebe, Krankenanstalten
Perchlorethylen (Trichlorethylen)	Chemische Reinigungsbetriebe, Farbdruckereien, Färbereien, Spinnereien, Webereien
Phenole	Akkumulatorenfabriken, Bergbau (Stein- und Braunkohle), Gaswerke, Holzverarbeitungsbetriebe, Kabelwerke, Kerzenfabriken, Kokereien, Wachsfabriken
Quecksilber	Farbenfabriken, Holzverarbeitungsbetriebe, Lackfabriken, Spiegelfabriken, Thermometerfabriken, Chemische Industrie
Salze	Bergbau, Düngemittelfabriken, Druckereien, Fotokopierbetriebe, Gaswerke, Gerbereien, Klärschlämme, Klischeeanstalten, Kokereien, Nahrungs- und Genußmittelindustrie, Seifenfabriken, Streusalz, Tierabfallbeseitigende Betriebe, Waschmittelfabriken
Silber	Druckereien, Film- und Fotopapierfabriken, Galvanotechnische Betriebe, Klischeeanstalten, Spiegelfabriken
Sulfat	Aluminiumhütten, Kraftfahrzeugfabriken, Chemische Reinigungsbetriebe, Düngemittelfabriken, Eloxalanlagen, Emaillierwerke, Druckereien, Färbereien, Film- und Fotopapierfabriken, Holzverarbeitungsbetriebe, Kabelwerke, Klischeeanstalten, Lackfabriken, Raffinerien, Spinnereien, Wachsfabriken, Walzwerke, Webereien

aus: Din 4220 Teil 1, Ausgabe 1.87 "Bodenkundliche Standortbewertung"

Sulfide	Aluminiumhütten, Acetylenerzeugung, Bergbau (Stein- und Braunkohle), Chemische Reinigungsbetriebe, Eloxalanlagen, Farbdruckereien, Farbenfabriken, Färbereien, Gaswerke, Gewässeraushub (Schlammstoffe), Intensivtierhaltung, Klärschlämme, Kokereien, Lackfabriken, Nahrungs- und Genußmittelindustrie, Raffinerien, Spinnereien, Webereien
Sulfit	Chemische Reinigungsbetriebe, Druckereien, Färbereien, Nahrungs- und Genußmittelindustrie, Raffinerien, Seifenfabriken, Spinnereien, Waschmittelfabriken, Webereien
Teer	Akkumulatorenfabriken, Asphaltstraßen, Bauindustrie, Gaswerke, Kabelwerke, Kokereien
Titan	Farbenfabriken, Lackfabriken
Wachse	Kerzenfabriken, Wachsfabriken
Zink	Akkumulatorenfabriken, Druckereien, Farbenfabriken, Fotokopierbetriebe, Kabelwerke, Kerzenfabriken, Lackfabriken, Seifenfabriken, Verzinkereien, Wachsfabriken, Waschmittelfabriken
Zinn	Akkumulatorenfabriken, Kabelwerke

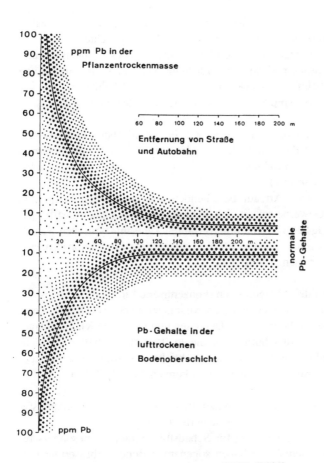

aus:KLOKE (1986)

Abb. 4.1: Bleigehalte in Straßenrandbereichen

2. Verkehrsspezifische Immissionen auf Straßenverkehrsflächen, Schienen-verkehrsflächen (Einträge sowohl diffus als auch konzentriert auf Verkehrs-flächen und deren Randbereiche);
Die Verkehrsimmissionen betrugen 1982 bundesweit rd. 5,3 Mio. Tonnen Kohlenmonoxid, rd. 0,6 Mio. Tonnen Kohlenwasserstoffe, rd. 1,7 Mio. Ton-nen Stickstoffoxide, rd. 0,1 Mio. Tonnen Schwefeldioxid, 65800 Tonnen Staub und 3500 Tonnen Blei. Auf den Straßen wurden 1983 rd. 0,8 Mio. Tonnen Auftaumittel eingesetzt (DELMHORST, 1986). Hinzuzurechnen ist noch der nicht näher quantifizierbare Einsatz von Herbiziden auf den Ver-kehrsflächen, besonders der Bundesbahn.

3. Schadstoffe aus Leitungen/Infrastruktur: Kanalisationssysteme und Gaslei-tungen (Einträge konzentriert und linear in tiefere Bodenschichten);
Undichte Abwasserleitungen sind ein bisher unterschätztes Problem urbaner Boden- und Grundwasserbelastungen. Pro Jahr versickern in Großstädten Millionen von m^3 belasteter Abwässer, die aus den Haushalten und aus ge-werblichen Verarbeitungsprozessen (Indirekteinleiter) stammen.

4. Ablagerungen und Kontaminationen auf Betriebsflächen (konzentrierte Einträge nicht nur auf die Oberböden, sondern bis in Tiefen von mehreren Metern. Deponieren von produktionsspezifischen Abfällen; Tanks, betriebs-interne Leitungssysteme etc.);
Bodenbelastungen dieser Art auf bestehenden und ehemaligen Standorten von Industrie und Gewerbe setzen sich aus einer Fülle branchenspezifischer Stoffe zusammen. Je nach Produktionsverfahren kann mit typischen Schad-stoffen gerechnet werden. Schadstoffe und zugehörige Produktionsprozesse sind in Tab. 4.3 zusammengestellt.

5. Deponien und "wilde" Ablagerungen (konzentrierte Einträge);
Zu den als Altlasten erfaßten ehemaligen Altablagerungen (vgl. Kap.7) kom-men die noch in Betrieb befindlichen Deponien und unzählige Kleinstablage-rungen, Verfüllungen, Aufschüttungen, die in ihrer flächenhaften Ausdeh-nung in altindustrialisierten Gebieten die verbliebene Restfläche der weitge-hend natürlich gelagerten Böden übertreffen können (AUBE, 1986).

6. Aufbringen von "Bodenverbesserungsmitteln" (konzentrierter, nutzungsty-pischer, durch den Menschen direkt gesteuerter Eintragspfad);
Eine nicht unerhebliche Bedeutung für Schadstoffeinträge - besonders für die bearbeitete Bodenschicht - haben sogenannte Bodenverbesserungsmit-tel. In Tabelle 7 sind die Schwermetallgehalte einiger solcher Stoffe aufge-führt.

Tab. 4.4: Schwermetallgehalte in verschiedenen Bodenverbesserungsmitteln; nach: SCHMID (1986)

	BLEI	CADMIUM	CHROM	KUPFER	NICKEL	QUECK-SILBER	ZINK
SAND (Flußsand, usw.)	1- 3	<0,05	3-8	2-10	2-4	<0,02	5-25
Holz unbeh.	5-35	0,60-2	5-40	20-80	10-30	<0,02	100-300
ASCHE Holz behan.	100-10000	14-16	50-400	100-350	30-50	0,1-0,2	1000-30000
RINDE (Mulch, Komp.)	5-10	0,9-1,2	3-4	10-20	3-5	0,02-0,1	30-200
KOMPOSTE (Garten)	30-130	0,05-0,6	5-30	15-40	13-30	0,10-0,7	80-300
KOMPOSTE AUS SIEDLUNGSAB-FÄLLEN	20-800	0,40-4	20-600	25-300	15-70	0,10-3	250-1500
KLÄR-SCHLAMM	170	4	90	285	35	2	1400

Problematisch ist, daß teilweise großflächig hohe Mengen der Materialien eingearbeitet werden; häufig wurden die "Bodenverbesserer" jahrzehntelang angewandt und führten zu bedenklichen Schadstoffakkumulationen. Solche Maßnahmen liegen oft weit zurück (Aufbringen von Asche und Ruß aus dem Hausbrand sowie Bauschutt als Kalkdüngung in Haus- und Kleingärten, Anwendung von Fluß- und Klärschlämmen), und verdeutlichen den gleichmäßigen Übergang von schadstoffbelasteten Böden zu Altlasten.

7. Bodenaustausch mit kontaminierten Substraten (konzentrierter Eintrag); Aufschüttungen und Verfüllungen als Gründungs- und Sicherungsmaßnahmen für Gebäude, Infrastruktureinrichtungen usw. waren in der Vergangenheit und sind es teilweise heute noch willkommene Verwendungsmöglichkeiten (Recycling) für Bodenaushub, Bauschutt und sonstige (Abfall-) Substra-

te, die nicht selten mit Schadstoffen kontaminiert sind: Schlacken, Schlämme, Baggergut aus Flußsedimenten.

8. Sedimentation in Gewässern (konzentrierter Eintrag). In den Sedimenten stehender und fließender Gewässer werden schon durch natürliche Prozesse Schadstoffe, insbesondere Schwermetalle, angereichert. Hinzu kommt ein sehr viel größerer anthropogener Anteil. Der Abfluß der angeschlossenen Gebiete konzentriert die diffuse Immissionsbelastung der Städte auf eine vergleichsweise kleinflächige Schadstoffsenke: die Folge sind Faulschlammbildungen mit Schadstoffkonzentrationen, die den Kriterien einer Einstufung als Sondermüll genügen. Beispiele in Hamburg und Berlin machen deutlich, daß fast alle städtischen Gewässersedimente mit Schwermetallen und Halogenkohlenwasserstoffen stark belastet sind (SEN. STADT. UM., 1984; FHH,1985; 1988). Sedimente oder Unterwasserböden (subhydrische Bodenbildungen) sind eine Sonderform urbaner Böden, die in einigen Städten bzw. Stadtteilen Flächenanteile von mehr als 10% einnehmen; in Hamburg liegt ihr Anteil bei 8%. Durch Überschwemmungen oder Sanierungs- und Unterhaltungsmaßnahmen werden auch angrenzende Böden kontaminiert.

4.1.1. Schwermetalle

Schwermetalle kommen überall in der Erdrinde vor und sind in Spuren z.B. auch im Erdöl, in der Kohle und im Holz vorhanden. Durch Produktionsprozesse, Verhüttung von Erzen, Verbrennen von fossilen Energieträgern werden sie in die Umwelt freigesetzt. Die Gehalte in Böden setzen sich aus einer natürlichen und einer anthropogenen Komponente zusammen, wobei in urbanen Böden die anthropogene Komponente weit überwiegt. Die natürlichen Schwermetallgehalte können je nach Ausgangsgestein beträchtliche Konzentrationen erreichen, teilweise werden Richtwerte für Kulturböden überschritten (vgl. Tab. 4.7). Untersuchungen im Auftrage des hessischen Ministers für Landwirtschaft und Forsten (HMLU, 1986) kamen u.a. zu dem Ergebnis, daß bei Ackerböden der Einfluß der geologisch bedingten Schwermetallgehalte bestimmender Faktor für die Gesamtgehalte war. Der anthropogene Faktor trat in den ländlichen Gebieten in den Hintergrund.

Einige Schwermetalle, wie Zink und Kupfer, sind in geringen Konzentrationen lebensnotwendig für Pflanze, Tier und Mensch. Hohe Schwermetallanreicherungen können Störungen des Bodenlebens und des Pflanzenwachstums hervorrufen; bereits bei nur gering erhöhten Gehalten, etwa von Cadmum, bewirken sie eine verstärkte Aufnahme in die Pflanzen und gelangen in die Nahrungskette. Neben akut toxischen Wirkungen hoher kurzzeitiger Aufnahmemengen sind bei Tier und Mensch vor allem chronische Schädigungen durch Langzeitanreicherungen zu befürchten (KÖNIG, 1986). Toxikologisch problematisch sind Cadmium, Quecksilber und Blei; sie reichern sich über die Nahrungskette in Organen des Menschen an, wo sie zu schweren Stoffwechselschädigungen führen.

Tab. 4.5: Cadmiumbilanz von Böden (verändert nach BRÜNE, 1985)

g/ha/a	Ballungs- und Belastungsgebieten	Normalgebiete
Zufuhr	50	9
Entzug und Auswaschung	5	1,5
Zunahme	45	7,5
Konzentrationserhöhung in mg/kg Boden		
10 Jahre	0,15	0,025
100 Jahre	1,5	0,25
Grenzwert (KSVO) bzw. Richtwert KLOKE in mg/kg Boden	3	
Vorschlag KSVO 1990 mg/kg Boden	1,5 - 2	

Schwermetalle gehören zu den persistenten Schadstoffen in Böden, da sie nicht abgebaut werden und eine Verlagerung/Auswaschung in tiefere Bodenschichten nur in geringem Ausmaß stattfindet. Der relativ geringe Entzug durch Pflanzen fällt kaum ins Gewicht, er steht im urban-industriellen Bereich einem Vielfachen an Zufuhr oder auch Bodenvorrat (anthropogene Lithogenese) gegenüber. Allein die diffuse Zufuhr über Luftverschmutzungen reicht aus, um eine langfristig bedenkliche Akkumulation von Schwermetal-

len in Stadtgebieten aufrecht zu erhalten (Tab. 4.5). In der Nähe von Emittenten erreichen die Schwermetalldepositionen Größenordnungen, die innerhalb
von nur 10 Jahren völlig unbelastete Böden bis über die Grenzwerte der Klärschlammverordnung (= Orientierungswerte nach KLOKE, 1980) anreichern
(Tab. 4.6).

Tab. 4.6: Schwermetalle im Staubniederschlag in Ballungsgebieten
Quelle: UBA Berichte 4/85, verändert

Schwermetall in g/ha/a		typischer Wertebereich	Spitzenwerte ohne Emittenten	Spitzenwerte im Emittentenbereich
Arsen	As	4 - 55	730	7300
Blei	Pb	365 - 1100	3650	365000
Cadmium	Cd	4 - 37	365	1095
Nickel	Ni	37 - 300	1460	4380
Zink	Zn	1100 - 3650	73000	328500

Der absolute Gehalt von Schwermetallen im Boden sagt noch nichts über ihre Pflanzenverfügbarkeit aus. Häufig liegen sie, vor allem bei Altablagerungen und Altstandorten, in schwer löslicher Form vor und sind deshalb kaum
pflanzenverfügbar. So sind z.B. von den ermittelten Bleigehalten kontaminierter Böden im allgemeinen weniger als 10 % pflanzenverfügbar. Neben
elementaren Metallen und einer Reihe anorganischer Metallverbindungen
sind in den ermittelten Gesamtgehalten der Böden organische Schwermetall-
verbindungen enthalten, die in ihrer Umweltrelevanz und Toxizität wesentlich kritischer zu beurteilen sind.

Erheblichen Einfluß auf die Pflanzenverfügbarkeit haben der pH-Wert des
Bodens (Bodenreaktion) und sein Ton- und Humusgehalt. Niedrigere pH-
Werte, Ton- und Humusgehalte fördern die Aufnahme, höhere Werte hem-
men sie im allgemeinen. Der Einfluß des pH-Wertes auf die Aufnahme durch
Pflanzen ist bei Cadmium und Zink am größten, bei Chrom, Kupfer und
Nickel mittel und bei Blei und Quecksilber am geringsten. Cadmium wird
aus dem Boden ebenso leicht aufgenommen wie Zink und viel leichter als
Blei (SCHÖNHARD, 1985).

Tab. 4.7: Schwermetallbelastungen in Abhängigkeit vom geologischen
Ausgangsmamterial

geologisches Ausgangsmaterial	Ort	Nickel	Chrom	Zink	Kupfer	Blei	Cadmium	Quecksilber
Pleistozäner Sand	Mörfelden	6,5	13,8	18,8	2,6	9,0	0,1	0,12
	Almendfeld	7,1	13,4	21,8	4,7	14,7	0,2	0,07
	Lampertheim	5,1	14,1	17,7	4,9	13,1	0,1	0,04
	Lorsch	5,2	13,0	19,0	4,5	11,8	0,1	0,04
	Dudenhofen	6,0	8,3	25,5	3,7	26,8	0,1	0,02
	Kleinwelzheim	7,3	14,6	31,4	6,4	31,5	0,1	0,19
Buntsandstein	Reckerode	7,7	24,0	45,2	5,6	13,8	0,1	0,07
	Hatterode	8,2	13,2	29,5	6,4	9,4	0,1	0,09
	Helmighausen	11,1	17,2	49,2	13,0	19,4	0,1	0,07
	Braunsen	10,6	14,0	37,7	7,7	15,6	0,1	0,08
	Rauschenberg	8,0	11,8	27,0	7,0	17,3	0,1	0,06
	Untermossau	13,1	17,0	28,7	5,5	15,6	0,1	0,03
Basalt	Freiensteinau	596,4	376,1	157,3	65,3	22,2	0,1	0,14
	Freiensteinau	487,9	384,1	153,3	59,1	19,9	0,1	0,12
	Freiensteinau	351,0	240,4	102,1	36,5	22,9	0,1	0,13
	Oberwiddersheim	205,8	250,4	86,5	38,5	20,9	0,1	0,11
	Hundsbach	213,9	253,6	92,9	26,5	19,4	0,3	0,09
	Winnen	169,2	188,9	117,1	31,1	19,9	0,1	0,06
Devon	Langenhain	51,2	29,9	80,4	21,6	24,9	0,1	0,11
	Großen-Altenstädten	35,2	26,4	134,2	30,7	38,7	0,1	0,07
	Adorf	35,8	35,5	257,0	35,2	75,0	1,4	0,13
	Blessenbach	158,6	137,3	223,0	67,0	56,7	0,2	0,07
	Bad Dernbach	144,5	139,1	180,2	60,5	46,6	0,2	0,23
	Bad Schwalbach	61,6	30,5	141,0	29,1	47,4	0,1	0,13
Karbon	Flechtdorf	61,8	34,6	124,2	67,0	59,3	0,2	0,12
	Dautphe	109,8	95,8	153,0	63,0	22,6	0,2	0,03

aus: HMLU, 1986 (Angaben mg/kg)

Eine Übersicht zu Herkunft bzw. Verbreitung von Schwermetallen auf einigen urbanen Nutzungstypen ist aus Tab. 4.8 ersichtlich. Die quantitativ (Ausmaß und Verbreitung von Belastungen) wie auch qualitativ (toxikologisch) problematischen Schwermetalle im urbanen und angrenzenden Gebieten sind Blei (Pb), Cadmium (Cd), Quecksilber (Hg) und das Metalloid Arsen (As). Ein Überblick zu Produktion, Verbrauch, Emissionen und Ökotoxikologie ist im Anhang der Bodenschutzkonzeption (BMI, 1985) und bei LUCKS und SARTORIUS (1985) zusammengestellt.

4.1.2. Organische Schadstoffe

Aus industriegeschichtlichen Gründen stand die relativ kleine Gruppe der Schwermetalle gegenüber der riesigen Vielfalt der organischen Verbindungen als Verursacher von Bodenbelastungen lange im Vordergrund. Die Schadstoffanalytik für organische Verbindungen wurde erst in den letzten Jahren entwickelt und systematische Messungen durchgeführt. Außerdem sind Erkenntnisse aus der Wirkungsforschung noch so unzureichend, daß Orientierungsdaten zur Definition einer Belastung kaum vorliegen.

Tab. 4.8: Beispiel-Werte für Schwermetallkontaminationen in urbanen Böden (Angaben nach verschiedenen Autoren in mg/kg) Aus: FÖRSTNER 1988

Nutzung/ Element	Cd	Pb	Zn	Cu	Cr	Hg	As
Normal- bereich	0.1-1	1-20	3-50	1-20	2-50	0.01-1	2-20
Städtische Garten- böden	0.9- 2.1	300- 700	140- 600	1- 97	-	0.4- 1.1	-
Abwasser- Riesel- böden	16	6610	1435	182	-	6.5	-
	144	7200	7600	5600	8400	-	-
	61	2470	3050	1415	2020	2	59
Deponie- flächen	-	640	-	-	28	1.8	40
	50	16000	4500	440	-	2.2	35
	16	5100	9500	11000	-	3.8	80
	43	34000	-	-	39	150	
Schrott- plätze	110	30700	7900	7080	-	9	-
	1550	20000	15000	10000	-	3.5	40
EG- Direktive	1-3	50- 300	150- 300	50- 140	-	1-1.5	-

Organische Verbindungen bilden das Gros aller durch den Menschen in die Umwelt freigesetzten Stoffe. Eine Studie des Beratergremiums für umweltrelevante Altstoffe (BUA) geht davon aus, daß ca. 100.000 "Altstoffe" bis 1981 durch die Wirtschaftskreisläufe freigesetzt wurden (BUA, 1987). Viele dieser überwiegend organischen Stoffe werden nur in kleinsten Mengen freigesetzt, andere Verbindungen gelangen als Massenstoffe in die Umwelt und landen irgendwann in den Senken der Böden. Bei weitem nicht alle dieser Stoffe sind gesundheits- oder umweltrelevant. Einige sind aber schon in geringsten Konzentrationen (z.B. Dioxine, Furane) andere erst in höheren Dosen toxisch bzw. gesundheitsschädlich. In einer Produktionsmenge von mehr als 10 Jahrestonnen werden 4.600 Stoffe in der EG hergestellt bzw. von außerhalb eingeführt.

Tab. 4.1 listet die wichtigsten Stoffe und Stoffgruppen auf, die nach Angaben der Bundesregierung für Maßnahmen zum Bodenschutz eine Rolle spielen (BMI, 1988a). Besonders bedenkliche Stoffklassen organischer Verbindungen sind:
- Biozide auf Chlorkohlenwasserstoffbasis,
- polychlorierte Biphenyle,
- polycyclische aromatische Kohlenwasserstoffe,
- Detergentien und flüchtige Kohlenwasserstoffe, die als technische Lösungsmittel Verwendung finden.

"Über Wirkungen im Boden bestehen noch erhebliche Wissenslücken in Bezug auf die chemische und biologische Abbaubarkeit, ihren Einfluß auf bodenbiologische Umsetzungen, ihre Bioverfügbarkeit und Toxizität. Ähnlich wie bei Schwermetallen erfolgt eine Anreicherung in Böden, wobei das langfristige Gefährdungspotential dieser Stoffe noch ungenügend beurteilt werden kann" (BRÜNE, 1985).

Flächendeckende, systematische Bodenuntersuchungen zu organischen Schadstoffen liegen nur für wenige Ballungsräume und einige Großstädte vor. Aus der Fülle der Verbindungen ist nur für einen Bruchteil Verbreitung, Eintrag und Verhalten in Böden bekannt. Organische Schadstoffe werden eher als Schwermetalle konzentriert und nutzungsspezifisch eingetragen. Trotzdem kann allein der diffuse Eintrag beträchtlich sein: über die Deposition von Luftschadstoffen gelangen etwa 10 - 25 kg/ha/a synthetisch-organische Stoffe in die Böden (gilt für landwirtschaftliche Nutzung; SAUERBECK, 1986). Die wesentlichen, nicht diffusen Einträge sind:
- Klärschlämme, Flußschlämme, Komposte;
- Anwendungen von Pestiziden;
- branchenspezifische Einträge über industrielle Produktion und Abfälle (Industrie- und Gewerbestandorte);
- Unfälle bei Produktion und Transport.
- Wesentlich für PCB, PAH, Pestizide und flüchtige Kohlenwasserstoffe ist der Eintragspfad über das Abwasser und die Oberflächengewässer.

Beispielhaft sollen drei Stoffe bzw. Stoffgruppen, ihre Eintragspfade und ihre Anreicherung in urbanen Böden herausgegriffen werden: Polycyclische aromatische Kohlenwasserstoffe (PAH), polychlorierte Biphenyle (PCB) und Biozide auf Chlorkohlenwasserstoffbasis wie z.B. DDT, HCH-Lindan, Aldrin, Dieldrin. Sie gelten derzeit unter den Aspekten Toxizität, Persistenz und Anreicherungsvermögen sowie hinsichtlich ihrer Verbreitung - besonders in urban-industriellen Böden - als wesentliche problematische Schadstoffe.

Polycyclische aromatische Kohlenwasserstoffe (PAH):
Es handelt sich um eine Stoffgruppe mit einer Vielzahl von Einzelverbindungen. Eine gezielte Produktion von PAH findet nicht statt, sie entstehen als Nebenprodukte bei der Verbrennung organischer Substanz wie Kohle, Heizöl, Müll und Holz, in Energiegewinnungsanlagen, beim Hausbrand, durch den Kfz-Verkehr und offene Brände. Laut Bodenschutzkonzeption (BMI, 1985) ist von einigen Komponenten der Stoffgruppe bekannt, daß sie kanzerogen und mutagen sind.

Für die Bundesrepublik werden die Einträge an PAH auf 500 - 1000t geschätzt (BMI, 1985). Insgesamt zeigt sich im Vergleich zu ländlichen Gebieten in Ballungsgebieten eine erheblich höhere Belastung, wie Werte aus der Frankfurter Innenstadt belegen (BMI, 1984). PAH in der Luft sind fast ausschließlich an Staub gebunden.

Der Gehalt in den Böden ist, abhängig von den Eintragspfaden, starken Schwankungen unterworfen. Die höchsten Belastungen zeigen Industrieflächen und die Sedimente der als Vorfluter für Abwässer und Oberflächenabfluß genutzten Gewässer. Mit PAH kontaminiert sind entsprechend die Überschwemmungsbereiche belasteter Gewässer und Flächen, die mit Klärschlamm oder Müll/ Klärschlammkompost gedüngt wurden (KUNTE, 1977; ELLWARDT, 1977, zit. in FÜHR et al., 1985).

Im Verhältnis zu Äckern und Wiesen zeigen Haus- und Kleingärten deutlich höhere Belastungen, die in Abhängigkeit von ihrer Lage zu Emittenten wiederum beträchtliche Schwankungen aufweisen können (BRÜNE, 1985). Belastungen in Sedimenten deutscher Flüsse erreichen nach ENGEL et al. (1985) Größenordnungen zwischen 0,1 und 35mg/kg PAH, was etwa dem Zehnfachen von wenig belasteten Böden entspricht.

Die Emission von polycyclischen Aromaten durch Kfz-Verkehr kann dazu führen, daß bis zu 50m neben vielbefahrenen Straßen eine Anreicherung mit Werten über 100mg/kg in den Böden stattfinden kann (BLUMER, 1977). Eine Belastung des Menschen durch PAH über den Bodenpfad ist in erster Linie über Hausgärten und Kleingärten möglich; epidemiologische Studien liegen noch nicht vor.

Orientierungswerte findet man in der "Niederländischen Liste" für die Beurteilung von Bodenverunreinigungen (vgl. Kap. 7):

Referenzkategorie	1 mg/kg
Kategorie für nähere Untersuchung	20 mg/kg
Kategorie für Sanierung	200 mg/kg TS Boden

Zusammenfassend kann bei folgenden urbanen Nutzungen von Belastungen mit PAH ausgegangen werden:
-   Industriegelände; besonders Verbrennungsanlagen, Kokereien, Raffinerien, Rußwerke, Hütten. Betroffen sind auch alle Nutzungen in der Nähe derartiger Anlagen oder auf entsprechenden Altstandorten (Altlasten);
-   Straßenrandbereiche, Eisenbahnanlagen, Flughäfen, Hafenanlagen;
-   Kleingärten und Hausgärten.

Polychlorierte Biphenyle:
Polychlorierte Biphenyle kommen in der Industrie in Wärmepumpen, Transformatoren und als Hydrauliköl (besonders im Bergbau) zum Einsatz. In der Bundesrepublik wurden 1980 7.500t PCB industriell hergestellt, wobei der Verbrauch im Inland 2.700t betrug. 1983 wurde letztmalig PCB in der Bundesrepublik hergestellt. Importe wurden noch 1984 neu eingesetzt. Die Einsatzmenge betrug 1983 etwa 1.800 Tonnen, 1984 waren es nur noch rund 600 Tonnen (BMI, 1988b).

Die Wirkung von PCB auf Tier und Mensch ist gekennzeichnet durch niedrige Wirkungsschwellen für Leberschäden und Beeinträchtigungen des Reproduktionssystems (LUCKS, SARTORIUS, 1985).
Bisher vorliegende Meßprogramme zeigen, daß industrieferne Zonen unter 0,1 mg/kg Boden enthalten, in industrienahen Gebieten Konzentrationen bis zu 100 mg/kg Boden bekannt sind, auf Industriestandorten bis zu 300 mg/kg (PAL et al, zit. in FÜHR et al.; BMI, 1988b).

Eintragspfade sind Abfälle PCB-haltiger Produkte, Transformatorenbrände, Abwässer aus der Industrie, Verbrennungsanlagen und Altöle. Außerdem ist ein Eintrag über Klärschlämme und Müllkomposte, die mit bis zu 760 mg/kg belastet sind nachgewiesen (HARMS und SAUERBECK, 1984).

Orientierungswerte für die Definition von Belastungen sind aus der "Niederländischen Liste" ersichtlich:
-   Referenzkategorie   0,05 mg/kg
-   Kategorie für nähere Untersuchung   1   mg/kg
-   Kategorie für Sanierung   10   mg/kg

Biozide:

Zu den Bioziden, die im urban-industriellen Bereich Anwendung finden, gehören in erster Linie Herbizide ("Unkrautvernichter"), dann Fungizide (zur Pilzbekämpfung) und seltener Insektizide und sonstige Biozide wie Rhodentizide (gegen Nagetiere), Molluskizide (gegen Schnecken). Urbane Nutzungen mit Pestizidanwendung sind:

- Gleisanlagen der Bundesbahn (Regelmäßiger Einsatz von Totalherbiziden, kein Halm darf überleben);
- Grünanlagen (überwiegend Herbizide, kaum Insektizide und Fungizide);
- Haus- und Kleingärten (Breites Spektrum an Wirkstoffen, hauptsächlich Herbizide).
- Eine weitere Quelle sind Biozide in Holzschutzmitteln.

Auf den Gleisanlagen der Bundesbahn wurden 1988 315 Tonnen Pflanzenschutzmittel bzw. 221 t Wirkstoffe ausgebracht. Dabei kommen hauptsächlich zum Einsatz die Wirkstoffe Diuron, MCPA-Salz und Dalapon. Sicher ist der regelmäßige Einsatz von Totalherbiziden auf allen in Nutzung befindlichen Gleisanlagen.

Nach Angaben fast aller kommunaler Umweltschutzberichte geht der Einsatz von Pflanzenschutzmitteln in der Grünflächenpflege drastisch zurück. Unübersichtlich ist die Situation bei Haus- und Kleingärten (vgl. Kap. 6.3.1).

Eine generelle Erfassung und Bewertung des Biozideinsatzes im urbanen Bereich ist schwierig, da über Anwendung und Aufwandmengen nur grobe Schätzungen möglich sind. Besonders persistente chlororganische Insektizide wie DDT und Lindan sind inzwischen in der Bundesrepublik verboten, Anreicherungen bzw. Abbauprodukte aber in den Böden und Gewässersedimenten noch nachweisbar.

Problematisch in urban-industriellen Gebieten ist weniger die Anwendung von Pestiziden im Rahmen der Bewirtschaftung und Pflege von Nutzungen, als vielmehr Belastungen durch Rückstände aus der Produktion und Verlagerung dieser Stoffe.

Altlasten aus der Pflanzenschutzmittelproduktion liegen nicht nur auf den ehemaligen Betriebsgeländen, sondern finden sich weit verstreut in Stadtgebieten bis in das Umland. Rückstände einer Firma in Hamburg tauchen noch nach Jahrzehnten in kleineren und größeren Verfüllungen im gesamten Stadtgebiet auf. Betroffen sind gleichermaßen Wohngebiete wie ländliche Randbereiche.

4.1.3. Salze/Auftaumittel

Im Winterdienst ist Streusalz zur Bekämpfung der Straßenglätte und zur Erfüllung der Verkehrssicherungspflicht seit Beginn der 60er Jahre auf allen Autobahnen und den wichtigsten Bundesstraßen vieler Städte und Gemeinden im Einsatz. Mit der Häufigkeit, der Dauer und dem mengenmäßigen Anstieg des Streusalzgebrauchs wurden auch die ökologischen und ökonomischen Folgeschäden und -probleme deutlicher. Der Verbrauch an Auftausalzen ist in Abhängigkeit von den Witterungsbedingungen erheblichen Schwankungen unterworfen. Die durchschnittliche jährliche Aufwandmenge lag zwischen Ende der 60er bis Anfang der 80er Jahre bei etwa 1,3 Mio. Tonnen. Ökologische Schäden entstanden an Böden, Gewässern und der straßenbegleitenden Vegetation.

20 kg Salz pro laufenden Meter einer vierspurigen Schnellstraße im Laufe eines einzigen Winters waren in den 60er und 70er Jahren keine Seltenheit. Unterstellt man davon eine nur 50%ige Abschwemmung, so ergibt sich für den beiderseitigen Randbereich eine Salzbelastung von durchschnittlich 1 kg Natriumchlorid je qm. Im Vergleich zu der üblichen Kalidüngung ist dies rund 40mal mehr, und dazu noch in einer Salzform, die sowohl für die betroffenen Böden als auch für die darauf gewachsenen Pflanzen ausgesprochen schädlich ist.

Ein Teil dieses Streusalzes, insbesondere das unmittelbar pflanzenschädliche Chlorid, wird zwar durch die nachfolgenden Niederschläge ausgewaschen und hierdurch allmählich unschädlich. Das Natrium aber wird teilweise durch die Ton- und Humusbestandteile des Bodens sorbiert, und zwar im Austausch gegen andere, für die Ernährung der Pflanzen und die Bodenstruktur wichtige Elemente, welche dann ihrerseits durch Auswaschung verlorengehen. Von besonderer Bedeutung ist die Wirkung des Natriums auf den Flockungszustand der Tonfraktion des Bodensubstrats, da dieser Vorgang entscheidend ist für die Verschlechterung der übrigen physikalischen Bodeneigenschaften wie:
- Porenvolumen,
- Kapillare Leitfähigkeit,
- Krümelstruktur.

Die Verdrängung und Auswaschung von Calcium hat ebenfalls negative Auswirkungen auf die Bodenstruktur, da mit zunehmender Basensättigung durch Natrium die Dispergierung der Tonteilchen einsetzt. Dabei zerfallen die Bodenaggregate, da das stabilisierend wirkende Calcium an die Bodenlösung

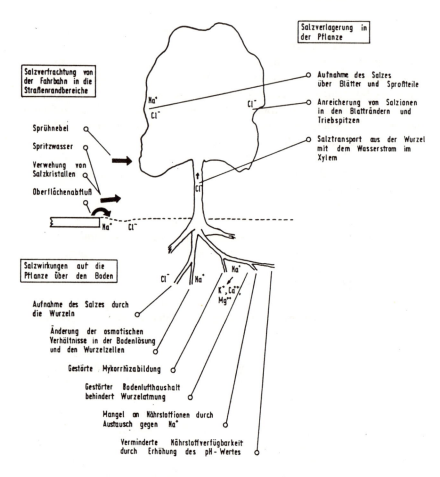

aus:ELING et.al. (1984)

Abb. 4.2: Verfrachtung und Wirkung von Tausalzen

abgegeben wird. Die hohen pH-Werte von Straßenrandböden sind außer durch Bauschutt wesentlich durch ihre Tausalzgehalte bestimmt, Werte bis pH 11 sind keine Seltenheit. Mit der Anreicherung von NaCl und der Milieuänderung im Boden ist auch eine Änderung des Artenspektrums und der Aktivität von Bodenorganismen verbunden. Die Verfrachtung und Wirkung von Tausalzen auf die Vegetation im Straßenrandbereich verdeutlicht Abb. 4.2.

Inzwischen hat beim Einsatz von Tausalzen ein Umdenken eingesetzt. Nachdem das Umweltbundesamt 1981 seinen ersten "Streusalzbericht" mit der Forderung vorgelegt hatte, angesichts der drastischen Schäden an Böden, Gewässern, Straßenbäumen und Bauwerken auf Streusalz im Winterdienst so weit wie möglich zu verzichten, zeichnete sich bundesweit ein Trend zum differenzierten Winterdienst ab. Dieser Trend wurde 1985 mit der Veröffentlichung des "Winterdienstberichtes" durch das Umweltbundesamt mit Umfrageergebnissen aus 211 Kommunen deutlich belegt. So war der Gebrauch von Streusalz in den befragten Kommunen innerhalb von 4 Jahren um 40% gesunken. Nach Ergebnissen eines Forschungsvorhabens in Berlin (UBA, 1988) ist aus den Straßenrandböden nicht mehr abgestreuter Strecken das Chlorid inzwischen nahezu völlig ausgewaschen, das Natrium hat sich in tiefere Bodenschichten verlagert.

Ausführliche Übersichten zur Tausalzproblematik sind im Tausalzbericht des Umweltbundesamtes und bei ELING et.al.(1984) zusammengestellt.

4.1.4. Saure Depositionen

Durch Verbrennungsprozesse aller Art (Industrie, Hausbrand, Verkehr) gelangen Säurebildner in Form von SO_2 und NO_x in die Atmosphäre und werden entweder als trockene, staubförmige oder als nasse Deposition den Böden großräumig verteilt zugeführt. Der Niederschlag stellt häufig eine verdünnte, teilweise neutralisierte Lösung von Schwefel- und Salpetersäure dar, die der Vegetation und dem Boden ständig zugeführt werden.

Etwa 5% aller Säurebildner stammen aus Fluremissionen von Aluminiumhütten und keramischen Werken sowie dem bei der Müllverbrennung überwiegend aus PVC-Abfällen entstehendem Chlor. Die Säurebildner SO_2, NO_x, Fluor und Chlor werden durch die ebenfalls emittierten Flugaschen und die Reaktion mit nicht anthropogenen Stäuben in der Luft teilweise neutralisiert, so daß nicht die Gesamtmenge aller Säurebildner die Böden noch wirksam erreicht (SAUERBECK, 1985).

Die natürlichen Pufferreserven der Böden sind bei derartigen Konzentrationen schnell aufgezehrt, eine zunehmende Versauerung setzt ein. Bei pH-Werten unter 4,2 werden toxische Aluminiumionen frei, die sich über die Schädigung von Wurzeln auf die Vegetation und über die Hemmung von Bodenmikroorganismen auf die Zersetzerkette bis auf die Makrofauna im Boden, die Regenwürmer auswirken. Diese interne Säureproduktion kann die gleiche Größenordnung wie die von außen zugeführte Menge erreichen. Die Funktion der Böden als Filter für zahlreiche Schadstoffe bricht zusammen, der Boden selbst wird zur Schadstoffquelle durch Mobilisierung vorher gebundener Stoffe.

Tab. 4.9: Emissionen von Säurebildnern im Bundesgebiet (1982) nach Quellengruppen

Gesamtemission	SO_2 (t/a) 3,0 Mio.	NO_x (t/a) 3,1 Mio.
Kraftwerke/	%	%
Fernheizwerke	62,1	27,7
Industrie	25,2	14,0
Haushalte/Kleinverbr.	9,3	3,7
Verkehr	3,4	54, 6

aus: BRÜNE, 1985

Die eingetragenen Säuremengen überschreiten allerdings bei weitem die Pufferkapazitäten der meisten Böden. Die meist basenarmen und schlecht gepufferten Waldböden können den Säureeintrag kaum kompensieren. Die pH-Werte vieler Waldböden liegen nur noch zwischen 4,5 bis teilweise unter 3; der Säureeintrag kann regional stark variieren. Umgerechnet auf Sulfat-Schwefel (für SO_2 Säurebildner) beträgt die Belastung pro ha und Jahr:

Tab. 4.10: Schwefeleintrag in der Bundesrepublik

	Sulfat-Schwefel in kg/ha
Ländliche Region	15 - 26
Ballungsgebiete	29 - 55
Wälder	36 - 138

aus: Bodenschutzkonzeption   (BMI, 1985)

Die starken Bodenversauerungen, ausgelöst durch den diffusen Eintrag von Luftschadstoffen, werden besonders im Zusammenhang mit dem Waldsterben diskutiert. Forstböden sind aus zwei Gründen wesentlich mehr von Versauerung betroffen als landwirtschaftliche Böden oder Böden im engeren urban-industriellen Bereich:

- Die hohe Filterwirkung von dichten Baumbeständen, besonders der immergrünen Nadelbäume, nehmen sehr viel mehr partikel- und gasförmige Schadstoffe aus der Luft als der Bewuchs landwirtschaftlicher Kulturen oder urbaner Grünflächen;

- Waldböden werden nicht wie Äcker und auch Wiesen regelmäßig gekalkt, der natürliche Kalkgehalt ist durch die starke Säurebelastung längst aufgebraucht. Ausnahmen bilden Wälder auf Kalkgesteinen oder sehr jungen Bodenbildungen (anthropogene Lithogenese!).

Phänomene der Bodenversauerung treffen dennoch den urbanen Raum. Verschieden sind hier aber die Ausgangsbedingungen für Versauerungsprozesse in den Böden. Städtische Böden sind, wie in Kapitel 3 erläutert, häufig sehr junge Böden, d.h. meist auch kalkhaltig. Die pH-Werte in Straßenrandböden, in Böden mit Anteilen von Bauschutt liegen um den Neutralpunkt, oft sogar über pH 7. Säuren werden zunächst gut abgepuffert. Von Versauerungen getroffen sind in städtischen Gebieten in erster Linie die naturnahen, wenig veränderten Böden in Stadtwäldern und Parkanlagen, die nicht regelmäßig gekalkt werden.

Die pH-Wert-Absenkungen sind vergleichbar mit Versauerungen in Wäldern außerhalb der Städte und Ballungsräume; sie liegen meist zwischen pH 3 und 4, örtlich sind noch stärkere Versauerungen nachgewiesen (KUES, 1988; RASTIN und ULRICH, 1985; MEYER-STEINBRENNER, 1988). Selbst auf innerstädtischen Standorten von großen Einzelbäumen innerhalb der Blockbebauung, oder am Straßenrand mit ursprünglich kalkhaltigen Ausgangsgesteinen der Bodenbildung, sind Versauerungsprozesse bekannt. Ursache ist der Stammabfluß saurer Niederschläge, wobei der Säureeintrag durch das Abwaschen trockener Depositionen von den Blattoberflächen der Bäume verstärkt wird, wie dies auch aus der Waldschadensforschung bekannt ist (GRENZIUS, 1988). Innerstädtische Baumstandorte entwickeln vom Stammfuß ausgehend, nach außen hin abklingende Versauerungsringe bzw. Versauerungstrichter, die innerhalb weniger Meter einen Gradienten von pH 3 bis pH 7 ausbilden. Kleinflächig erreichen selbst meist kalkreiche Straßenrandböden ebenso wie einige Park- und die Waldböden Versauerungen bis zur Aluminiumtoxizität (vgl. KRIETER, 1986).

4.1.5 Nährstoffe

Für das Pflanzenwachstum unentbehrliche Nährstoffe erweisen sich unter bestimmten Bedingungen als Schadstoffe. Hier ist hauptsächlich die übermäßige Zufuhr von Stickstoff in Form von Nitrat-Stickstoff zu nennen; er gelangt in urbane Böden über
- Luftverunreinigungen,
- Mineralische Düngung,
- organische Düngung.

Nach Angaben aus dem Umweltgutachten 1987 (RSU, 1988) gelangen in ländlichen Gebieten 1,3 - 2,8 mg/m²/d und in Ballungsgebieten bis zu 4 mg/m²/d Stickstoff als Nitratdeposition in die Böden. Unter Nitratdeposition werden dabei nicht nur Nitrate, sondern auch andere oxidische Stickstoffverbindungen aufsummiert. Die gesamte Stickstoffdeposition einschließlich Ammoniumstickstoff beläuft sich für ländliche Gebiete auf etwa 5 mg/m²/d und für Ballungsräume auf etwa 25 mg/m²/d. Das sind umgerechnet auf Hektar und Jahr zwischen 18 kg/ha/a und 90 kg/ha/a. Andere Autoren geben Raten von etwa 40 - 65 kg N/ha/a an (vgl. NIEDER und SCHOLLMAYER, 1988). Trotz dieser beträchtlichen Größenordnungen ist gegenüber der heute üblichen direkten organischen und mineralischen Düngung in Landwirtschaft und Grünflächenpflege die Zufuhr von Stickstoff aus der Luft relativ gering, reicht aber bei weitem aus, um Magerstandorte zu eutrophieren und somit deren Artenspektrum an Flora, Fauna und Bodenorganismen völlig zu verändern. Immerhin wird das Ausmaß der Stickstoffdüngung erreicht, die Anfang der 60er Jahre in der Landwirtschaft üblich war!

Über den Luftpfad gelangen noch weitere Nährstoffe wie Phosphor, Natrium, Kalium, Magnesium und Calcium in die Böden. Die Größenordnungen erreichen bei Phosphor etwa 1,5 kg/ha/a , bei den übrigen Elementen können Werte zwischen 1,5 und 40 kg angenommen werden (UBA, 1985). Übermäßig mit Nährstoffen versorgte urbane Standorte sind Haus- und Kleingärten, aber auch Grünanlagen (vgl. Kap. 6.3.1) und Straßenrandbereiche.

Nicht nur in Gärten sondern auch auf anderen urbanen Nutzungen wird unbewußt, aber auch gezielt in beträchtlichen Mengen organisches Material aufgebracht. Mulchgut und Komposte aus
- Schnittgut,
- Rückständen von Vegetationsflächen,
- Laub von Straßenbäumen,
- Friedhofs- und Gartenabfällen

sind beliebte "Bodenverbesserer" bei der Straßenbaum- und Grünflächenpflege, Ausbringungsmengen von 25 t/ha alle Jahre sind durchaus üblich. In Fällen mit einmaliger Anwendung, etwa bei Rekultivierung oder Neuanlage von Grünflächen, kann die Anwendungsmenge aber auch bis zu 1000 t/ha betragen; kleinere Flächen (Beete, Baumscheiben) werden nicht selten 20 - 50 cm stark überdeckt. Abhängig von den Ausgangsmaterialien werden Schadstoffe wie Schwermetalle (vgl. Tab. 4.3) und Pestizide als "Ballast" mitgeliefert, gleichzeitig kann durch die Freisetzung von organischen Säuren besonders bei Rindensubstraten eine massive pH-Wert-Absenkung resultieren, die ihrerseits wiederum für eine Schwermetallmobilisierung sorgt und die Aktivität des Bodenlebens einschränkt.

Ein weiterer, jahrzehntelang beliebter "Bodenverbesserer" war und ist zum Teil auch heute noch Klärschlamm. Dieses Produkt der Abwasserreinigung stellte einen hochwertigen Stickstoff- und Phosphor-Dünger dar, wären nicht die teilweise sehr hohen Gehalte an Schwermetallen und organischen Schadstoffen. Mit 2,6 Mio. Tonnen pro Jahr ist Klärschlamm ein bedeutender Teil des urbanen (Nähr-) Stoffkreislaufs. Als Dünger wurden Schlämme aus Hauskläranlagen, kleineren lokalen Klärwerken und aus großen städtischen Anlagen nicht nur auf Wiesen und Äcker, sondern auch regelmäßig in Hausgärten und Kleingärten verteilt. Als nach dem 2. Weltkrieg Dünger knapp waren, wurden nicht selten Klärschlämme aus Abwasseranlagen mit industriellen Einleitungen als Nährstoffquellen genutzt.

Auf Böden mit Landwirtschaft und Erwerbsgartenbau wird Nitrat-Stickstoff durch anorganische Düngung (Mineraldünger) und organische Düngung (Mist, Gülle, Kompost) in Größenordnungen von rund 100-400 kg (N) pro ha und Jahr zugeführt. Der Stickstoff-Entzug durch die Ernte kann der Zufuhr in etwa entsprechen. Auf urbanen Nutzungen ist ein Entzug über Ernten und Pflegemaßnahmen gering, so daß bei hoher Stickstoffzufuhr (Mineraldünger, Komposte, Abfälle) und entsprechenden Mineralisationsraten (Schwankung zwischen 10 bis 300 kg N/ha) eine Nitrat-Verlagerung in das Grundwasser wahrscheinlich ist. Umnutzungen können über verstärkten Humusabbau weitere Stickstoffmengen freisetzen.

Die Mineralisation organischer Substanz durch Mikroorganismen ist umso höher, je enger das Kohlenstoff/Stickstoff-Verhältnis (C/N) ist. Rohkomposte, Häckselgut und Rindenhumus weisen ein weites, für die Zersetzung ungünstiges Verhältnis auf, die organischen Substrate bleiben länger an der Oberfläche liegen, wirken als langfristige Dünger. Durch Zugaben von Stickstoff (organisch, anorganisch, bzw. diffuser Eintrag) kann eine Mineralisation beschleunigt werden, die kurzfristig zu Nitrat-Schüben führt. Tab. 4.12 gibt eine Übersicht zu den Eigenschaften einiger Bodenverbesserungsmittel.

Insgesamt hat die Besiedlung zu einer stark verminderten Diversität der Wasser- und Luftverhältnisse, hingegen zu einer erhöhten Diversität der Nährstoffverhältnisse bis zu toxischen Konzentrationen geführt (BLUME, 1982).

Tab. 4.11: Eigenschaften verschiedener Bodenverbesserungsmittel

	Hochmoortorf	Rindenhumus	Müllklärschlamm-kompost	Kompost aus Grünrückständen
pH	ca. 3	4—7	7—8	6,5—7,5
Kalkgehalt	0	n.b.	ca. 5% i.T.S.	n.b.
Salzgehalt	0,4 g/l	1 g/l	bis >8 g/l	bis 2 g/l
Gehalt an Hauptnährstoffen	sehr gering	K hoch P, Mg z. T. hoch	hohe Gehalte an N, P_2O_5, K_2O, Mg und Ca	hohe Gehalte an N, K_2O und Ca
Gehalt an Spurennährstoffen	sehr gering	Mn hoch übrige günstig	sehr hoch	günstig
Belastung durch Schwermetalle	keine	keine	hoch bis sehr hoch	gering
C:N-Verhältnis	60—100:1	60—85:1	10—25:1	15—25:1
N-Festlegung	keine	z. T. stark	keine	keine
Belebung	gering	stark	stark	stark
physikalische Bodenlockerung	gut	gut	gering	gering
Ballaststoffe wie Glas, Kunststoffe	keine	keine	störend	je n. Art der Sammlung wenig bis störend

aus: FISCHER (1987)

n.b. = nicht bekannt.
Unterstrichen sind Größen, die beim Einsatz stören oder die Verwendung einschränken können.

4.1.6 Radioaktive Stoffe

Durch den Reaktorunfall in Tschernobyl gelangten radioaktive Stoffe in die Atmosphäre und wurden großflächig verteilt. Von den radioaktiven Emissionen wurde auch das Gebiet der Bundesrepublik Deutschland, insbesondere der südliche Teil, betroffen. Die emittierten Nuklide wurden mit dem Regen aus der Luft in die Böden ausgewaschen. Die Ergebnisse von Bodenmessungen sind allgemein großen Schwankungen unterworfen. Regionales Auftreten von Niederschlagsereignissen hat darüber hinaus zu großen lokalen Unterschieden geführt. Die Hessische Landesanstalt für Umweltschutz (HESS .SOZ.MIN., 1986) untersuchte 1986 auch Bodenproben im Stadtgebiet von Kassel, die eine auch auf kleinem Raum auftretende große Schwankungsbreite der Aktivitätszufuhr zeigten. Ebenso können Wasseransammlungen in Bodensenken kleinräumig stark variierende Meßwerte verursachen. In Städten sind durch die Oberflächenverbauungen und die damit verbundenen Konzentrationen von Niederschlagswasser und abgelagerten Stäuben extreme Akkumulationen von radioaktiven Immissionen z.B. in den Sedimenten urbaner Gewässer denkbar; entsprechende Untersuchungen sind nicht bekannt. Ähnlich wie nicht strahlende Schwermetalle sind radioaktive Stoffe im Boden sehr immobil. Bei Depositionen über den Luftpfad werden sie hauptsächlich in der obersten Bodenschicht von 10 cm angereichert. Ein Weitertransport in größere Tiefen geschieht sehr langsam und nur in geringem Ausmaß.

Die Vergleichbarkeit der Messungen ist nur bedingt möglich, da sowohl die Meßverfahren als auch die Bezugsgrößen, z.B. Bq pro m^2 und Bq pro m^3, unterschiedlich gehandhabt wurden. Auch über die Wirkung auf den Menschen sagt der Becquerel-Wert wenig aus, denn 1 Becquerel (Bq) steht lediglich für einen Kernzerfall oder auch eine Kernumwandlung pro Sekunde. Entscheidend ist die Äquivalentdosis als biologisch relevante Größe zur Beschreibung der Wirkung ionisierender Strahlung auf lebende Organismen; sie wird in Sievert (Sv) gemessen und ist abhängig von der Strahleneinwirkung der Art der Strahlung und der physikalischen Halbwertszeit.

Für die Belastung des Menschen spielt die direkte Strahlung durch die Radioaktivität der auf dem Boden abgelagerten Radionuklide eine untergeordnete Rolle; für die Gesamtbelastung tragen hauptsächlich Ingestion und Inhalation radioaktiver Stoffe bei. Für die zukünftige Belastung durch die aus dem Reaktorunfall stammenden Nuklide spielen kurzlebige Spaltprodukte wie das Jod 131 keine Rolle mehr. Es verbleiben die langlebigen Nuklide wie das Cäsium 137, deren Verbreitung in der Umwelt auch durch weitere Messungen zu untersuchen sein wird (RINK und SAUER, 1986). Bedenklich ist dieses

Nuklid wegen seiner Halbwertszeit von 33 Jahren und seiner guten Pflanzen-verfügbarkeit.

Andere Quellen der Freisetzung sind Kohlekraftwerke, Zementfabriken und Betriebe, die Baumaterialien aus Schlacken herstellen. Aus Bergwerken, be-sonders solchen zur Thorium und Uran Gewinnung, werden nennenswerte Aktivitäten von Rn-222, Rn-226 und Pb-210 freigesetzt. Eine besondere Pro-blematik stellen dabei die Halden dieser Betriebe bis hin zur Aluminiumindu-strie dar (SCHÜTTELKOPF, 1982).

Außer der anthropogenen Strahlung sind wir einer ständigen, natürlichen Bo-denstrahlung ausgesetzt, die örtlich je nach Vorkommen bestimmter Gestei-ne, Erze, gasförmiger radioaktiver Stoffe sowie deren Exposition stark schwanken kann. Das natürlich radioaktive Edelgas Radon (Rn 222) und sei-ne Folgeprodukte, die ständig aus der Erdkruste freigesetzt werden, können in geschlossenen Räumen zu einer nicht unerheblichen jährlichen Organdosis der Lunge von bis zu 100 mSv führen.

Die Durchschnittswerte für die natürliche Radioaktivität von Böden, vor al-lem durch Kalium 40 und Rubidium 87, liegen bei ca. 1 - 30 Bq/ m². Durch Einträge aus Phosphatdüngemitteln (u.a. Radon 226), Staubniederschläge in-dustrieller Emittenten (Uran 235, 238 und Thorium 232) sowie durch Kern-waffen-Fallout (Cäsium 137, Strontium 90) kommen jährlich einige Zehner Bq hinzu (MATTIGOT und PAGE, 1983). Die terrestrische Bodenstrahlung ohne Radon summiert sich auf ca. 0,3 bis 1,5 mSv je Jahr.

4.1.7 Stadtgas und Erdgas

Schäden an Böden und Vegetation entstehen, wenn Gas aus undichten Lei-tungssystemen austritt. Dies war der Fall in vielen Kommunen nach der Um-stellung von Stadt- auf Erdgas. Da Erdgas im Gegensatz zu Stadtgas nicht feucht ist, trockneten die Hanfdichtungen der Gasleitungen aus, es kam zu Lecks, die durch den erhöhten Gasdruck noch verstärkt wurden. Das Gas ver-drängt den Sauerstoff aus dem Boden, der noch verbleibende Anteil wird durch den bakteriellen Abbau von Methan verbraucht, gleichzeitig steigt der CO_2-Gehalt im Boden an (GREGOR, 1986).

Beim Aufgraben betroffener Böden wird ein fauliger, buttersäureartiger Ge-ruch frei, Pflanzenwurzeln sind abgestorben. In dem anaeroben Milieu wer-den Mangan(IV)- und Eisen(III)-Oxide zu Mangan(II) und Eisen(II) ebenso wie höherwertige Schwefel- und Stickstoffverbindungen reduziert. Morpho-

logische Erscheinungen sind ähnlich denen in Gleyböden und den "Methanosolen" im Bereich von Mülldeponien.

Verursacher von Vegetationsschäden bei Gasleckagen ist nicht das Gas selbst
oder bestimmte Inhaltsstoffe, sondern die Veränderung bodenbiologischer
und bodenchemischer Prozesse. Sehr schnell wirkt die fast völlige Verdrängung von Sauerstoff bei einem akuten Leitungsschaden. Nach erfolgter Reparatur steigt der Gehalt zwar wieder an, verbleibt aber offensichtlich über lange Zeit hinweg in einem Konzentrationsbereich, der sich auf die Wurzeln
schädigend auswirkt (LEH, 1989). Wurzeln ersticken bei einem Sauerstoffgehalt in der Bodenluft von unter 12 Prozent. Schäden durch Gasaustritte
sind fast nur von lokaler Bedeutung.

4.2 Einflüsse und Belastungen auf die Bodenstruktur

4.2.1 Verdichtungen

Verdichtungen der Bodenstruktur werden hervorgerufen durch die Nutzung
oder deren Einrichten und führen zu einer Verschlechterung des Bodenluft-
und Bodenwasserhaushalts. Dazu zählen Trittverdichtungen unter Freizeitnutzung, Befahren der Böden mit schweren Maschinen oder gezielte Verdichtungen zur Baugrundvorbereitung. Diese Ursachen können unterstützt
werden durch Eigenschaften der betroffenen Substrate. Umgelagerte Lehmböden sind sehr verdichtungsempfindlich. Auch sandig-steinige Böden oder
Horizonte mit hohem Skelettgehalt aus Trümmer- oder Bauschutt zeigen Belastungen durch Verdichtung (RUNGE,1975).

Eine erste extreme "Belastung" im Wortsinne erfährt der Boden in Ballungsgebieten vielfach schon unter dem Gewicht zahlreicher Baufahrzeuge. Natur-
gemäß pflanzt sich ein physikalischer Druck auf die Bodenoberfläche, wenn
auch mit abnehmender Intensität, nach unten hin fort. Bei Ackerfahrzeugen,
insbesondere bei Schleppern, wird dieser Tatsache durch die Verwendung
spezieller Reifen konstruktiv Rechnung getragen, die die Last auf eine möglichst große Oberfläche verteilen sollen. In der Stadt aber führen die schweren Lastfahrzeuge und Baumaschinen aufgrund schmaler Reifen, langwäh-
render Belastung und starker Vibration vor allem bei schluffreichen und nassen Böden häufig zu tiefreichenden Zerstörungen der natürlichen Bodenstruktur, welche durch das nachfolgende Auffüllen mit Mutterboden nur
überdeckt, durch eine oberflächliche Bodenlockerung nicht ausreichend be-
hoben werden (SAUERBECK, 1982).

Durch Überschüttung vergrabene Krumenschichten sind nicht nur besonders dicht, sondern aufgrund ihrer sekundären Überdeckung und eigenen Undurchlässigkeit auch noch schlecht durchlüftet. Als Folge entwickeln sich dort anaerobe Abbauprozesse, die ihrerseits zur Bildung pflanzenschädlicher Umsetzungsprodukte führen. Auch das Niederschlagswasser passiert solche verdichteten Stellen wesentlich langsamer, so daß derartige Böden besonders leicht vernässen, was ihre Fähigkeit, Pflanzen zu tragen, zusätzlich verschlechtert. Viele Gartenbesitzer, aber auch Stadt- und Landschaftsgärtner, sind hiervon betroffen, wenn Pflanzen trotz guter Düngung und Krumenpflege nicht richtig gedeihen, u.a. weil deren Wurzeln nicht mehr in tiefere Bodenzonen vordringen können (SAUERBECK, 1982).

Bodenorganismen reagieren auf Veränderungen der Bodenstruktur wie Pflanzenwurzeln empfindlich, da sich mit Verschiebungen im Bodenluft- und Bodenwasserhaushalt die Lebensbedingungen grundlegend ändern. Mikroorganismen können in ihrer Aktivität sowohl gehemmt, als auch aktiviert werden (Wechsel vom aeroben zum anaeroben Milieu). Makroorganismen, wie etwa Regenwürmer, werden durch Verdichtungen in ihrem Lebensraum beeinträchtigt. Änderungen der Substrateigenschaften durch Austausch und Umlagerungen der Oberböden treffen die Populationen existenziell, da die lebende und abgestorbene organische Substanz als Nahrungsgrundlage entfällt.

4.2.2 Bodenaustausch

Mit jedem Bodenaustausch, sei es im Rahmen von Baumaßnahmen oder bei der Bodensanierung, werden mit den Böden auch strukturelle Eigenschaften ausgetauscht. Übergangsbereiche zwischen den verbliebenen Böden und dem Austauschsubstrat bilden durch abrupte Änderungen der physikalischen Eigenschaften Grenzen für den Transfer von Stoffen und die Ausbreitung des Bodenlebens. Ein derartiger "Kapillarbruch" im Porenraum von Böden ist in seiner Wirkung vergleichbar mit Versiegelungen unter der Bodenoberfläche. Mit dem Austausch von Böden verbunden sind auch Verdichtungen durch Baumaschinen und mehrmaliges Umlagern.
Umgekehrt können durch Umlagerungen, Beimischungen von neuen Substraten ursprünglich dicht gelagerte Standorte aufgelockert werden. Typisch sind Bauschuttablagerungen in feuchten Senken und an Fluß- und Seeufern. Verkehrsbegleitgrün, Abstandsgrün und Standorte für Pflanzungen in Grünanlagen werden mit Substraten versehen, die sich in Textur und Struktur und damit im Bodenluft- und Bodenwasserhaushalt gründlich von den (ursprünglich) anstehenden natürlichen Substraten unterscheiden können.

4.3 Einflüsse urbaner Bodennutzungen auf das Grundwasser

Vergleicht man die Ausbreitung urbaner Gebiete mit den Arealen bedeutender Grundwasserlandschaften, fällt auf, daß viele Räume siedlungsmäßiger und industrieller Verdichtung zusammenfallen mit ergiebigen bis sehr ergiebigen Grundwasservorkommen (WOHLRAB, 1982). Mit der Ausweitung und Entwicklung der Siedlungen und Städte sind verschiedenartigste unbewußte aber auch gezielte Eingriffe in das komplexe System des Wasserhaushaltes verbunden.

4.3.1 Grundwasserhaushalt

In urbanen Gebieten können eine ganze Reihe von Wirkungskomplexen anthropogener Eingriffe in den Grundwasserhaushalt unterschieden werden (erweitert nach WOHLRAB, 1982):
- Umwandlung natürlicher bzw. naturnaher Vegetationsflächen mit ungestörten Böden in Industrie-, Siedlungs-, Verkehrs- und sonstige Nutzflächen sowie innerstädtisches Grün mit ihrer Wirkung auf die Grundwasserneubildung;
- Wasserentnahmen für öffentliche und private Versorgungszwecke, oft mit wachsender Überbeanspruchung der vorhandenen und z.T. durch andere Eingriffe geschmälerten Grundwasserneubildung;
- zeitweilige, sich häufig überlagernde Wasserhaltungen von Baugruben und Tiefbaustellen;
- als Staukörper wirkende Bauwerke (und Verdichtungen) im Grundwasserleiter (z.B. unterirdische Verkehrsbauten);
- entwässernde, drainierende Wirkungen von Tiefbauten und Infrastruktur;
- Bewässerung einiger Nutzungen, Maßnahmen zur Versickerung von Regenwasser;
- Grundwasseranstieg durch Stillegung von oberflächennahen Brunnen zur Brauchwassergewinnung;
- einerseits den Grundwasserabfluß beschleunigende, andererseits die Infilteration fördernde Wasserbauten;
- Grundwasserfreilegung durch Bodenaushub sowie Gewinnung von Steinen und Erden.

4.3.2 Grundwasserqualität

Der Versickerung direkt zugängliche, oberflächennahe Grundwasserleiter in urbanen Gebieten sind verschiedenen, teilweise gegenläufig wirkenden Einflüssen ausgesetzt, die ihre physikalischen, chemischen und mikrobiologischhygienischen Eigenschaften verändern. Die wesentlichsten qualitativen Beeinträchtigungen sind:

- Das Grundwasser des obersten Stockwerkes ist im Bereich von Stadtgebieten meist erwärmt. Temperaturerhöhungen von 2 bis 4 °C sind bekannt, wobei die thermische Beeinflussung stellenweise bis in etwa 30 m Tiefe nachweisbar ist. Als mögliche Quellen kommen in Frage: das Stadtklima allgemein, die Wärmeabgabe geheizter Wohngebäude und Betriebsanlagen, das Abwasserkanalnetz, Versickerung bzw. Infiltration von Oberflächenwasser und Kühlwassereinleitungen. Durch die seit einigen Jahren zunehmend praktizierte Energiegewinnung aus dem Grundwasser (Wärmepumpen) sind andererseits Abkühlungen möglich.

- Das verzweigte Netz von Ver- und Entsorgungsleitungen und die erdverlegten Behälter (insbesondere Heizöl- und Treibstofftanks) mit ihren nie ganz zu vermeidenden Undichtigkeiten und Leckagen sind eine ständige Verunreinigungsgefahr für oberflächennahes Grundwasser.

- Von Verkehrsanlagen, vor allem von Straßen, können Belastungen des Grundwassers ausgehen. Straßenspezifische Indikatoren sind neben Natriumchlorid Kohlenwasserstoffe und Schwermetalle.

- Urban-industrielle Böden sind durchsetzt mit kontaminierten Substraten, seien es nun Altablagerungen,gewerbliche und industrielle Produktionsstandorte oder Folgen von Unfällen, undichten Lagerbehältern, Abwasserleitungen usw. Die Durchsickerung und Durchströmung führt je nach Schadstoffen und Grundwasserströmung zu ausgedehnten Belastungszonen (vgl. auch Kap. 7). Die Grundwasserneubildung urbaner Gebiete ist, viel weniger ein quantitatives, denn ein qualitatives Problem.

- Die natürlichen und künstlichen mehr oder weniger verunreinigten und eutrophierten Oberflächengewässer stehen mit dem Grundwasser streckenweise oft in Wechselbeziehung und können es auf diese Weise belasten.

- Im Weichbild verschiedener Großstädte entstandene Abwasserlandbehandlungsanlagen (Rieselflächen) sind mittlerweile - z.T. stark überlastet - mehr und mehr von Siedlungsgebieten umgeben.

Für die Qualität des Grundwassers verursachen drei Stoffgruppen wegen ihrer großen Mobilität bzw. Toxizität besondere Probleme: Die Salze (Nitrate, Chloride, Sulfate), die leichtflüchtigen chlorierte Kohlenwasserstoffe wie Trichlorethen (Tri), Perchlorethan (Per) und in den letzten Jahren zunehmend Pflanzenbehandlungsmittel und sonstige Pestizide.

Die Nitratproblematik wird gegenwärtig weniger vor dem Hintergrund der Gefahr der Blausucht (Methaemoglobinaemie) bei Kleinkindern als vielmehr vor der Gefahr von Krebserkrankungen der Verdauungsorgane über die Wirkungsreihenfolge Nitrat - Nitrit - Nitrosamine gesehen. Die Nitrataufnahme geschieht hierzu zu ca. 70 % über Gemüse und zu ca. 20 % über Trinkwasser bzw. Getränke.

Seit dem 1. Oktober 1986 ist mit der "Verordnung über Trinkwasser und über Wasser für Lebensmittelbetriebe" ein neuer Grenzwert für Nitrat im Trinkwasser in Kraft. Die Bundesregierung war gehalten, die Richtlinie der Europäischen Gemeinschaft in deutsches Recht zu übernehmen. Daher mußte der bisherige Grenzwert von 90 mg Nitrat/l Wasser auf 50 mg Nitrat/l herabgesetzt werden. Noch niedriger liegt der von der EG empfohlene Richtwert von 25 mg, der nicht überschritten werden sollte. Inzwischen waren zahlreiche Wasserwerke gezwungen, einzelne Brunnen, teilweise auch ganze Wassergewinnungsanlagen wegen zu hoher Nitratgehalte zu schließen. Noch ungünstiger sind die Verhältnisse bei den privaten Wasserfassungen, so wurden laut Nitratbericht 83/84 des Regierungspräsidenten Stuttgart in einem Regierungsbezirk Baden-Württembergs in 17% der untersuchten Privatbrunnen 50 - 90 mg/l Nitrat und in 4% mehr als 90 mg/l Nitrat gemessen.

Anthropogene Grundwasserbelastungen mit Chloriden und Sulfaten stammen überwiegend aus urbanen Nutzungen, z.B. aus Bauschuttablagerungen. Bei der ständig zunehmenden Kontamination von Grundwasser mit organischen Schadstoffen sind die Belastungen mit Salzen inzwischen eher zweitrangig; dies gilt in besonderem Maße für die mit unzähligen Altlasten durchsetzten urban-industriellen Bereiche.

Das Umweltgutachten 1987 (RSU, 1988) macht deutlich, daß die Verseuchung der Grundwässer mit Halogenkohlenwasserstoffen seit einigen Jahren die vielseitigen Versäumnisse und Unkenntnisse der letzten Zeit offensichtlich macht. Die Zahl der Schadensfälle nimmt in dem Maße zu, in dem die Untersuchungen von Grundwässern intensiviert werden.

Aufgrund ihrer Anwendungsvorteile als Lösungs- und Reinigungsmittel haben die leichtflüchtigen chlorierten Kohlenwasserstoffe weite Verbreitung gefunden. Im Vergleich zum Mineralöl sind sie in der Regel schwerer als Wasser und sinken als mehr oder minder zusammenhängende Phase schnell nach unten, wo sie sich rasch an der Grundwassersohle ausbreiten.

Als Grenzkonzentration im Trinkwasser hat das Bundesgesundheitsamt 25 µg/l als Summe der vorwiegend als Grundwasserverunreinigung vorkommenden Substanzen "Trichlorethen", "Tetrachlorethen", "1.1.1-Trichlorethan" und "Dichlormethan" festgelegt. In zum Teil kilometerbreiten Zonen um Altlasten sind Konzentrationen bis zum Zehntausendfachen dieser Werte im Grundwasser gefunden worden.

Bundesweit liegen Ergebnisse vor, die bestätigen, daß Trinkwasser mit Rückständen von Pflanzenschutzmitteln kontaminiert ist. In einigen Regionen stehen die Versorgungsunternehmen vor dem Problem, die neue EG-Richtlinie (Einzelstoffe 0,1 Mikrogr./l; Summe aller Pestizide 0,5 Mikrogr./l) einzuhalten. Diesen Richtwert erreichen in einigen Regionen schon Einzelstoffe: im Kreis Pinneberg bei Hamburg hat z.B. Dichlorpropen eine Konzentration von 0,8 Mikrogramm in den Brunnen erreicht. Unter urbanen Gebieten ist anzunehmen, daß eine langfristige Gefährdung des Grundwassers bis auf Ausnahmen in erster Linie von Altablagerungen und kontaminierten (Produktions-) Standorten ausgeht.

Eine wesentliche Belastungsquelle urbaner Grundwasserqualitäten, aber auch des Grundwasserhaushalts, sind die weitverzweigten Kanalisationsnetze. Zweckbestimmung eines Kanalisationsnetzes ist es, das anfallende Abwasser zu sammeln und - ohne Schaden für Wasser und Boden - zu den Behandlungsanlagen abzuleiten. Voraussetzung für eine schadlose Ableitung sind u .a. gegen Außen- und Innendruck wasserdichte Abwasserleitungen und -kanäle. Undichtigkeiten führen zur Abwasserversickerung in Grundwasserleiter bzw. zur Grundwasserfiltration in den Kanal.

In Kanalisationsleitungen infiltriertes Grundwasser vermindert das Abflußvermögen des Kanales und führt zu einer zusätzlichen hydraulischen Belastung des Klärwerks mit der Folge erhöhter Betriebskosten und Beeinträchtigung der Reinigungsleistung. Einen Sonderfall stellen Grundstücksentwässerungen dar, bei denen in der Regel nicht einmal eine Bauabnahme erfolgt.

In den Untergrund austretendes Abwasser führt zu Verunreinigungen des Grundwassers. In verschiedenen Fällen wurden undichte Abwasserkanäle als Ursachen nachhaltiger Grundwasserkontaminationen festgestellt. Als Indikatoren kommen u.a. hohe Keimzahlen, hohe Werte für chlororganische Verbindungen, hohe Stickstoffgehalte und vielfach der Nachweis chlorierter Lösemittel (von Indirekteinleitern) in Frage. Durch relativ kleine Abwasserinfiltration können große Grundwassermengen verunreinigt werden.

Welche Dimensionen das "Umweltproblem undichte Kanalisation" angenommen hat, verdeutlicht ein Zeitungszitat vom 6. Juni 1986:

Beispiel: Undichte Kanalisation
Für das innerstädtische Sielnetz geht eine Hamburger Studie von durchschnittlich 75.000 Kubikmetern Grundwasser aus, die pro Tag in das System eindringen. Für ganz Hamburg wird die Menge auf 100.000 Kubikmeter geschätzt. Noch umweltschädlicher allerdings sei, wenn Schmutzwasser aus den Sielen ins Grundwasser läuft. Obwohl genaue Messungen nicht vorliegen, wird für realistisch gehalten, daß sich die Mengen des austretenden Wassers zum eindringenden Wasser wie zehn zu eins verhalten. Mit anderen Worten: Etwa 7.500 Kubikmeter schadstoffhaltiges Abwasser versickern täglich unter Hamburgs Sielen im Erdreich.
HAMBURGER ABENDBLATT

Für die Bundesrepublik kann nach Angaben von STEIN (1988)
- davon ausgegangen werden, daß 10 - 15% aller Kanäle die rechnerische Lebensdauer bereits überschritten haben;
- der "Fremdwasseranteil" (Zusickerung) über 40 % beträgt;
- die Abwasserverluste in die Böden (Absickerung) 6 - 10%, je nach Alter und Ausführung der Kanalisation betragen, d.h. mindestens 300 Mio. m^3 pro Jahr Verluste durch das Kanalnetz anzunehmen sind.

Etwa 10-20 % der großstädtischen Kanalisation in der Bundesrepublik stammen noch aus der Zeit vor der Jahrhundertwende, weitere 30-40% stammen aus der Zeit zwischen den Weltkriegen. Ein besonderes Problem sind undichte, privat verlegte Abwasserleitungen und Hausanschlüsse, sowie Sickergruben und Hauskläranlagen. Noch immer warten 650.000 Bundesbürger auf einen Anschluß an öffentliche Kanalisationsnetze.

In katastrophalem Zustand sind häufig Kanäle und Leitungssysteme der Industrie. Die Baubehörde in Stuttgart geht davon aus, daß 70% der Anlagen sanierungsbedürftig sind. Nach Angaben der Abwassertechnischen Vereinigung ist bundesweit mit 100 Mrd. DM Sanierungskosten für defekte Abwasserkanalisation zu rechnen. Die Stadt Düsseldorf veranschlagt für ihre Anlagen rund 1 Mrd. DM.

Eng verbunden mit der Problematik der Grundwasserneubildung und der Grundwasserbelastungen unter Stadtgebieten ist die Beschaffenheit urbaner Oberflächen. Ausmaß und Ausprägung von Verbauungen und Versiegelungen der Oberböden bestimmen als anthropogene Grenzfläche zwischen Hydro-, Atmo-, Pedo- und Geosphäre wesentlich den urbanen Wasserkreislauf.

112

Literatur:

AUBE (Arbeitsgruppe Umweltbewertung Universität Essen), 1986: Ökologische Qualität in Ballungsräumen, Methoden zur Analyse und Bewertung, Strategien zur Verbesserung. Der Minister für Raumordnung und Landwirtschaft Nordrhein-Westfalen (Hrsg.). Düsseldorf, 1986

BLUME, H.P. (1982): Böden des Verdichtungsraumes Berlins. Mitt. Dt. Bodenkdl. Ges. Bd. 33, S. 269 - 280, 1982

BLUMER, M. (1977): Environ. Sci. Technol. 11, S. 1082 (1977)

BMI, (1984): Dritter Immissionsschutzbericht der Bundesregierung. BT-Drucksache 10/1354

BMI, (1985): Bodenschutzkonzeption der Bundesregierung. Bundestagsdrucksache 10/2977 vom 7.3. 1985

BMI, (1988a): Maßnahmen zum Bodenschutz. Drucksache 11/1625 vom 12.1.88 des Deutschen Bundestages.

BMI, (1988b): Forschungsvorhaben: Bilanzen über den Verbrauch und Verbleib von Umweltchemikalien; insbesondere Cadmium, PCB und DEHP/DOP. Umwelt Nr. 10/88, Bundesministerium für Umwelt, Naturschutz und Reaktorsicherheit (Hrsg.), Bonn, 1988

BUA, (1987): Altstoffbeurteilung. Ein Beitrag zur Verbesserung der Umwelt. Ges. Dt. Chemiker, Beratergremium für umweltrelevante Altstoffe (BUA). Frankfurt, 1987

BRÜNE, H. (1985): Schadstoffeintrag in Böden durch Industrie, Besiedlung, Verkehr und Landwirtschaft. VDLUFA - Schr. Reihe 16, S. 85 - 102. Kongreßband 1985

DELMHORST, B. (1986): Bodenschutz und Altlasten. In: Wasser + Boden, 4/1986

ELLWARDT, P.-C. (1977): Variation in content of polycyclic aromatic hydrocarbons in soils and plants by using municipal waste components in agriculture. IAEA - SM - 211/31: Soil Organic Matter Studies, S. 291-297

ELING, J. et.al. (1984): Verkehr und Umwelt in Nordrhein-Westfalen I. Tausalz. Der Minister für Wirtschaft, Mittelstand und Verkehr des Landes Nordrhein-Westfalen (Hrsg.)

ENGEL, H. et al. (1985): Hydrologische und ökologische Voraussetzungen zur Umlagerung von Baggergut in staugeregelten Bundeswasserstraßen, in: Bundesanstalt für Gewässerkunde (Hrsg.): Jahresbericht 1984

FHH, (1985): Gewässergütebericht `84. Hamburger Umweltberichte 2/85. Freie und Hansestadt Hamburg, 1985

FHH, (1986): Luftbericht 1983/84, Freie und Hansestadt Hamburg, Umweltbehörde, 1986

FHH, (1988): Bericht über die Belastung von Gewässern und Böden in Hamburg mit CKW. Freie und Hansestadt Hamburg, Umweltbehörde, Amt für Umweltuntersuchungen. Hamburg, 1988

FISCHER, P. (1987): Qualität und Verwendung von Komposten aus Grünrückständen. Das Gartenamt 36, 2/87, S. 84 - 87

FÖRSTNER, U. (1988): Herkunft und Verbreitung von Schadstoffen in Böden. In: Landesentwicklung in Norddeutschland - Abfallwirtschaft im norddeutschen Raum; Arbeitmaterial ARL, Nr. 135, Hannover

FÜHR, F., SCHEELE, B. und G. KLOSTER (1985): Schadstoffeinträge in den Boden durch Industrie, Besiedlung, Verkehr und Landwirtschaft (organische Stoffe). VDLUFA - Schr. Reihe 16, S. 73 - 84. Kongreßband 1985

GREGOR, D. (1986): Schadfaktoren für den innerstädtischen Baumbestand. Umweltbundesamt Texte 20/86. BMI/UBA 1986

GRENZIUS, R. (1988): Starke Bodenversauerung und Schwermetallanreicherung durch Stammabfluß in der Innenstadt von Berlin (West). Mitt, Dt. Bodenkundl. Ges. 56, S. 363 - 368 (1988)

HARMS, H. und SAUERBECK, D. (1984): Organische Schadstoffe in Siedlungsabfällen: Herkunft, Gehalt und Umsetzung in Böden und Pflanzen. Angew. Botanik 58, S. 97 - 108, 1984

114

HESS. SOZIALMINISTER (Hrsg.) 1986: Ergebnisse des mittelfristigen Meßprogramms zur Überwachung der Radioaktivität nach dem Reaktorunfall in Tschernobyl.

HMLU, (1983): Quecksilberbericht. Der Hess. Minister für Landesentwicklung, Umwelt, Landwirtschaft und Forsten (Hrsg.). Wiesbaden, 1983

HMLU, (1986): Schwermetallbericht. Bericht zur Schwermetallsituation landwirtschaftlich genutzter Böden in Hessen. Der Hessische Minister für Landwirtschaft und Forsten (Hrsg.), 1986

KLOKE, A. (1982): Erläuterungen zur Klärschlammverordnung. Landwirtschaftliche Forschung Sonderheft 39 (1982), S. 302 - 308

KLOKE, A. (1988): Grundlagen zur Ermittlung von nutzungsbezogenen, höchsten akzeptierbaren Schadstoffgehalten in innerstädtischen und stadtnahen Böden; in: Kongreßband des Zweiten Internationalen TNO/BMFT-Kongresses über Altlastensanierung, 11.-15. April 1988, Hamburg. Kluwer Academic Publishers, Dordrecht, Boston, London

KÖNIG, W. (1986): Belastungen des Bodens und der Pflanzen mit Schwermetallen - Untersuchungsergebnisse aus Nordrhein- Westfalen. In: Bodenschutz, Heft 51; Deutscher Rat für Landespflege (Hrsg.), Bonn

KRIETER, M. (1986): Untersuchungen von Bodeneigenschaften und Wurzelverteilungen an Straßenbaumstandorten. Das Gartenamt 35 (1986) S. 11

KUES, J. (1988): Untersuchungsprogramm für Waldböden in Stadtwäldern - am Beispiel Hannovers - . Vortrag auf der Europäischen Konferenz über ökologische Planung und Forschung in Städten vom 2.-4. März 1988 in Hannover.

KUNTE, H. (1977): Polycyclische aromatische Kohlenwasserstoffe in landwirtschaftlich genutzten Böden. Zbl.Bakt.Hyg. I Abt., Orig.B 164, S. 469 - 475, 1977

LEH, H.-O. (1989): Innerstädtische Streßfaktoren und ihre Auswirkungen auf Straßenbäume. Kali-Briefe 19 (10) S. 719 - 742

LUCKS, U.-J.; SARTORIUS, R. (1985): Synoptische Darstellung einiger ausgewählter bodenrelevanter Schadstoffe. In: Forschungen zur Raumentwicklung, Boden - das dritte Umweltmedium. Bundesforschungsanstalt für Landeskunde und Raumordnung (Hrsg.), Bonn

LUX, W. (1986): Schwermetallgehalte und -isoplethen in Böden, subhydrischen Ablagerungen und Pflanzen im Südosten Hamburgs. Beurteilung eines Immissionsgebietes. Hamburger Bodenkundliche Arbeiten Band 5. Hamburg, 1986

MATTIGOT, S.V. und A.L. PAGE (1983): Assessment of metal pollution in soils, in: I. THORNTON (Hrsg.): Applied Environmental Geochemistry, S. 355 - 394. Academic Press, London 1983

MEYER-STEINBRENNER, H. (1988): Bodenkundliche Untersuchungen auf sanierten und unbehandelten Dauerbeobachtungsflächen in Hamburger Parkanlagen. Naturschutz und Landschaftspflege in Hamburg 22, S. 68 - 130

NIEDER, R. und G. SCHOLLMAYER (1988): Gemeindebezogene Stickstoffbilanzen in NW zur Abschätzung der potentiellen Nitratbelastung des Grundwassers durch landwirtschaftliche Nutzung. Mitt. Dt. Bodenkdl. Ges. 57, S. 83 - 89, 1988

PAL, D.; WEBER, J.B. und M.R. OVERCASH (1980): Fate of polychlorinated biphenyls (PCB) in soil-plant systems. Residue Rev. 74, S. 45 - 98, 1980

PLATE, H.P. (1985): Bemerkungen zur Düngung und zur Schwermetallbelastung in Klein- und Hausgärten. Das Gartenamt 34, S. 319 - 321 (1985)

RASTIN, N. und ULRICH, B. (1985): Bodenchemische Standortscharakterisierung zur Beurteilung des Stabilitätszustandes von Waldökosystemen in Hamburg. Hamburger Bodenanalyseprogramm 1981 - 1984. Umweltbehörde der Freien und Hansestadt Hamburg. Hamburg, 1985

RINK, K. und R. SAUER (1986): Radioaktivitätsmessungen nach dem Reaktorunfall in Tschernobyl. KALI-BRIEFE 18 (5) S. 397 - 412, 1986

RSU (Rat von Sachverständigen für Umweltfragen) 1988: Umweltgutachten 1987. BT-Drucksache 11/1568, Tz. 557

SAUERBECK, D. (1982): Probleme der Bodenfruchtbarkeit in Ballungsräumen, in: Bodenkundliche Probleme städtischer Verdichtungsräume. Mitt. der Dt. Bodenkdl. Ges. 33. S. 179 - 193, 1982

116

SAUERBECK, D. (1985): Schadstoffeinträge in den Boden durch Industrie Besiedlung, Verkehr und Landwirtschaft (anorganische Stoffe). VDLUFA - Schr. Reihe 16, S. 59 - 72, Kongreßband 1985

SAUERBECK, D. (1986): Stoffliche Belastungen durch die Landwirtschaft, in: Dorf-Landschaft-Umwelt. Intern. Grüne Woche Berlin, Heft 23, Berlin 1986

SCHMID, R. (1986): Bodenbelastung in Kleingärten - mögliche Ursachen und Gefahren. In: Hohenheimer Arbeiten - Bodenschutz, Tagung über Umweltforschung an der Universität Hohenheim. Ulmer, Stuttgart

SCHÖNHARD, G. (1985): Über die Schwermetallbelastung von Böden - Ein Ratgeber für Kleingärtner. Pflanzenschutzamt Berlin (Hrsg.), Berlin

SCHÜTTELKOPF, H. (1982): Die radiologische Belastung der freien Landschaft, in: Immissionsbelastung ländlicher Ökosysteme. Akademie für Naturschutz und landschaftspflege, Laufener Seminarbeiträge 2/82.

SEN.STADT.UM, (1984): Der Landwehrkanal und der Neuköllner Schiffahrtskanal; Wassermenge, Wassergüte, Sanierungskonzeptionen. Besondere Mitteilungen zum Gewässerkundlichen Jahresbericht des Landes Berlin. Der Senator für Stadtentwicklung und Umweltschutz (Hrsg.). Berlin, 1984

STEIN, D. (1988): Undichte Kanalisation, ein kommunales Problemfeld der Zukunft aus der Sicht des Gewässerschutzes. Zeitschr. f. angew. Umweltforschung, Heft 1, S. 65 - 71 (1988)

UBA, (1985): Deposition von Luftverunreinigungen in der Bundesrepublik Deutschland. UBA-Umweltbundesamt (Hrsg.): UBA Berichte 4/85. Erich Schmidt Verlag, Berlin 1985

UBA, (1988): Ökologische Auswirkungen eines tausalzfreien innerstädtischen Winterdienstes. Pflanzenschutzamt Berlin. Forschungsvorhaben im Auftrag des Umweltbundesamtes, unveröffentlicht, 1988

WOHLRAB, B. (1982): Der Einfluß urbaner Bodennutzung und Landbeanspruchung auf die Grundwasserverhältnisse, in: Bodenkundliche Probleme städtischer Verdichtungsräume. Mitt. Dt. Bodenkdl. Ges. 33, S. 29 - 36, 1982

5. Eigenschaften und Wirkungen städtischer Oberflächen

Mit der Entwicklung von Städten aller Epochen, Kulturen und Regionen gehen erhebliche Veränderungen der ursprünglichen Oberflächenausformungen und -beschaffenheit einher. Zweckgerichtete Bauten, bedachte Häuser und (mit Steinen) befestigte Verkehrswege, konstitutieren seit früher Zeit Städte. Die urban-industriellen Überformungen haben "Oberflächen" hervorgebracht, deren Wirkungen nur selten denen der ursprünglichen Böden und Vegetationsschichten entsprechen. Die erreichten Größenordnungen solcher - vorwiegend mit Blick auf den Wasserhaushalt - allgemein als *Versiegelung* bezeichneten Veränderungen der Oberflächen können lokal und regional zu ökologischen Problemen führen. Neben und mit dem Wasserhaushalt werden Flora, Fauna und das städtische Klima beeinflußt. Böden werden gekappt, in ihrem Stoffbestand und Stoffhaushalt verändert, in ihrer Genese variiert.

Als Folge der Siedlungstätigkeit (Flächeninanspruchnahme und Nachverdichtung) nehmen die Effekte weiter zu. Im Bereich der einzelnen siedlungsüberformten Fläche können Bodenfunktionen direkt und nachhaltig gestört werden. Bekannte Zahlen zum sogenannten Landschaftsverbrauch geben Umwidmungen in Siedlungsflächen an, sie sind weder gleichzusetzen mit Bodenverlusten noch mit zunehmender Versiegelung.

Durch die ausgeprägte Dreidimensionalität weisen Städte wesentlich mehr harte, undurchlässige Oberflächen auf als zweidimensionale Projektionen erkennen lassen. Schon bei Einfamilienhäusern ist die Oberfläche gegenüber der Grundfläche etwa um den Faktor 3 erhöht. Hochhäuser und durch Terrassen und Balkone "profilierte" Bauten erreichen leicht den Faktor 10. Urbane Kombinationen aus befestigten Flächen, Leitungen und Baukörpern mit Vegetationsstrukturen oder Wasserflächen erzeugen komplexe Situationen, die eindeutige Zuordnungen erschweren.

Probleme und ihr Ausmaß bestimmen in erster Linie klimatische, stadtmorphologische, geologische und topographische Amplituden, die durch den

Versiegelungsbegriff nicht hinreichend abgebildet werden können. Analysiert man die Eigenschaften und Wirkungen städtischer Oberflächen näher, so zeigt sich, daß eine Trennlinie versiegelt-unversiegelt durch Daten nicht belegbar ist. Je nach Definition zählen Moore, Grünflächen über Tiefgaragen, Dachgärten und Gartenteiche zu den "versiegelten"; Felsen, vegetationsfreie verdichtete Tone oder gefrorene, wasserabweisende Böden zu den "unversiegelten" Flächen. Dennoch wurde der Begriff undifferenziert in die Bodenschutz- und Planungsdiskussion übernommen und damit für städtebauliche Mängel naturwissenschaftliche Argumente gesucht (Vgl. BFLR 1988).

Das Spektrum der Eigenschaften von Oberflächen markieren in erheblichen Maße "unversiegelte" Flächen. Ihre Werte streuen stärker als die der sogenannten versiegelten Bereiche. Eigenschaften und Auswirkungen städtischer Oberflächen können deshalb nicht durch einen Kennwert, besser dagegen über erreichte Grade angestrebter Umweltqualitäten, etwa bezüglich der Retentionswirkung, GW-Anreicherung, Vegetationsflächen, Klima, Bodenanteile etc. (siehe Kap. 9.2) dargestellt werden.

Die Entwicklung von Oberflächen erfolgt in der Stadt sektoral zweckgerichtet, kaum bodenschutzbezogen. Die Ausdehnung und Ausprägung von Verkehrsflächen hat gezeigt, wie Oberflächen oft auf ein Maximum hin ausgerichtet oder einseitig, etwa auf Pflegeleichtigkeit hin, optimiert wurden. Inzwischen ergeben sich "Versiegelungen" auch als Primäreffekt (Abdichtung von Altlasten), wenn Belastungen ferngehalten oder kanalisiert werden sollen.

5.1 Urbane Oberflächen und ihre Effekte

Als "Oberflächen" gelten im urbanen Maßstab alle Grenzflächen zwischen dem klimatischem Umsatzraum und dem Boden. Darin sind "Versiegelungen" als Teilmenge integriert. Systematisieren lassen sich Oberflächen unter verschiedenen Sichten wie Eigenschaften, Natürlichkeit, Bestandteile und Genesen. Maßstäbe und Ebenen der Oberflächenbetrachtung reichen von singulären Objekten (Grabsteine auf Friedhöfen) bis zu Ballungsräumen, von Gully- und Gewässer-Einzugsgebieten sowie Grundwasserlandschaften über Wasserverbände (z.B. Emschergenossenschaft) bis zur Flächennutzungs- und Regionalplanung.

5.1.1 Definitionen

Definitorische Eingrenzungen von Oberflächenausprägungen wurden und werden über den Begriff der Versiegelung versucht, aber auch hinsichtlich der "Natürlichkeit" von Oberflächen, ihrer Bestandteile und Genesen. Unter dem Begriff "Versiegelung" verbirgt sich ein komplexer Problemkreis, für dessen Behandlung weder ein ausreichendes methodisches Instrumentarium noch verläßliche Daten vorliegen, geschweige denn Erfahrungen mit einer planerisch sinnvollen und erfolgversprechenden, ökonomisch und ökologisch ausgewogenen Handhabung (BfLR, 1988; PALUSKA 1985; PIETSCH, 1985).

Operabel ließe sich der Versiegelungsbegriff wie folgt definieren:
"Konstellationen von Zuständen und Eigenschaften von Oberflächen (Böden) werden Versiegelung genannt, wenn sie während der Vegetationsperiode folgende Durchschnittswerte über- oder unterschreiten:
- *Oberflächenabfluß > 30 % des Jahresniederschlags und abgeleitet in technisch geprägte Vorfluter,*
- *Evapotranspiration < als die von unbewachsenem Sandboden (ca. 25-30%)*
- *Die "Versiegelung" (betroffene Fläche) sei > 25m^2 oder kleinere Teilflächen umfassen mehr als 2/3 einer Bezugseinheit.*

Die Einschränkung auf die Vegetationsperiode erlaubt es, die in Mitteleuropa im Winter durch fehlende Belaubung, geringe Verdunstung und zeitweise gefrorene Böden nivellierten Oberflächeneffekte zu vernachlässigen und damit die differenzierenden Merkmale klarer herauszuarbeiten.

Dagegen BÖCKER (1985): Bodenversiegelung bedeutet, daß offener Boden sehr stark verdichtet und mit impermeablen Substanzen wie Teer, Beton oder Gebäuden bedeckt wird. Die Austauschvorgänge zwischen Boden und Atmosphäre, die sowohl den abiotischen Bereich - wie Versickerung oder umgekehrt Verdunstung von Bodenwasser, Luftaustauschprozesse zwischen Boden und Luft - als auch den biotischen Bereich betreffen, werden unterbunden".

Danach wären die Schotter - auch ausgedehnter - Bahnanlagen keine Versiegelung und, sobald Austauschvorgänge zu registrieren sind (dies ist, zum Leidwesen der Bauingenieure, recht häufig der Fall), auch Asphalt- und Pflasterflächen unversiegelt. Alle nach oben "offenen" Böden und Substrate, vom Balkonkasten über den Dachgarten und die begrünte Tiefgarage bis hin zur auf Dichtungsschichten aufgebrachten Deponieabdeckung, müßten erst recht als unversiegelt gelten.

Ohne erhellende Definitionen werden in der Literatur als städtebauliche und ökologische Folgen der Bodenversiegelung genannt (nach BMBau, 1986):

- Es gehen (insbesondere bei Bebauung naturnaher Flächen) Lebensräume für Pflanzen und Tiere verloren.
- Die siedlungsnahe land- und forstwirtschaftliche Nutzfläche verringert sich, wobei die Versiegelung durch Bebauung vielfach die Bodengüte der in Anspruch genommenen Flächen unberücksichtigt läßt.
- Versickerung, Filterung und Speicherung von Niederschlagswasser sei auf versiegelten Flächen nur sehr eingeschränkt möglich. Statt dessen werden Niederschläge überwiegend direkt in die Kanalisation und die Vorfluter abgeleitet.
- Niederschlagswasser gehe damit für die Grundwasserneubildung verloren und trage zur weiteren Belastung der Kläranlagen bei, anstatt z.B. für Garten- oder Wiesenbewässerung anstelle des wertvollen Trinkwassers genutzt zu werden.

Über die sogenannte "Versiegelung" hinaus sind für eine objektive Betrachtung an alle städtische Oberflächen gemeinsame Maßstäbe anzulegen, wenn Eigenschaften und Wirkungen dimensionsgerecht dargestellt werden sollen. Auch die Böden einer versiegelungsfreien Landschaft versickern und verdunsten keineswegs auf jedem m^2 gleichmäßig und optimal. Bewuchs und Bodenart, Klimaeinflüsse, Neigung und Untergrundverhältnisse variieren die Raten erheblich (THÖLE, HECKMANN, SCHREIBER 1985). Für die Beurteilung der Oberflächen und ihrer Effekte ist u.a. zwischen Abdichtungen der Pedosphäre nach oben oder unten (z.B. Teichfolie) zu unterscheiden. Die Ausprägungen und Eigenschaften der - potentiell einer erneuten Bodenbildung zugänglichen Substrate anthropogener Lithogenesen und Horizonte (z.B. Pflaster mit Unterbauschichten) können ebenfalls erheblich differieren. Die Befestigung von Oberflächen für Nutzungen kann, gleiche Nutzungsintensität vorausgesetzt, günstigere Umwelteigenschaften bewirken als eine bloße "Verdichtung" des anstehenden Substrates.

5.1.2 Oberflächentypen

Oberflächenmaterialien können sein: Gebäude, Natursteine und Beton, Glas, Metalle und Kunststoffe, Asphalt, Böden, lebende und tote organische Substanz (z.B. Bäume) und Wasserflächen. Über die immobilen Oberflächen hinaus dürfen die mobilen (Lebewesen, Fahrzeuge, Materialien) in der Stadt und Kombinationen aus diesen nicht vernachlässigt werden.

Geo- und biogene Oberflächen:
"Offene" Böden weisen durch unterschiedliche Dichten, Wasser- und Wärmehaushaltscharakteristika eine große Bandbreite an Ausprägungen, Eigenschaften und Wirkungen auf. Sind Böden mit Vegetation bedeckt, überlagern sich geogene und biogene Oberflächeneffekte; Strukturen und Oberflächen der Vegetation schwanken zudem im jahreszeitlichen Rhytmus.

Anthropogene Oberflächen:
Gebäude, Verkehrsflächen, Befestigungen und Abdichtungen, allgemein als "Versiegelung" bezeichnet, besitzen keine einheitlichen Oberflächeneigenschaften. Dachziegel, Metalle, gebrannte Steine, Natursteine, wassergebundene Decken, Asphalt und Kunststoffe variieren in Abhängigkeit ihrer räumlichen Anordnung (Exposition, Fugen, Mischung von Oberflächentypen) und Materialeigenschaften (z.b. Speicherfähigkeit von Wasser und Wärme, Albedo) erheblich.

Technosole mit gesteuerten Oberflächeneigenschaften (z.B. Abdichtungshorizonte auf ehemaligen Deponien, nach Normen erstellte "Böden" unter Sport- und Freizeitnutzung) markieren Übergangs- bzw. Mischformen zwischen geogenen und anthropogenen Oberflächen.

Aggregate:
Schon zur Beurteilung der *potentiellen* GW-Anreicherung eines Stadtgebietes sind Versiegelungsgrade mangels linearer Zusammenhänge wenig aussagekräftig (PALUSKA, 1985). Aggregierte Eigenschaften, Ausprägungen (Bewuchs, Bodenarten) und Strukturen (Mulden, Neigungen etc.) der "unversiegelten" Flächen einerseits und funktionelle Betrachtungen der "Versiegelung" (z.B. rascher "Export" von Oberflächenwässern durch Ableitung in ausgebaute Vorfluter oder das Speichern in ökologisch ausgebildeten Retentionsräumen und durch Schluckbrunnen) andererseits, können als Indikatoren der Oberflächenqualität herangezogen werden.

Nutzungen, besser Nutzungseinheiten, beinhalten einen vertikalen und horizontalen Oberflächen-Mix, der sich in der Summe seiner Eigenschaften zumindest qualitativ beschreiben läßt. Nutzungseinheiten stellen daher geeignete Aggregate zur Erfassung und Bewertung dar. Nutzungstypische Oberflächenausprägungen ermöglichen ohne großen Erhebungsaufwand Aussagen über vorhandene Optimierungspotentiale. (Vgl. Kap. 6/ 9)

Tab. 5.1: Typisierte Oberflächenanteile verschiedener Nutzungen (in % der Projektion)

	Nettobau-fläche (Gebäude)	Straßen	versiegelte Freiflächen	unver-siegelte Freiflächen
Einfamilienhaus (freistehend)	15	10	10	65
Zeilenbebauung	20	15	15	50
Blockrandbebauung	35	25	10	30
Gewerbeflächen	30	20	40	10

Quelle: AUBE 1986

Abhängig vom Bebauungstyp wechseln Arten und Anteile der Oberflächen. Empirisch gewonnene, die Angaben aus Tab. 5.1 detaillierende Mittelwerte des Bebauungstyps "freistehende Einfamilienhäuser" zeigt die Abb. 5.1. Schwankungen ergeben sich durch Grundstücksgrößen und Festsetzungen in Bebauungsplänen, aber auch durch das Alter. Villenviertel mit großen Gärten und altem Baumbestand unterscheiden sich ökologisch erheblich von neueren Einfamilienhausgebieten mit ihrem pflegeleicht getrimmten Grün (kleinkronige Koniferen). Zeitreihen für nutzungsbezogene Versiegelungsentwicklungen stehen nicht zur Verfügung. Es kann jedoch generell eine Zunahme des Verkehrsflächenanteils beobachtet werden, der insbesondere in den "versiegelten Freiflächen" (z.B. für ruhenden Verkehr) zum Ausdruck kommt. Wie in Kapitel 6 an mehreren Nutzungstypen durchgespielt, lassen sich nutzungstypische Oberflächen und die Bandbreite ihrer Anteile regional abhängig bestimmen.

Die im 19. Jahrhundert als seinerzeit städtebaulich notwendiger Fortschritt entwickelte Stadtentwässerung mit den Folgen einer schnellen Abführung von Niederschlags- und Abwasser wird durch akute Probleme zu Recht in Frage gestellt. Kosten und Wirkungen städtischer Wasserbewirtschaftung erfordern ganzheitliche Betrachtungen, bei denen "harte" Infrastrukturen, wie betonierte Regenrückhaltebecken, "weiche" Lösungen, z.B. ökologisch ausgerichtete Überschwemmungsgebiete als Retentionsräume, gegenüberstehen.

Typisierung der Bebauungsmöglichkeiten	AUBE archiplan

Zusammenfassung zu Bebauungstypen	Einzelhaus/ Doppelhaus	Nr. 1

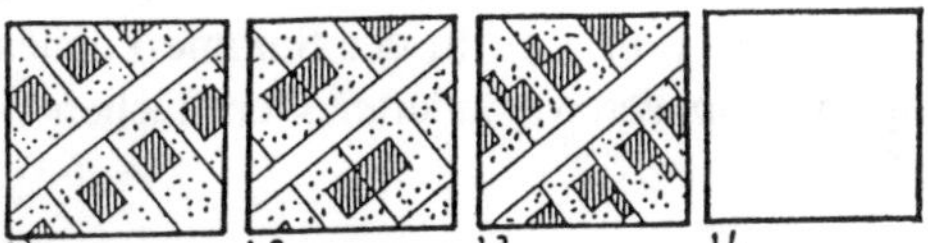

Ausgewählter Bebauungstyp	Freistehendes 1-geschossiges Einfamilienhaus	Nr. 1.1

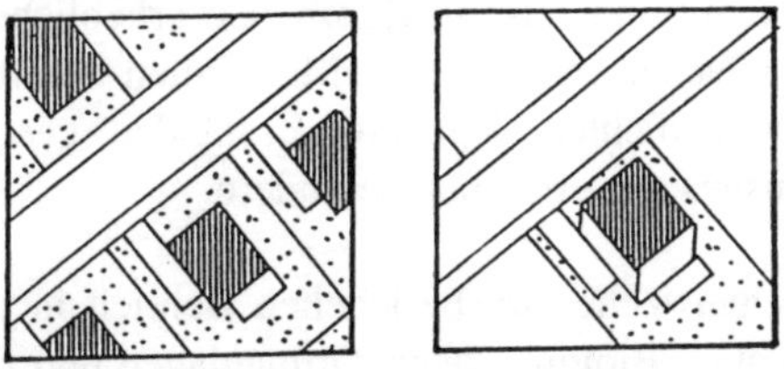

Flächenwerte und Dichte

Grundstücksfläche	540 m²
Grundstücksbreite	18 m
GRZ	0,2
GFZ	0,2
BMZ	–
Geschoßfläche	108 m²
Grundfläche	108 m²
Dachfläche	108 m²
Außenwandfläche	126 m²
Freifläche, insgesamt	423 m²
Freifläche, unversiegelter Anteil	400 m²

Grundfläche ⎱ Nettobauland	15- 30 %
Freifläche ⎰	62- 47 %
öffentliche Grünfläche	3 %
gemeinsame Zubehörflächen / Wohnfolgeland	5- 6 %
Verkehrsfläche	15- 14 %
Bruttobauland	100 %

Nettowohndichte	109-229 E/ha

Standortanforderungen

Geländeneigung 0 - 20°.

Landschaftlich / Stadträumliche Situation, zukünftiger Wohnwert, Nähe Naherholung , sind immer gebietsspezifisch orientierte Anforderungen. Lage zu Einrichtungen der Infrastruktur (Erreichbarkeit der Schulen, Läden, zentraler ...

Fortsetzung nächste Seite

Abb. 5.1: Flächennutzung eines Bebauungstyps

Versiegelungen können primär oder sekundär auch dazu dienen, Belastungen, besonders des Wasserhaushalts, vom Boden fernzuhalten oder zu kanalisieren. Der Schadstoffgehalt im Abfluß von Dach- und Verkehrsflächen mag hier als Beispiel stehen (Tab. 5.2). In der Summe können Muster, Struktur und Ausdehnung anthropogen veränderter Oberflächen zu örtlichen Qualitätsumschlägen führen.

Wasserflächen und Böden reagieren thermisch bereits verschieden. Letztere weisen von trockenen Sand- bis zu Moorböden erhebliche Amplituden auf. Gebäude und Oberflächen aus "harten" Materialien können das Klein- und Mesoklima gegenüber dichten Vegetationsbeständen, geeignete Witterungsbedingungen vorausgesetzt, erheblich verändern.

Vegetation prägt Oberflächen im besiedelten Bereich in unterschiedlichster Weise. Von naturnahen Biotopen über Grünanlagen und Dachgärten bis hin zu baumüberstandenen Straßen weisen die möglichen Effekte vegetationsbestandener Flächen erhebliche Bandbreiten auf.

5.2 Wirkungszusammenhänge

Die Wirkungen veränderter Oberflächenausprägungen auf die Böden selbst, den Wasserhaushalt und das Stadtklima sowie Stadtbiotope lassen sich keinesfalls mit einem Indikator hinreichend bezeichnen. Physikalische Kenngrößen, z.B. durch Faktoren der Wasserhaushaltsgleichung und des Bodenwärmehaushalts darstellbar, eröffnen dagegen hinreichende Möglichkeiten einer wirkungsbezogenen Wahrnehmung. Grundlage ist die in unseren Breiten positive "Klimatische Wasserbilanz", nach der im Jahresmittel nahezu doppelt soviel Niederschäge zu verzeichen sind als Wasser verdunstet. Ergänzt um Folgen für die ökologischen Standortverhältnisse können die Wirkungen urbaner Oberflächen umfassend abgebildet werden. Städte in anderen Klimazonen weisen andere Problemschwerpunkte auf. Zu nennen ist die Sinnhaftigkeit von Versiegelungen in Wassermangelgebieten (negative Wasserbilanzen), z.B. zur Sammlung des Wassers in Zisternen.

Bei der Zuordnung und Quantifizierung von Wirkungen im besiedelten Bereich stehen unerwünschte Abweichungen angestrebten raum-zeitlichen Amplituden gegenüber. Von Bedeutung sind neben Mittelwertbetrachtungen singuläre Ereignisse wie Starkregen, Fröste, Schnee, Tauwetter oder sommerliche Strahlungswetterlagen. Klimatisch sind thermisch träge Flächen (Gewässer) ebenso relevant wie die veränderte Oberflächen-Rauhigkeit in der Stadt.

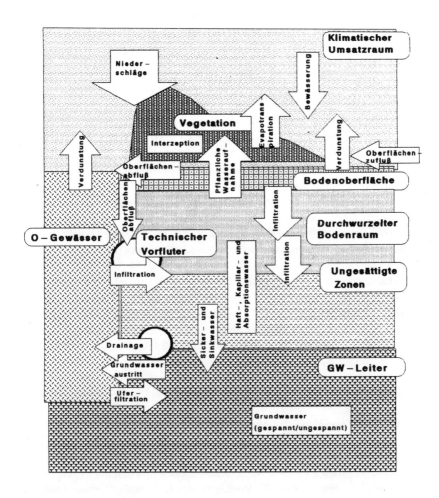

Abb. 5.2: Ausgewählte Elemente des Wasserhaushaltes

Die Höhe der jährlichen Niederschläge, sie schwankt in den Landschaften der Bundesrepublik zwischen 600 und 1800 mm, steht als Bezugsgröße für die Einordnung relativer Angaben.

Im folgenden nicht differenziert wird die städtebauliche Bedeutung von Oberflächenausprägungen, die mit den ökologischen Wirkungen in Einklang zu bringen ist. Selbst dogmatische "Entsiegeler" würden wohl den seit Jahrhunderten "zugepflasterten" Campo in Siena nicht umfunktionieren wollen.

5.2.1 Wasserhaushalt

Augenfällig ist die Auswirkung urbaner Oberflächen auf den Wasserhaushalt, besonders auf das meßbare Abflußverhalten nach Niederschlägen (oberflächiger und oberflächennaher Abfluß) und deren Verhältnis zu Verdunstung, .Speicherung (im Boden) und Anreicherung des Grundwassers. Der kleinräumige Wechsel urbaner Oberflächen erschwert die Bildung aussagekräftiger Aggregate erheblich. So liegen keine verifizierbaren Schätzgrößen für eine urbane Gebietsverdunstung oder die Teilmenge der Interzeption vor. Die Wasserbilanz wird zusätzlich zu der über Ballungsräumen erhöhten Niederschlagsmenge durch Bewässerungen in der Stadt - vom Rasensprengen bis zur elektronisch gesteuerten, automatischen Beregnung in Gärten, Sport- und Grünanlagen - verändert. Die zur Verfügung stehenden Methoden reichen von Faustformeln (Abflußbeiwerte) über hydrologische Modelle bis zu differenzierten Berechnungsverfahren hydraulischer Modelle.

Vereinfacht verteilt sich der Gesamtniederschlag (N) auf den Oberflächenabfluß (A), die Gesamtverdunstung der Oberflächen (ET), die Speicherung im "Boden" (S) und den Tiefenabfluß bzw. die Grundwasserneubildung (I_T). Wie die Abb. 5.2 zeigt, stellen sich die Beziehungen in der Regel komplexer dar. Ausgewählte Zusammenhänge finden sich in den folgenden Abschnitten.

Niederschlagsabfluß:

Das Maß der Steigerung des oberflächig in Gewässer und Leitungen abgeführten Niederschlags ist abhängig von den Gebietseigenschaften (Gefälle, sonstige Flächennutzungen), den Regencharakteristiken (Stark- und Schwachregen), den absoluten Niederschlagshöhen und den bei Regenbeginn vorliegenden Bedingungen (z.B. Vorregen); doch kann die Versiegelung bei größeren Einzugsgebieten als prägend angesehen werden. Allerdings nimmt der Einfluß der Bebauung bei größeren Hochwasserereignissen ab, so daß die sogenannten Katastrophenhochwässer nur noch geringfügig durch die Bebauung mitverursacht sind. Von den meist relativ glatten Oberflächen erreicht das Niederschlagswasser ohne nennenswerte Fließwiderstände (Trennkanalisation) schnell und ohne große Verluste den Vorfluter (vgl. Abb. 5.3). Extreme, überproportionale Hochwasserspitzen (5 - 7faches des Versiegelungsanteils) und geringe mittlere Niedrigwasserstände sind die wesentlichen versiegelungsbedingten Veränderungen von Oberflächengewässern (SIEKER, 1986; VERWORN, 1982). Verifiziert wurden solche Modellrechnungen an Ballungsräumen wie dem Ruhrgebiet.

Hochwasserspitzen und Niedrigwasserstand in Abhängigkeit von
Zeiteinheiten und Versiegelungsgrad des Einzugsgebiets

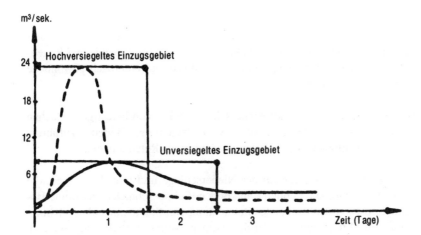

Abb. 5.3: Hochwasserspitzen/-ganglinien

In der Wasserwirtschaft wird dazu in der Regel nicht eine reale Versiegelung, sondern der "Bebauungsgrad" als der Anteil der grauen Zonen auf der topographischen Karte 1 : 50.000 bestimmt und der Anteil effektiver "Versiegelung" am Bebauungsgrad mit etwa 30 % angenommen (vgl. SCHOSS, 1977). Mit dieser Größe kann der Anteil des oberflächig abgeführten Niederschlags für die Wasserbilanz näherungsweise ermittelt werden, nicht aber der mögliche Einfluß auf die Anreicherung des Grundwassers. Für die Bemessung von Entwässerungsanlagen in der Stadt steht der Siedlungwasserwirtschaft ein ausdifferenziertes Regelwerk zur Verfügung (Vgl. ATV 1976).

Das Abflußverhalten und damit die Anteile des oberflächig abgeführten Wassers werden beeinflußt von Parametern wie:

- Stärke und Intensität der Niederschläge,
- Feuchtezustand (Benetzungsfähigkeit) der Oberfläche "Anfangsverluste" schlucken ca. 1mm (WITTENBERG, 1976),
- Jahreszeit,
- Größe und Form des Einzugsgebietes (schmal oder breit),
- vorherrschender Bodenart,
- Orographie (flach/steil),
- Vorflutdichte,
- Ausbauzustand des Gewässersystems (Fließlänge, -widerstand, Querschnitt, Rauhigkeit),
- Grundwasserstand sowie
- Bewuchs. (Vgl. VERWORN 1982, NEUMANN 1975 und IfS, 1987).

In Abflußbeiwerten, d.h. dem Verhältnis zwischen Abflußspende und Regenspende von Einzugsgebieten, kommen statistisch und empirisch gewonnene Mittelwerte zum Tragen.

Vermehrt werden in der Stadt Niederschlagswässer von befestigten Flächen gesammelt und gespeichert, um sie in Mangelzeiten dem Boden zuzuführen. Schon die Regentonne an der Gartenlaube wirkt als Retentionsraum.

Jahreszeitlichen Schwankungen der Niederschläge und ihre Wirkungen, die schon in Mitteleuropa erheblich sein können (Schneeschmelze, gesättigte Böden im Herbst), gewinnen bei der Betrachtung von Städten in anderen Klimaten, etwa im Mittelmeerraum oder den Tropen, weiter an Bedeutung, ohne an dieser Stelle näher untersucht werden zu können.

Oberflächengewässer:

Gewässer, in der Stadt technisch oft erheblich modifiziert, wirken zugleich als Oberfläche und als Bestandteil des urbanen Wasserhaushalts. Der Verbauungsgrad von Gewässersohle und Uferzonen ist neben der biologischen Gewässergüte ein zweites entscheidendes Kriterium zur Beurteilung der Gewässerqualität. Er läßt auf bestimmte, ökologisch relevante Eigenschaften des Wasserlaufs schließen:

- Abflußcharakteristik nach Niederschlagsereignissen,
- Beeinflussung der Grundwasserverhältnisse,
- ökologisches Potential des Wassers und der Uferzonen,
- Selbstreinigungsvermögen (vgl. AUBE, 1986).

Der mit dem Entstehen der ersten Kanalisationssysteme verbundene Ansatz der Stadt-*Entwässerung* steht dem heute erforderlichen, ökologisch orientierten Management eines urbanen Wasserhaushalt entgegen. Das begrenzte Fassungsvermögen von Entwässerungssystemen führt zu Mengen- und Qualitätsproblemen, die sowohl bei Trenn- wie bei Mischkanalisationen strukturelle und ökonomische Argumente gegen auf diese Weise abgeführte Niederschläge darstellen.

Die Wirkung von Gewässern als einer urbanen Oberfläche mit oft wesentlichen Anteilen wird leicht vernachlässigt. Nicht nur bei Küstenstädten (Manhattan), auch durch Flüsse und Seen im Stadtgebiet, werden erhebliche Modifikationen des Wasserhaushaltes und des Klimas möglich (8% der Fläche Hamburgs nehmen klassifizierte Gewässer ein). Die Verdunstung der Gewässer kann die anteilige Niederschlagssumme überschreiten, die Ufer- und Sohlenfiltration andererseits weit über der von Landoberflächen liegen.

Schadstoffbelastungen des Regenwassers bestehen - bedingt durch Luftverunreinigungen - auch ohne Versiegelung, d.h. Belastung und Versiegelung stellen getrennte Problemkreise dar. Nach Kontakt mit durch trockene Deposition zu Boden gegangenen Luftverunreinigungen (Straßenstaub) kommt es nicht selten zu erhöhten Konzentrationen im Oberflächenabfluß. Akkumulationen von Schadstoffen in den Sedimenten städtischer Gewässer gehen zu einem erheblichen Teil auf diese Einträge zurück.

Tab. 5.2: Schwermetallkonzentrationen im fallenden und abfließenden Niederschlag; arithmetische Mittelwerte aus Angaben deutscher Autoren (ANONYM, ATV, 1982) und mittlere Frachten pro m² und Jahr

	Fallender Niederschlag	Abfluß	Unbelastetes Gewässer	Fracht in mg/m²/a
	(Angaben in Mikrogramm/l)			
Cd	0,5	3	0,1 - 0,5	1,8
Cr	1	30	1,0	18
Cu	80	100	1,0 - 3	60
Hg	0,5	5	0,003	3
Ni	3	30	3,0	18
Pb	30	120	0,2 - 3	72
Zn	200	360	15	216

In welchem Umfang Oberflächeneffekte die - ökologische - Gewässerqualität beeinflussen, kann nur unter Berücksichtigung der regionalen hydrogeologischen Situation bestimmt werden. Seitens der Wasserwirtschaft wird lediglich versucht, die Effekte technisch zu bewältigen, etwa durch Vorfluterausbau oder Regenwasserrückhaltebecken, nicht aber, Oberflächenausprägung und Abflußbeiwerte zu entkoppeln, auf verringerte Versiegelungsgrade zu drängen und Retentionsräume zu schaffen, die z.b. als Feuchtgebiet nicht nur wasserwirtschaftlich zu definieren sind.

Der Erhalt, vor allem die Möglichkeiten zur Renaturierung verbauter innerstädtischer Bachläufe und Kleingewässer werden in erheblichem Maße durch die Oberflächen des Einzugsgebietes bestimmt. Die Gewährleistung eines - ökologisch erforderlichen - ausreichenden mittleren Niedrigwasserstandes kann bei einer Überbauung von mehr als einem Drittel des Einzugsgebietes in Frage gestellt sein. Zu beachten sind auch sekundäre Effekte, etwa an die Vorfluter angeschlossene Drainagen zum Schutz von Gebäuden.

Eine Untersuchung im mittleren Ruhrgebiet wies mehr als 50 % der Kleingewässer-Einzugsgebiete (< 30 km^2) über diese Schwelle aus. Die Versiegelungsstruktur der Einzugsgebiete (ermittelt auf der Basis von 500 x 500-m-Rastern) ist in der Regel sehr inhomogen, d.h. Raster mit hohem Versiegelungsanteil (> 70 %) umfassen häufig mehr als 25 % der Fläche des Einzugsgebietes (AUBE, 1986).

Verdunstung/Interzeption:

Die Gesamtverdunstung der Oberflächen (ET) setzt sich aus dem an der Vegetation haftenden und direkt wieder verdunstenden (Interzeption), dem von den Pflanzen aus dem Boden aufgenommenen und transpirierten (veratmeten) sowie dem aus dem Boden und von technischen sowie Gewässeroberflächen verdunstendem Wasser zusammen. Über die Verdunstung ist der Wasserhaushalt mit dem Klima rückgekoppelt. Zur Verdunstung kommt es, wenn das Sättigungsdefizit der Luft größer ist als die Saugspannung in Böden und Vegetation. Oberflächenbedingt verringerte Verdunstungsmöglichkeiten in der Stadt führen dort wiederum zu Veränderungen von Temperatur und Luftfeuchte. In Abhängigkeit von der Vegetationsperiode, Witterung und Sonneneinstrahlung schwankt die Evapotranspiration im Jahreslauf erheblich. Keines der Berechnungsverfahren kann mehr als grobe Näherungswerte liefern. Die potentielle Verdunstung (ET_p) von Oberflächen als die unter gegebenen Witterungsbedingungen von einer freien Wasserfläche abgegebene dampfförmigen Wassermenge kann von unter 5% im Winter bis über 100% im Sommer schwanken.

Ausgehend von den durchschnittlichen Verhältnissen in der Bundesrepublik kann man von folgenden mittleren jährlichen Gesamtverdunstungsraten bei verschiedenen Landoberflächen und Vegetationsdecken in Prozent der Niederschlagssumme ausgehen (nach BRECHTEL und HOYNINGEN-HUENE, 1979):

- vegetationsfreier Boden, bei dem lediglich Evaporation in Form von Bodenverdunstung vorkommt, verdunstet mit ca. 30 % von allen natürlichen Landoberflächen mit Ausnahme anthropogen verbauter Oberflächen am wenigsten (sehr geringe Speicherung der Interzeption);
- Acker verdunstet mit über 40% bereits wesentlich mehr, da neben der ganzjährigen Bodenverdunstung zusätzlich während der Bestockung Interzeptionsverdunstung und vor allem die Transpiration eine entscheidende Rolle spielen;
- Gras und Wälder als ganzjährige Vegetationsdecken können nach den offenen Wasserflächen am meisten verdunsten. Die Interzeptionsverdunstung erstreckt sich über das ganze Jahr und ist wegen der großen Pflanzenoberflächen mit bis zu 90% relativ hoch (hohe Interzeptions-Speicherkapazität).

Bodenwasser, Versickerung:

In den Boden eingedrungenes Wasser gewährleistet noch keineswegs seinen Übergang ins Grundwasser. Nach Abfluß und Verdunstung stellt das Bodenwasser der ungesättigten Zone als Haft-, Sicker- oder Kapillarwasser entscheidende Größen der Wirkungsbeurteilung. Die z.T. gegenläufigen Anforderungen bewirken in der Stadt kleinräumig unterschiedliche Eigenschaften: Unter befestigten Flächen und an Fundamenten wird eine geringe Haltewirkung und schnelle Absickerung (u.a. zwecks Frostsicherheit) angestrebt. Für Vegetationsflächen, auch solche im Straßenraum, gilt dagegen eine hohe Haltewirkung und gute Kapillarität bei gleichzeitiger optimaler Pflanzenverfügbarkeit als wünschenswert. Temporäre Feuchtedefizite werden durch Gießen/ Bewässern (über)kompensiert. Unter Pflaster wird verdunstungsbedingtes Austrocknen recht zuverlässig verhindert, was wiederum die Durchwurzelung fördert.

Die Versickerungsrate wird vom anstehenden Boden/Gestein, seiner Wassersättigung und Durchlässigkeit bestimmt. Die Durchlässigkeit, dargestellt in

K_f-Werten, beträgt bei Kies etwa 10^{-2}, bei Ton nur 10^{-10} m/s, ist also in erheblichem Maß vom Durchmesser der leitenden Poren abhängig. Die bei geogenen Substraten erheblich schwankende Durchlässigkeit läßt eine Ableitung von Zielgrößen aus "unversiegelten" Bereichen nicht zu. Zur Durchsickerung kommt es erst, wenn eine Mindestwassersättigung der "ungesättigten Zone" erreicht ist. Bei trockenem, faktisch keine Durchlässigkeit aufweisendem Boden wird die - in der Dimension strukturabhängige - Teilfüllung des Bodenspeichers erforderlich. Die Speicherkapazität der Böden und Oberflächen weist in der Stadt ein heterogenes Bild auf. Die Verweilzeit, aber auch Rückhalte- und Abbaueffekte von Schadstoffen, sind abhängig von der Länge und der Beschaffenheit der zu durchsickernden Strecke.

Lysimeteruntersuchungen zur Bestimmung der Versickerung unter verschieden Oberflächen (unterschiedliche Pflasterungen) sind in Berlin im Auftrag der Wasserwerke (ANONYM, 1983) durchgeführt worden. Danach wird es möglich, den Versiegelungseffekt bezüglich Verdunstung, Abfluß und Versickerung oberflächenspezifisch zu ermitteln.

Unabhängig von den vorhandenen Oberflächenneigungen versickerte neues Mosaikpflaster, Kleinsteinpflaster etc. bei den durchgeführten Versuchen die maximal erzeugte Regenspende von 80 l (s x ha). Diese entsprechen 93 % der jährlichen Regenmenge. Bei Betonverbundsteinen setzte ein Oberflächenabfluß bei ca. 18 l (s x ha) ein (Regenspenden unterhalb dieses Wertes ergeben ca. 75 % der jährlichen Regenmenge).

Durch Pflasterflächen versickern je nach Belagsart 15-70 % der Jahresniederschläge (Berliner Wasserwerke, 1983). Nach denselben Messungen erreichte eine Rasenfläche 42%. Die bei diesen Laborversuchen nicht berücksichtigte Verdunstung spielt vor allem im Sommer eine wichtige Rolle. Wasserdurchlässige Pflasterflächen und Unterbauten verändern den kapillaren Aufstieg bis hin zum Kapillarbruch, so daß zwischen einer unbefestigten Fläche ohne Vegetation und einer teildurchlässigen Pflasterfläche auch in dieser Hinsicht Unterschiede bestehen. Wald kann aufgrund seiner hohen Speicher- und Verdunstungsleistung die Absickerung zum Grundwasser auf nur 10% reduzieren, für lockere Bebauung wurden etwa 30% ermittelt (BRECHTEL 1982).

Als Reaktion auf die Versiegelungsdiskussion werden von der Baustoffindustrie Flächenbefestigungssysteme angeboten, die die in Mitteleuropa üblicherweise auftretenden Regenmengen (Bemessungsregen) vollständig in den Untergrund abführen können, also höhere Werte erreichen als die Mehrzahl der natürlichen Oberflächen.

Grundwasser:

Zu den Auswirkungen von Oberflächenausprägungen auf die Grundwasserneubildung liegen keine verallgemeinbaren Aussagen vor. Dies hat verschiedene Ursachen:

- Die Grundwasserneubildung schwankt bei unversiegelten Flächen in Abhängigkeit von Bodenart, Gestein, Relief und Vegetationsdecke erheblich
  und kann gebietsweise sehr gering oder nicht vorhanden sein.
- Unversiegelte Flächen in Ballungsräumen können, bedingt durch höhere
  Niederschläge (über Ballungsräumen) und künstliche Wasserzufuhr (Rasen-
  sprengen etc.), einen erhöhten Beitrag zur Grundwasserneubildung leisten.
- Ein Grundwasserneubildungsdefizit unter versiegelten Flächen kann nur
  relativ zu den sonst unter diesen Flächen möglichen Neubildungsraten be-
  stimmt werden.
- Die gemittelte Gesamtverdunstung urbaner Oberflächen ist gegenüber de-
  nen der freien Landschaft erheblich verringert.
- Grundwassertrichter unter Ballungsräumen sind vorwiegend auf erhöhte
  Entnahmen zurückzuführen.
- Allein ein Kanalisationssystem mit Dränwirkung (Fremdwasseranteil)
  kann die Grundwasserneubildung praktisch aufheben (vgl. Kap. 4).

Die Infiltrationsrate als Nettobetrag vom Niederschlagswasser bis zur gesät-
tigten Zone hängt von den physikalischen Eigenschaften der zu passierenden
Horizonte und der Oberflächenausprägung selbst (Bewuchs etc.) ab. Wesentliche Anteile der Grundwasseranreicherung finden direkt zwischen Oberflä-
chen- und Grundwasserkörper statt. Diese Zonen intensiven Austauschs sowie qualitativ hochwertiger Anreicherung (Uferfiltration) bedürfen im Stad-
traum verstärkter Aufmerksamkeit. Umgekehrt treten "Grundwässer" über
Quellhorizonte an die Oberfläche. Mittelwerte der Grundwasserneubildung
liegen bei 5 - 6 l/s/km^2.

Eine nach üblichen Erhebungsverfahren zu 60% versiegelte Fläche kann hinsichtlich der potentiellen Grundwasser-Spende mehr leisten als eine zu 30 %
"versiegelte". Gesteuerte Versickerungen über Schluckbrunnen, Sickergräben
oder Mulden eröffnen auch für Gebiete mit hohem Versiegelungsanteil gegenüber "normal" unversiegelten Flächen optimale Anreicherungen des
Grundwassers. Das "Versickerungspotential" in Städten liegt um den Faktor
3 höher als das Entsiegelungspotential (SIEKER, 1989).

Grundwasserverunreinigungen werden neben punktförmigen Quellen (Vgl.
Kap. 4) auch durch flächenhafte Einträge verursacht. Durchlässige Grund-

wasserdeckschichten und geringe Flurabstände erleichtern das Eindringen von Schadstoffen. Sind in solcherart gefährdeten Gebieten Oberflächenbelastungen nicht vermeidbar, werden auf Versickerungsminimierung zielende Schutzmaßnahmen erforderlich. Während die Ausbreitung von Belastungen und Defiziten häufig in horizontaler Dimension (lateral) wahrnehmbar ist, befindet sich etwa unter der Essener City zwischen den Sümpfungen für die U-Bahn und den Bergbau ein ergiebiger Mineralbrunnen.

Das Grundwasser stellt sich in der Regel nicht als homogener Wasserkörper, sondern durch geologische Verhältnisse geteilt auf verschiedene Grundwasser-Stockwerke dar, deren Verbindungen, auch wenn sie quantitativ von Bedeutung sind, nicht in idealisierten Säulen ablaufen. Einige Ballungsräume haben in Teilräumen Probleme mit zu hoch anstehendem Grundwasser (Baugrund/Infrastrukturen). Statt einer pauschalierten Einschätzung sind individuelle, örtliche Situationen zu berücksichtigen. Das - bisher nur begrenzt koordinierte - Grundwassermanagement kann in einer Stadt kleinräumig von der Anreicherung bis zur Entwässerung reichen vgl. Kap. 9).

5.2.2 Stadtklima

Die physikalischen Eigenschaften der städtischen Oberflächen beeinflussen nicht unerheblich das Klima der bodennahen, für den Aufenthalt des Menschen wesentlichen Luftschicht und indirekt auch die lufthygienische Situation. Zur Einordnung der Wirkungen helfen in Anlehnung an die Wasserhaushaltsgleichung die Elemente der Bilanzierung des Bodenwärmehaushalts, wie sie für Freilandböden üblich sind, erweitert um stadtspezifische Größen:
- Strahlungsbilanz R_n
- turbulenter Wärmestrom R_H Wärme von Verbrennungs- und metabolischen Prozessen (R_x)
- Boden- bzw. Materialwärmestrom G (abhängig von der Wärmekapazität (C), gemessen in J/cm^3 x °C) und der Wärmeleitfähigkeit .

Die Abb. 5.4 zeigt den Tagesgang der Wärmehaushaltskomponenten für drei Oberflächengruppen (nach KIRCHGEORG et al. 1987).

Das Verhältnis von reflektierter zu eingestrahlter Energie, als Albedo (A) bezeichnet, liegt mit 6-7 % über Wald und Wasserflächen am niedrigsten. Wüstensand und Grasland erreichen etwa 25%, während über Schnee oder weißen Mauern mehr als 80 % reflektiert werden können.

NACHTMINIMUM   TAGESMAXIMUM

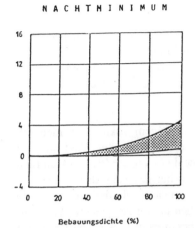
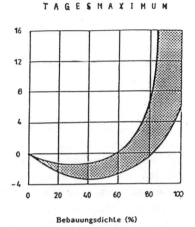

Bebauungsdichte (%)   Bebauungsdichte (%)

Veränderung der mittleren Landschaftstemperatur (Oberflächen-
temperatur der z. T. bebauten Landschaft) gegenüber einer unbebauten
Landschaft (Grünfläche) in Abhängigkeit vom Bebauungsgrad während des
Tages und während der Nacht.

Abb. 5.4: Oberflächen-Temperaturen im Tagesgang

Am Tag wird vorwiegend kurzwelliges und damit energiereiches Licht einge-
strahlt, nachts überwiegt von den Oberflächen die Ausstrahlung langwelliger
Energie. Verdunstung und Wärmespeichervermögen verschiedener Materialien erzeugen an windschwachen "Strahlungstagen" erhebliche Temperatur-
unterschiede bei den Oberflächenmaterialien selbst und in der oberflächennahen Luftschicht und bleiben damit nicht ohne Einfluß auf den Wasserhaushalt
der bodennahen Luft, insbesondere die Luftfeuchtigkeit.

Die Stadt oder gar einzelne Oberflächen bilden kein energetisch geschlosse-
nes, auf vertikalen Austausch reduzierbares System (Gefahr von Fehlschlüs-
sen). Neben der Sonneneinstrahlung (und Wärmeausstrahlung), sind die anthropogene Energiezufuhr, aber vor allem horizontale Energietransporte
wahrzunehmen. Energiebilanzen dürfen nicht nur "über" den Flächen ermittelt, auch der horizontale Austausch durch Luftströmungen, da vorherrschend, muß einfließen. Der Energiegehalt von Hoch- und Tiefdruckgebieten,
wahrnehmbar durch Warm- und Kaltlufteinbrüche, verändert und harmoni-

siert die Temperaturen über der Fläche. Luftfeuchte, Erwärmung und Aus-kühlung sind wesentlich durch witterungsbedingte Energietransporte begrün-det. Regionale Aspekte, Klimazonen und transkontinentale Ausgleiche bilden witterungsbedingte "Integrale" aus.

Meßdaten liegen für einzelne Böden und Materialien und die bodennahe Luftschicht sowie aus der Standardhöhe von 2 m über Grund, also für Einzel-punkte mit eingeschränktem Gültigkeitsraum, vor. Vermehrt stehen Ferner-kundungsdaten zur flächenhaften Einschätzung von Oberflächen zur Verfü-gung.

Obwohl stadtklimatische Veränderungen seit langem diskutiert werden, feh-len geeignete Bezugsgrößen. Weder das Bestandsklima im Wald noch das über Rasen oder Wasserflächen kann als ideal gesetzt werden. Stadtrandsied-lungen sind für den dauernden Aufenthalt sicher gesünder als unbehaust im Wald zu leben, und jahreszeitliche Unterschiede sowie der Tagesgang der Witterung zeigen, daß befestigte Oberflächen häufig geeignetere Werte auf-weisen. Um den Preis von einzelnen Temperaturspitzen wird die Behaglich-keitsperiode in der Stadt im Jahresgang verlängert.

Die möglichen Auswirkungen versiegelter Flächen auf die klimatische Situa-tion in der Stadt sind neben dem veränderten Wasserhaushalt (mangelnde Verdunstungsmöglichkeiten wegen fehlender Bodenfeuchte und Vegetation) in erheblichem Maße durch Art, Material und Form der wirkungsrelevanten Oberflächen bedingt. Bioklimatische Streßsituationen in der Stadt lassen sich jedoch nicht mit einem Versiegelungsgrad korrelieren. In erheblichem Um-fang beeinflussen Strahlungsabsorptionseigenschaften und Wärmeleitfähig-keiten der Oberflächen sowie Baukörperstrukturen und -stellungen (Rauhig-keit) das Kleinklima und die Luftzirkulation. Dominieren, etwa in Kerngebie-ten, Baustrukturen, die ein hohes Wärmespeicherungs- und Reflexionsvermö-gen haben, ohne Verdunstungswärme zu benötigen, kann es bei austauschar-men (Strahlungs-) Wetterlagen zu

- sommerlichen Überhitzungserscheinungen,
- belastenden Mikroklimaten,
- geringer Ventilation und
- erhöhten Luftverunreinigungen

kommen, die besonders dann empfunden werden, wenn Orte in Regionen lie-gen, die schon "von Natur aus" zu entsprechenden Effekten neigen (Bonn, Frankfurt). Durch Zuordnung und Mischung von bebauten und begrünten

Gebieten (FINKE et al. 1976) wird versucht, solche Extreme zu mindern und den Bewohnern "andere" Mikroklimate in enger Benachbarung anzubieten.

Trockener Boden und locker gelagerte Substrate (Sand, Kies), insbesondere Schotterflächen (Bahnanlagen, Flachdächer) weisen im Tagesgang Temperaturextreme auf, die schon bei spärlicher Vegetationsbedeckung vermieden werden. Schotterflächen, die in der "freien Landschaft" natürlich vorkommen, sind im besiedelten Bereich i.d.R. anthropogenen Ursprungs, aber nur selten "Versiegelung".

Selten prägt ein Oberflächenmaterial allein die klimatische Situation. Das eher relevante Oberflächenmuster eines Gebietes setzt sich aus Materialien unterschiedlichster Eigenschaften zusammen. Wie die Abb. 5.6 zeigt, ist auch mit einer zunehmenden Bebauungsdichte keine lineare Veränderung der Oberflächenwerte verbunden. Die Rauhigkeit der urbanen Oberflächen beeinflußt nicht nur den Luftaustausch, sie kann lokale Windfelder (Düsenwirkungen) erzeugen.

Zudem wirken sich Strahlungsabsorptionseigenschaften und Wärmeleitfunktion der Oberflächen aus. Die Folge sind bei windarmen Strahlungswetterlagen eine Vielzahl städtischer Temperaturfelder, die verschiedene Temperaturgradienten zueinander aufweisen und, da sie mosaikartig vorkommen, ein Wärmearchipel ausbilden.

Urbane Strukturen sind eine wesentliche Voraussetzung für positive Temperaturanomalien. Sie werden verursacht durch
- eine stärkere Absorption kurzwelliger Strahlung durch größere (Gebäude) Oberflächen und Mehrfachreflexion in den Straßenschluchten;
- geringere langwellige Ausstrahlungsverluste durch Horizonteinengung;
- anthropogene Wärmeemissionen (Heizung, Verkehr); höhere Wärmekapazitäten der Baustrukturen;
- reduzierte turbulente Wärmetransporte durch geringere Windgeschwindigkeiten.

Die Temperaturanomalien verhalten sich jedoch nicht linear zur Bebauungsdichte bzw. zu Versiegelungsgraden. Auch entwickelt sich das mögliche Tagesmaximum der Oberflächentemperaturen ausgeprägter als das Nachtmaximum.

Als "Klimatope" werden vergleichbare Oberflächenstrukturen definiert, die bei entsprechenden Wetterlagen bestimmte, von den makroklimatischen Bedingungen abweichende Mikroklimate erzeugen. Dies bedingt gegenüber reinen Nutzungstypisierungen veränderte Abgrenzungen, da die Größe der relevanten Oberflächen wie ihre Nachbarschaftsbeziehungen konstitutiv für ihre, etwa durch Oberflächentemperaturaufnahmen feststellbaren Eigenschaften sind (AUBE 1986).

Die Aufheizungsdifferenz versiegelter Oberflächen kann, geeignete Witterung vorausgesetzt, mehr als 10 °C betragen. Einige Effekte werden zudem durch hohe anthropogene Energieumsätze (z.B. Industrie, Kraftwerke, Raumheizung, Verkehr) und die Immissionsbelastung verstärkt. Im kleinräumigen Bereich, d.h. innerhalb definierter Stadtstrukturtypen, können (nach KUTTLER, 1985) durch bauliche bzw. planerische Maßnahmen folgende Temperaturveränderungen erreicht werden:

- Veränderung der Wärmespeicherfähigkeit bzw. Wärmeleitfähigkeit der Außenteile 2° - $5\,^{o}K$,

- Veränderung der Reflexions- bzw. Absorptionseigenschaften durch Farbgebung der Außenoberflächen (Dächer) bis ca. $10^{o}\,K$,

- Veränderung der hydraulischen Bodenrauhigkeit durch aufgelockerte Bebauung 10° - $12\,^{o}K$,

- Schaffung von Verdunstungsflächen (Parkanlagen, Begrünung von Dächern usw.) 15° - $25\,K$.

Klimatisch interessant, wenn auch in ihrem Zusammenwirken (außer begrünten Dächern und Fasaden) kaum dokumentiert, sind mehrschichtige Oberflächen, etwa Vegetation über/auf Bauwerken. Sicher "dämpft" eine Vegetationsschicht die Auswirkungen des klimatischen Umsatzraumes auf Materialien, wie auch deren Wirkungen die Spitzen genommen werden. Baumbestandene Parkplätze und Straßen, Dachgärten, begrünte Fassaden, sind thermisch träge, etwa vergleichbar mit Wasserflächen.

Bedauerlicherweise hat sich die Stadtklimaforschung auf extreme Wetterlagen (klimatische Minderheiten) fokussiert. Der häufigere Austausch zwischen dem klimatischen Umsatzraum und urbanen Oberflächen ist für die Mehrzahl der Wetterlagen nur schlecht belegt.

Ein Zusammenhang von urbanen Oberflächen mit der erwarteten weltweiten Erwärmung kann nur über die hier gebündelten Emissionen hergestellt werden.

5.2.3 Ökologische Standortverhältnisse

Städte tragen spezifische Biotope hoher Vielfalt. Der veränderte Wasserhaushalt und das Stadtklima wirken sich neben den spezifischen Genesen sowie Pflege und Bewirtschaftung in erheblichem Umfang auf die Standortverhältnisse, auch der "unversiegelten" Flächen in der Stadt aus. Früherer Laubfall bei Straßenbäumen oder Vertrocknungen stellen Extreme dar, denen phänologisch dokumentierte längere Vegetationsperioden positiv gegenüberstehen. Straßenbäume weisen auf die Vegetation Südosteuropas hin, und die bei Stadtbiotopkartierungen gefundenen Artenspektren lassen sich nicht einfach als Abweichungen zum Umland interpretieren (AUBE 1986, SUKOPP/ WEILER, 1986) und zeichnen sich auf gleicher Fläche durch eine höhere Standort- und Artenvielfalt aus.

Die städtische Biotopentwicklung scheint, verursacht durch Zerschneidungseffekte, soweit es die Vegetation betrifft, auf kleine, inselhafte Restflächen innerhalb der "versiegelten" Oberflächen angewiesen. Die Ausdehnung der Ballungsräume vergrößert zwangsläufig die Abstände zwischen größeren unversiegelten (und naturnahen) Biotopen im Umland und den Biotoprelikten in der Stadt. In der Summe gesehen sind aber Biomasse und Vegetationsanteile der besiedelten Räume häufig höher als in der sogenannten "freien Landschaft". Für geplante und betreute Vegetation ergeben sich Standortverhältnisse, die auch der Stadtfauna Lebensräume weist. Gewässer, auch temporäre Wasserflächen können bei geeigneter Ausbildung im besiedelten Bereich wertvollste Lebensräume für Flora und Fauna repräsentieren.

Trotz der erheblichen Vegetationsanteile in besiedelten Räumen fehlen systematische Untersuchungen zu quantitativen Wirkungen, abgesehen von einzelnen Rasenflächen, Fassadenbegrünungen und Dachgärten. Insbesondere der Einfluß hochdifferenzierter Oberflächen auf die Wasserbilanz geeigneter räumlicher Aggregate könnte Planungsentscheidungen versachlichen helfen.

Von Gehölzen überstellte Areale, z.B. Biergärten oder baumbestandene Parkplätze, wie sie in den letzten Jahrzehnten vermehrt angelegt wurden, repräsentieren, besonders wenn auch die befestigten Bodenoberflächen wasserdurchlässig sind, Standortverhältnisse, denen durchaus ökologische Qualitäten zukommen. An Fassadenbegrünungen wird die Mehrschichtigkeit urbaner Oberflächen exemplarisch deutlich. Neben der Minderung von Klimaextremen und positiven bauphysikalischen Effekten entstehen neue Lebensräume, die in der Projektion nicht angemessen darzustellen sind. Obwohl insbesondere bei Flachdächern bauphysikalische Größen Argumente für Begrünungen liefern, setzen sich Gründächer nur zögerlich durch. Durch anspruchslose Bodendecker bepflanzte Flächen bilden ökologisch gesehen marginale Situationen aus. Wurzeln, z.B. von Straßenbäumen unter Pflasterflächen, profitieren von höheren Wasser- und Luftanteilen (Porenvolumen) im Unterbau.

Zu beobachten ist eine erhebliche Zunahme belebter Etagenböden, seien es Dachgärten, Balkonbepflanzungen oder Pflanzkübel auf Straßen und Plätzen. Nicht berücksichtigt sind dabei Pflanzen innerhalb von Gebäuden, etwa in Einkaufspassagen, Wintergärten, Büro's oder Wohnungen.

Die Fauna urban-industriell überprägter Bereiche weist ein gegenüber der Flora noch spezifischeres Artenspektrum auf. Während einzelne Artengruppen nur durch Anpassungsprozesse, die z.T. ständige Zuwanderungen erfordern, Nahrungs- und Lebensräume finden sind, andere in der Lage, die entstandenen Situationen durch Spezialisierung für sich zu nutzten. Fels- und Höhlenbewohner wie Turmfalken, Eulen oder Fledermäuse, können in den anthropogenen Steingebirgen geeignete bis optimale Standortbedingungen finden, andere Artengruppen wie Laufkäfer werden dagegen einer negativen Auslese ausgesetzt. Örtlich hohe Kaninchendichte weist auf nur rudimentär ausgebildete Nahrungsketten. Haustiere (Hunde), nicht nur trotz der anthropgenen Einflüsse wildlebende Tiere, prägen die Bedingungen zusätzlich.

Literatur

ANONYM (1982): Arbeitsbericht des ATV-Ausschusses 2.3: Schwermetalle im Abwasser und Klärschlamm. Abwassertechnische Vereinigung (ATV) in: Korrespondenz Abwasser 29, Nr. 12, S. 955 - 958

ANONYM (1983): Berliner Wasserwerke: Entwicklung von Methoden zur Aufrechterhaltung der natürlichen Versickerung von Wasser. FE-Schlußbericht, Berlin

BMBau (1986) Bundesminister für Raumordnung, Bauwesen und Städtebau (Hg), Städtebaulicher Bericht Umwelt und Gewerbe in der Städtebaupolitik Bonn-Bad Godesberg

AUBE (1986): Arbeitsgruppe Umweltbewertung Universität Essen: Ökologische Qualität in Ballungsräumen - Methoden zur Analyse - Strategien zur Verbesserung. Im Auftrag des Ministers für Umwelt, Raumordnung und Landwirtschaft des Landes Nordrhein Westfalen (Hrsg.), Düsseldorf

BfLR (Hrsg.), 1988: Bodenversiegelung im Siedlungsbereich. Informationen zur Raumentwicklung, Heft 8/9 1988, Bonn

AUBE/archiplan (1986): Baulandpotential in Verdichtungsräumen. Essen/ Stuttgart

ATV (1976): Arbeitsblatt A 118 - Richtlinien für die hydraulische Berechnung von Schmutz-, Regen- und Mischwasserkanälen. Verlag GFA, Sankt Augustin.

BÖCKER, R. (1985): Bodenversiegelung - Verlust vegetationsbedeckter Flächen in Ballungsräumen. In: Landschaft + Stadt 17, (2)

BÖHME, S. (1986): Zum Zusammenhang von Oberflächenversiegelung und Vegetationsvolumen städtischer Teilgebiete - dargestellt am Beispiel der Stadt Erfurt. In: Landschaftsarchitektur 15 (1986) S. 38-40. Berlin

BRECHTEL, H.M., v. HOYNINGEN-HUENE, J., (1979): Einfluß der Verdunstung verschiedener Vegetationsdecken auf den Grundwasserhaushalt, in: DVWK-Schriftenreihe 40 S. 172-223

FINKE et. al. (1976): Zuordnung und Mischung von bebauten und begrünten Gebieten, Bonn-Bad Godesberg

GERTIS, K.; WOLFSEHER, U. (1976): Veränderungen des thermischen Mikroklimas durch Bebauung. Stuttgart

IfS (1987): Institut für Städtebau: Städtebauliche Lösungsansätze zur Verminderung der Bodenversiegelung als Beitrag zum Bodenschutz. Berlin

KIRCHGEORG et al. (1987): Bedeutung des Stadtklimas in Hamburg und sich daraus ergebende Konsequenzen für Aussagen des Landschaftsprogramms. Studie im Auftrag der Umweltbehörde, Hamburg

KUTTLER, W., (1985): Stadtklima Struktur und Möglichkeiten zu seiner Verbesserung. Geographische Rundschau 37 (1985)H.5 S. 226 - 233.

MAHLER, G., STOCK, P., (1977): Oberflächen-Temperaturverhalten städtischer Flächen. In: Stadtbauwelt 55

NEUMANN, W., (1975): Der Oberflächenabfluß in städtischen Einzugsgebieten. Dissertation, München

PALUSKA, A. (1985): Urbane Bodenversiegelung und ihre Auswirkungen auf die Grundwasserneubildung. In: Boden - Das dritte Umweltmedium. BfLR Bonn 1985

PIETSCH, J. (1985): Versiegelungen des Bodens in der Stadt und ihre Auswirkungen. In: Boden - Das dritte Umweltmedium. BfLR Bonn

SCHOSS, H.D. (1977): Die Bestimmung des Versiegelungsfaktors nach Meßtischblatt-Signaturen. Wasser und Boden, 5, S. 138 - 140

SIEKER, F. (1986): Versickerung von Niederschlagswasser in Siedlungsgebieten -Wasserwirtschaftliche Auswirkungen- In: Wasser und Boden 5/1986.

SUKOPP, H., WEILER, S.; (1986): Biotopkartierung im besiedelten Bereich. In: Landschaft und Stadt 18 (1)

THÖLE, HECKMAN, SCHREIBER (1985): Grundwasserneubildungsrate und Filterpotential - Ein Beitrag zur Ableitung von kleinräumigen bodenökologischen Kriterien. In: Landschaft und Stadt 17, (2)

WITTENBERG, H., (1976): Ein Prognoseverfahren für den Hochwasserabfluß bei zunehmender Bebauung des Einzugsgebietes, in: Wasserwirtschaft 66 S. 64 - 69

VERWORN, H.-R. (1982): Untersuchungen über die Auswirkungen der Urbanisierung auf den Hochwasserabfluß. In: DVWK Heft 53, 1982

6. Böden städtischer Nutzungen - Nutzungstypen

Anhand einiger ausgesuchter Beispiele urban-industrieller Bodennutzungen erfolgt in diesem Kapitel ein nutzungsbezogener Durchlauf aller wesentlichen bodenrelevanten Zusammenhänge. Dabei ist zunächst zu klären, ob Böden prinzipiell auf der Ebene von Nutzungseinheiten in ihren Eigenschaften und Genesen erfaßt und beschrieben werden können.

6.1 Nutzungstypen als Bezugsflächen für Stadtböden

Zur Erfassung und Analyse der ökologischen Qualität urbaner Bereiche kommt neben den rasterbezogenen Erhebungen der nutzungsbezogenen Raumgliederung eine herausragende Rolle in der Stadtökologie zu:

- nutzungsbezogene Raumgliederungen erlauben durch ihre typischen Ausprägungen Vergleiche untereinander, deren Ergebnisse u.a. skalenartig darstellbar sind,

- Belastungen oder Ausprägungen innerhalb einer Nutzung sind zwar typisch, können aber zwischen unterschiedlichen Flächen gleicher Nutzung durchaus (typisch) differieren.

Damit sind Nutzungstypen nicht nur Kriterien zur ökologischen Differenzierung der Stadt, sie lassen auch Bewertungsmaßstäbe zur Beurteilung ihrer Binnenqualität zu (AUBE, 1986). Die aktuelle Nutzung der "Flächen" läßt nur bedingt Rückschlüsse auf die tatsächliche Bodeninanspruchnahme zu, so daß über eine reine Flächensystematik hinaus zusätzliche Angaben erforderlich werden, um qualitative Rückschlüsse zu ermöglichen.

Bezugsflächen der klassischen Bodenkarten werden nach bodengenetischen Gesichtspunkten abgegrenzt. Voraussetzung dafür sind relativ einheitliche Ausprägungen von Substraten und Umweltfaktoren innerhalb der Flächen. Mit der Zunahme der räumlichen und zeitlichen Dichte von Bodennutzungen im besiedelten Bereich überlagern sich Ausgangsmaterialien und Umweltfaktoren der Bodenbildung; für die Erfassung und Bewertung der Böden im urban-industriellen Bereich müssen andere Bezugsflächen gewählt werden.

Die Abbildung 6.1 verdeutlicht, daß im ländlichen Bereich Substrate und Bodeneinheiten (Bodentypen) mehr oder weniger unabhängig von den jeweiligen Nutzungen fließende Übergänge zeigen, im Gegensatz zum urbanen Bereich; dort decken sich häufig Nutzungseinheiten bzw. deren Untereinheiten mit abrupten Übergängen von Substraten und Bodeneinheiten (anthropogenen Bodentypen).

Intensität und Art der anthropogenen Prägung urbaner Böden ist jeweils abhängig von der Nutzung bzw. den Nutzungsabfolgen. Nutzungsspezifisch werden
- neue Substrate eingebracht, bzw. Substrate ausgetauscht,
- Stoff- und Energiedurchsätze variiert,
- Genesen gesteuert.

Dadurch entstehen nutzungsspezifische Merkmale, die weniger Übergänge als vielmehr scharfe Grenzen aufweisen. Stadtböden können flächenscharfe Grenzen bilden, die mit denen der jeweiligen Nutzungen weitgehend übereinstimmen. Daher kann angenommen werden, daß auf vergleichbaren Nutzungstypen auch regional vergleichbare Bodenbildungen anzutreffen sind:

- Die (boden-) ökologische Qualität urbaner Bereiche wird also entscheidend durch anthropogene Nutzungseinheiten bestimmt. Natürliche Bodenbildungen werden je nach Nutzung gering bis völlig überprägt. Eigenschaften können daher auf allen Flächen des gleichen Nutzungstyps innerhalb einer bestimmten Bandbreite relativ ähnlich sein.

- Zur Erfassung, Beschreibung und Bewertung von Merkmalen oder auch Kenngrößen städtischer Böden ist es daher naheliegend, Boden-Nutzungstypen zu definieren, ähnlich wie in anderen stadtökologischen Ansätzen der Stadtbiotopkartierung und Stadtklimatologie (vgl. AUBE, 1986).

Definitionen "Nutzungen":

Flächennutzung:
Inanspruchnahme und Gestaltung von Teilen der Erdoberfläche für die Erfüllung raumbeanspruchender gesellschaftlicher Grundfunktionen (Wohnen,

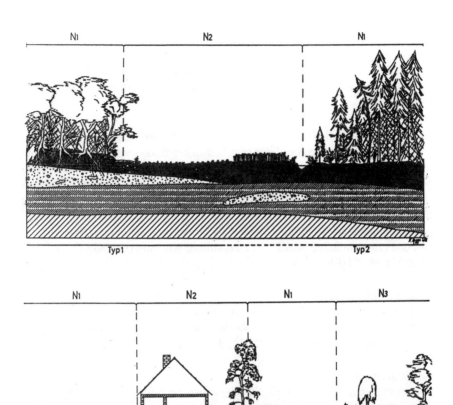

Grenzen und Übergänge von Nutzungseinheiten (N) und Substraten bzw. Bodentypen (T) im ländlichen und im besiedelten Bereich

Abb. 6.1: Urbane und ländliche Boden-/Nutzungseinheiten

148

Produzieren, Erholen, usw.). Die städtische Flächennutzung ist durch eine hohe räumliche Konzentration und Intensität gesellschaftlicher Nutzungsansprüche auf engem Raum gekennzeichnet (KRAUSE, 1986).

Bodennutzung spielt sich in Raum und Zeit ab. Wir können sie auffassen als ein Muster verschiedener Nutzungstypen, die sich räumlich anordnen, teils überlagern und einem zeitlichen Wandel unterworfen sind (vgl. BRASSEL, 1988).

Für statistische Erhebungen der aktuellen Flächennutzung ist von Interesse, welche Art und in welcher Intensität bestimmte Bodenbedeckungsarten vom Menschen genutzt werden. Unter Bodenbedeckungen unterscheidet das Statistische Bundesamt grundsätzlich Vegetation (ohne Feuchtgebiete), Bauwerke, Feuchtgebiete, Wasser. Die Art und Intensität der menschlichen Nutzung wird untergliedert in
a) regelmäßige menschliche Nutzung als Produktionsfaktor oder Standort,
b) und unregelmäßige oder keine menschliche Nutzung (DEGGAU, RADERMACHER, 1989).

Nutzungsarten:
Nutzungsarten bestimmen die Art und Weise der Inanspruchnahme bzw. des Gebrauchs von Flächen für die Realisierung raumbeanspruchender gesellschaftlicher Grundfunktionen (KRAUSE, 1986).

Nutzungstypen:
Nutzungsarten lassen sich als Nutzungstypen darstellen. Nutzungstyp = Nutzungsart sind im Sinne einer vorgegebenen Systematik und unter Zugrundelegung eines bestimmten Maßstabes zweidimensionale Ausschnitte der Erdoberfläche mit einer definierten Mindestgröße und homogener Realnutzung bei eindeutiger oder schwerpunktmäßiger Zuordnung.

Bodennutzungstyp:
Dreidimensionaler Ausschnitt eines Nutzungstyps aus der Erdoberfläche mit definierter Mindestgröße unter Berücksichtigung der zeitlichen Dynamik der Bodennutzung (Nutzungswandel).

6.2 Charakterisierung urbaner Boden-Nutzungstypen

Aufbau (Struktur) und Eigenschaften innerstädtischer Böden werden in erster Linie durch die Nutzung, besser die Nutzungsgeschichte, bestimmt. Zur Erfassung, Beschreibung und Bewertung von Merk- oder auch Kenngrößen städtischer Böden ist es daher naheliegend, Nutzungstypen zu definieren und deren spezifischen Eigenschaften und Entwicklungen festzuhalten. Ausgehend von den Randbereichen der Siedlungsräume lassen sich folgende wesentliche bodenbeeinflussende Nutzungen unterscheiden:

- Waldflächen,
- landwirtschaftliche Nutzflächen einschließlich Gärtnereien und Baumschulen,
- innerstädtische Freiflächen, insbesondere Parke, sonstige Freizeitanlagen (Sportanlagen aller Art), Kleingärten und Friedhöfe,
- Verkehrsflächen und Randbereiche (Straßen, Bahngelände, Kanäle, Flughäfen),
- Wohnbebauung,
- Industrie- und Gewerbeflächen,
- Innenstadtbebauung.

Sonderformen urbaner Nutzungen, wie Altablagerungen und Altstandorte (Kap. 7) oder kleinflächige Nutzungen der Straßenrandbereiche und Hausgärten, sind in ihren bodenrelevanten Auswirkungen an anderer Stelle beschrieben worden. Die großflächigen Nutzungstypen Freizeitanlagen, Kleingärten, Parke, Friedhöfe, Bahngelände, Wohnbebauung sowie Industrie- und Gewerbeflächen sind besonders geeignet, ausgehend von einem historisch-beschreibenden Ansatz, Bodeninanspruchnahmen im urbanen Bereich sowie Richtlinien für Schutz, Planung und Entwicklung zu verdeutlichen. Für jeden Typ wird im folgenden ein Überblick dargestellt zu den Aspekten:

- Boden-Nutzung-Geschichte,
- Bodendynamik, typische Genesen,
- Belastungen,
- Oberflächen,
- besondere Ausprägungen/Varianten,
- Hinweise zu Schutz, Planung und Entwicklung.

6.2.1 Innerstädtische Freiflächen - Beispiel Freizeitanlagen

Unter Freizeitanlagen werden verstanden Sport-, Spiel- und sonstige Erholungsflächen. Ausgenommen sind Kleingärten und Parkanlagen (Beschreibung unter 6.2.2 und 6.2.3). Unter dem Typ Freizeitnutzung sollten mindestens zwei Kategorien unterschieden werden:

- Grünanlagen (auch kleine parkähnliche Anlagen),
- Sportplätze (mit und ohne Beläge, wassergebundenen Decken).

Nutzung - Boden - Geschichte:
Freizeitanlagen entstanden und entstehen unabhängig von Bodenqualitäten sowohl auf überformten, als auch relativ naturnahen Böden: Während im engeren Siedlungsbereich häufig Brachflächen von Industrie und Gewerbe, teilweise auch Altablagerungen als Standorte dienen, ist in den Randbereichen eher ein Nutzungswandel Landwirtschaft/Forst in neue Freizeitanlagen feststellbar. Typisch für Regionen der Montanindustrie sind Sport-, Spiel- und Erholungsflächen auf ehemaligem Zechen- und Hüttengelände, stellenweise auf Ablagerungen wie Bergematerial, Schlacken und Schlämmen.

Die Bodeninanspruchnahme für Freizeiteinrichtungen (z.B. Vielzweck-Sportanlagen, Tennisplätze, Spielplätze, Moto-Cross-Bahnen usw.) wird in Zukunft überdurchschnittlich stark wachsen und in erheblichem Maße Bodenüberformungen und Bodenbelastungen bewirken (BORCHARD, 1987). Diese Flächeninanspruchnahme betrifft weniger die Kernzonen der Städte und Gemeinden, als vielmehr deren Randbereiche.

Bei der Flächennutzungsplanung für den Verdichtungsraum Rhein-Main in den Grenzen des Umlandverbandes Frankfurt in den Jahren 1979 bis 1985 hat sich gezeigt, daß Grünflächen für Freizeitnutzung eine besonders dynamisch Entwicklung erfahren. Die Neuausweisungen sind prozentual im Verhältnis zum Bestand größer als alle anderen Neuausweisungen (37% gegenüber 17% bei den Bauflächen). Auch in absoluten Zahlen stellt sich der Zuwachs erheblich dar (jeweils engerer Ballungsraum): Zuwachs der Grünflächen 3.736 ha, Zuwachs der Bauflächen 3.922 ha (RAUTENSTRAUCH, 1987).

Bodendynamik, typische Genesen:

Bodentypen der Freizeitanlagen reichen von rein technischen "Funktionsböden" der Sportplätze mit eingestellten Eigenschaften des Bodenluft- und Bodenwasserhaushaltes in exakt bemessenen Sand-, Kies-, Grus- und Dränhorizonten über Pararendzinen aus Trümmerschutt und Rohböden aus Untergrundgesteinen (Bergbau) bis zu naturnahen Waldbodenformen oder Auenböden in Niederungsbereichen. Vor und während der Bauphase dienten die Flächen häufig der Beseitigung von Abfällen: Modellierungen und Auffüllungen mit Trümmerschutt, Bodenaushub, Hausmüll und Abfällen aus der Grünflächenpflege reicherten naturnahe Böden mit anthropogenen Substratlinsen an. Durch Bau und Nutzung hervorgerufene Verdichtungen auf bindigen Böden wirken wasserstauend und leiten Entwicklungen ein, die mit Pseudogleyen vergleichbar sind.

Bodentypen der Freizeitanlagen sind:
- Technosole bzw. Funktionsböden (Sportanlagen),
- Rohböden: Regosole, Humusregosole (Grünanlagen),
- hortisolähnliche Böden: Hortisolpararendzina, Humusregosol (Grünanlagen),
- wenig veränderte, in ihrem ursprünglichen Aufbau erhalten gebliebene Böden (ältere Grünanlagen).

Belastungen:
Spiel- und Sportanlagen sind als solche erst nutzbar, wenn bestimmte Oberflächen- und Bodeneigenschaften eingestellt sind. Dazu werden Böden ausgetauscht, neue Substrate ausgebracht und verschiedenste Beläge aufgetragen. Sande, Schotter, Kiese, Schlacken oder sonstiges Recyclingmaterial dienen der Nutzbarmachung der Böden. Mit den neuen Substraten und Materialien verbunden ist nicht selten eine Schadstoffproblematik, die sich schon aus der Tatsache ergibt, daß die verwendeten Baumaterialien oft Abfälle aus Verbrennungsprozessen bzw. sonstige Recyclingprodukte darstellen.

Mechanische Bodenbelastungen der Grünanlagen und unbefestigten Sport- und Spielflächen sind Verdichtungen bis in den Unterboden. Hervorgerufen durch Baumaßnahmen, Befahren mit Bewirtschaftungsmaschinen und Tritt entstehen Plattengefüge, die bei lehmig-schluffigen Böden zu extremen Verdichtungserscheinungen führen, die in niederschlagreichen Perioden Oberflächengewässer entstehen lassen.

Seit Jahren sind Städte und Gemeinden bemüht, die Anwendung von Bioziden im öffentlichen Grün auf ein Minimum zu reduzieren. Etwa ein Drittel der Städte wenden keine Mittel mehr an. Die restlichen zwei Drittel geben die behandelte Gesamtfläche mit unter 10 Prozent an. Die meisten und intensivsten behandelten Flächen sind Sportplätze, Gehölzpflanzungen und Wege in den Parkanlagen und Friedhöfen (MECHTHOLD und MEIER, 1986).

Oberflächen:
Mit der Anlage von Wegen, Plätzen und kleineren Gebäuden weisen Freizeitanlagen Versiegelungsgrade der Oberflächen zwischen 10 und 20 Prozent auf. Die technische Oberflächenverbauung bei Sportanlagen erreicht wesentlich höhere Anteile, in einigen Fällen sind nahezu 100% der Oberflächen mit Belägen unterschiedlicher Art bedeckt. Unter Belag ist neben Aschenbahnen, wassergebundenen Decken auch in technischen Profilen aufgebauter Sportrasen (Funktionsboden) zu verstehen. Zur Sicherung der Nutzbarkeit der Ober-

flächen ist in erster Linie eine Steuerung des Wasserhaushaltes erforderlich: Niederschläge sollen schnell versickern und werden zur Vermeidung von Staunässe bei vielen neueren Anlagen in Dräns dicht unter der Oberfläche abgefangen und der Kanalisation zugeführt. Materialien und Aufbau der Oberflächenstruckturen sind in DIN-Normen bis ins kleinste Detail geregelt.

Ausprägungen/Variationen:
Der in seiner Bodenbeschaffenheit und Oberflächenverbauung sehr heterogene Typ "Freizeitanlagen" umfaßt Extreme wie Sportplätze mit Kunststoffbelägen auf Altablagerungen und alte, kleinere Grünanlagen auf naturnahen Bodenprofilen.

Hinweise zu Schutz, Planung und Entwicklung:
- Mäßiger Einsatz von Düngemitteln (auch der organischen Düngung) und Verzicht von Pflanzenbehandlungsmitteln auf Grün- und Sportanlagen.
- Die erheblichen Flächenanteile der Freizeitanlagen an den noch verbliebenen offenen Böden in der Stadt dürfen nicht darüber hinwegtäuschen, daß nur einige wenige Restflächen intakte Bodenfunktionen aufweisen.
- Lenkung und Beschränkung der Bodeninanspruchnahme durch Freizeitaktivitäten auf bereits überformte bzw. mäßig belastete Standorte. Berücksichtigung von Flächenrecycling nicht nur bei gewerblich-industriellen Nutzungen sondern auch bei stark bodenüberformenden Sportanlagen.
- Reduzierung von Nebenflächen, z.B. für Infrastruktur und ruhenden Verkehr durch Erschließung über öffentlichen Nahverkehr. Zusammenlegung und Mehrfachnutzung von Freizeitanlagen.

6.2.2 Innerstädtische Freiflächen - Kleingartenanlagen

Kleingärten - Boden - Geschichte:
Kleingartenanlagen gelten nicht selten als gelungene Beispiele der Wiedernutzbarmachung von Altablagerungen und Altstandorten, flache Abdeckungen aus "Mutterboden" dienen als Pflanzsubstrate, ermöglichen eine Gartennutzung wie in einem überdimensionierten Pflanztrog. Seit dem Aufkommen der Kleingartenbewegung Mitte des letzten Jahrhunderts waren sie in den Großstädten häufig Zwischennutzungen. Die Laubengelände lagen meistens auf Flächen, die zukünftig anderen Zwecken dienen sollten (MAHLER, 1972) oder die für eine andere Nutzung nur bedingt geeignet waren bzw. sind. Ein Verdrängungsprozeß von den Kernbereichen zu den Stadträndern hin ist schon seit 100 Jahren zu beobachten. Nach dem Krieg dienten die

Lauben als Notwohnungen und die Gärten zur Nahrungsversorgung. Fruchtbare Böden natürlicher Genese waren eher selten als die Regel. Nach einer Phase der Flächenausweitung unmittelbar nach dem 2. Weltkrieg waren in den Jahren 1950 - 1960 die Verluste durch die Stadtausweitungen besonders hoch. Heute sind die Kleingartengelände häufig Puffer zu Bahnanlagen, stark befahrenen Straßen und Industriearealen und somit urbanen Immissionsschwerpunkten ausgesetzt.

Kleingärtnerisch genutzte Flächen haben in den bundesdeutschen Gemeinden von 1940 bis 1968 um rund 20% abgenommen und dürften, zumindest in einigen größeren Städten, zwischen 1970 und 1985 noch einmal um 10 bis 20% reduziert worden sein. Beispielsweise haben in Hannover die Kleingärten zwischen 1968 und 1982 um 18,2 Prozent abgenommen. Die insgesamt von Kleingärten eingenommene Fläche liegt in vielen Gemeinden bei etwa einem Prozent (GRÖNING, 1988). In Hamburg sind rund 2.200 ha als Kleingärten ausgewiesen, in Berlin ca. 1.900, das entspricht einem Anteil von 3 bzw. 4% der Gesamtfläche. Bundesweit existieren etwa 500.000 Kleingärten.Seit den 80er Jahren ist in einigen Großstädten wieder ein Flächenzuwachs zu verzeichnen.

Bodendynamik, typische Genesen:
Böden der Kleingartenanlagen zeichnen sich aus durch humusreiche Oberböden, entstanden aus jahrzehntelager Gartennutzung oder auch durch "Erbe" von künstlich angeschüttetem Material. Gering überformte Standorte in Niederungen und Überschwemmungsbereichen sowie sehr alte Gartenstandorte zählen zu den fruchtbarsten innerstädtischen Böden. In der Altstadt von Lübeck entwickelten sich unter mehr als 600jähriger Gartennutzung (Klostergärten) bis zu 1,5 m mächtige humose bis stark humose Hortisole mit Humusgehalten in den oberen Horizonten bis 6% bei pH-Werten von 6,7 bis 7,0(AEY, 1987). GRENZIUS (1987) fand für Berliner Gartenböden außerhalb der Niedermoorstandorte Humusgehalte zwischen 1 und 4% bei vorherrschenden pH-Werten von 6,7 - 6,9. Differenzierter waren die Werte im Unterboden, je nach Ausgangsgestein: bei Gartenböden aus Geschiebesand 5,0, auf Trümmerschutt 7,5.

Belastungen:
Typische Belastungen der Kleingartenanlagen resultieren aus ihrer Bewirtschaftung. Die Nitrat- und Phosphorversorgung ist reichlich bis extrem hoch, die Kalkgehalte deutlich höher als in Grünflächen und Parkanlagen, gedüngt wird oft genug nach dem Motto "Viel hilft viel". Haus- und Kleingärten, aber auch Grünanlagen erhalten infolge intensiver Pflege, häufiger Düngung und

Anwendung von Bodenverbesserungsmitteln ungewöhnlich hohe Nährstoffmengen (RSU, 1987; SCHMID, 1986). Dazu trägt auch die abfallwirtschaftlich empfohlene und sinnvolle Kompostierung von Abfällen bei. Die auf diesem Weg in die Böden gelangenden Nährstoffe übersteigen oft bei weitem den Bedarf der Böden und ihrer Funktionen (vgl. Kap. 4.3.2 Grundwasserbelastungen).

Vergleicht man die durchschnittliche Nährstoffversorgung von Acker- und Gartenböden, so ergibt sich laut SAUERBECK (1982) bei den Gärten in rund 70% aller untersuchten Fälle ein hoher oder sogar extrem hoher Nährstoffgehalt, bei dem sich jede weitere Düngung vorerst erübrigt. Dennoch wird gerade in Kleingärten sehr häufig zuviel und darüberhinaus noch zu planlos gedüngt; dies gilt für die Stickstoff- und Phosphatdüngung.

Untersuchungen des Pflanzenschutzamtes Berlin und der Landwirtschaftlichen Untersuchungs- und Forschungsanstalt (LUFA) Speyer ermittelten für Kleingärten und Hausgärten neben hohen Stickstoffgehalten eine außerordentlich hohe Phosphatversorgung (PLATE, 1985). Während die reichliche P-Versorgung, die aus Komposten, Thomasmehl und Mehrnährstoffdünger stammt, nicht direkt als Belastung angesprochen werden kann, sind die Stickstoffvorräte dieser Böden eine potentielle Belastung für das Grundwasser. Die in Gartenböden bis zu 90 cm Mächtigkeit gebildeten, stark humosen Oberboden-Horizonte setzen besonders im Frühjahr und im Herbst bei Temperaturen um 10 Grad Nitrat aus der angehäuften organischen Substanz über das Bodenleben frei. Bei fehlendem oder verringertem Pflanzenwachstum und höheren Niederschlagsmengen bzw. auch durch Bewässerung wird Nitrat leicht in das oberflächennahe Grundwasser ausgewaschen.

Ein erheblicher Anteil der Stickstoffzufuhr stammt aus der organischen Düngung mit Komposten und Abfällen, Phosphor und Kalk wurde lange hauptsächlich mit Thomasmehl oder Ofenschlacke zugeführt. Problematische Begleitstoffe der organischen Dünger als auch der Schlacken und Aschen sind Schwermetalle (vgl. Kap.4).

In vielen Haus- und Kleingärten wurden nicht nur in der Bundesrepublik, sodern auch in Neuseeland, den USA und in England bedenklich hohe Bleigehalte festgestellt, obwohl diese Gärten nachweislich niemals zu anderen Zwecken genutzt worden sind (SAUERBECK, 1982). Quellen sind z.B. Bleifarben (Eisenzäune und Holzhäuser!) und früher sehr beliebte Bodenverbesserungsmittel wie z.B. Ofenasche und Ruß oder auch Bauschutt (vgl. auch 4.1.5).

Der zusätzliche Eintrag über Immissionen (industrielle Schwerpunkte und Verkehr) hat zu einer insgesamt bedenklichen Schwermetallbelastung von Hausgärten und Kleingartenanlagen geführt. Untersuchungsreihen in mehreren Bundesländern wie Berlin, Hessen, Rheinland-Pfalz und Baden-Württemberg bestätigen einen Handlungsbedarf für Beratung und Aufklärung von Kleingärtnern hinsichtlich Schwermetallen und Nutzungsrestriktionen (vgl. PLATE, 1985; SCHMID, 1986).

Tabelle 6.1a zeigt das Ergebnis einer Untersuchung von über 100 Gartenböden in Baden-Württemberg. Die Richtwerte für Kulturböden nach KLOKE (1980) bzw. die Grenzwerte der Klärschlammverordnung werden bei Zink und Blei häufig und teilweise auch erheblich überschritten. Für den Eintrag gibt es zahlreiche Möglichkeiten. Tabelle 6.1b macht deutlich, daß der Verursacher meist der Kleingärtner selbst ist, mit Ausnahme der Immissionen.

Phosphor und Schwermetalle unterliegen mit der Sickerwasserbewegung nur geringer Verlagerung in tiefere Bodenschichten, während Nitrat besonders bei sandigen Böden eine Gefahr für die Trinkwassergewinnung darstellt.

Eine weitere potentielle Belastungsquelle für das Grundwasser unter Kleingartenanlagen, aber auch unter intensiv gepflegten Grün- und Sportanlagen, geht auf die Anwendung von Pflanzenbehandlungsmitteln zurück. Hinsichtlich der angewandten Wirkstoffe und Ausbringungsmengen liegen nur wenige systematische Untersuchungen vor. Befragungen von Gartennutzern in zwei Großstädten brachten folgende Ergebnisse:
- 79% der befragten Haus- und Kleingärtner einer Untersuchung in Hannover (BLÖTZ und KELLER, 1981, zit. in NEITZEL, 1987) wenden chemischen Pflanzenschutz an;

- in Berliner Kleingärten wurden 1985 rund 2,5 kg bzw.l an Pflanzenschutzmittelwirkstoffen pro ha ausgebracht. Der größte Anteil wurde mit Rasendünger (Herbizide) verteilt (NEITZEL, 1987).

Leitbilder von "saubergespritzten, ordentlichen" Gärten in Gartenbüchern und Hochglanzbroschüren der Industrie haben wesentlich zum überflüssigen Gebrauch von Pflanzenbehandlungsmitteln beigetragen. Hinzu kommt in den Kleingartenvereinen der Pflegedruck über die Satzung und Wertvorstellungen der Nachbarn.

Außer durch Bewirtschaftungsmaßnahmen besteht in Kleingartenkolonien eine Grundwassergefährdung durch die Verrieselung von Abwässern.

Tab. 6.1a: Schwermetallgehalte in Gartenböden (Baden-Württemberg) nach:
SCHMID (1986)

	Richt-wert	Proben-zahl	Richtwert-über-schreitung	Mittlerer Gehalt ü.d. Richtwert	Mittlerer Gehalt u.d. Richtwert	Landes-mittel (Acker-böden)
	mg/kg		%	mg/kg	mg/kg	mg/kg
Pb	100	112	28,6	314	52	38
Cd	3	111	3,6	3,3	0,60	0,36
Cr	100	91	4,4	234	40	35
Cu	100	94	10,6	148	51	21
Ni	50	91	19,8	67	29	34
Hg	2	60	0,0	-	0,30	0,12
Zn	300	96	34,4	534	167	92

Tab. 6.1b: Mögliche Ursachen für erhöhte Schwermetallgehalte in Gartenbö-
den. nach: SCHMID (1986)

	Anthropogen					Geogen
	Immis-sionen	Dünge-mittel (min.u. org.)	Pflanzen-behandl.	Komposte (Garten)	Abfall-stoffe	Natürliche Vorkommen
Pb	XX	-	-	XX	XX	X
Cd	X	X	-	X	XX	-
Cr	-	XX	-	-	X	-
Cu	-	-	XX	X	X	X
Ni	-	-	-	X	X	XX
Hg	X	X	X	X	X	-
Zn	X	X	X	X	XXX	X

Oberflächen:
Die durchschnittlichen Versiegelungsgrade erreichen je nach Anteil von befestigten Wegen, Plätzen und Lauben etwa 10 bis 20 %. Nach § 3, Absatz 2 des Bundeskleingartengesetzes ist im Kleingarten nur eine Laube in einfacher Ausführung mit einer maximalen Größe von 34 m^2 (incl. überdachtem Freisitz) zulässig. Eine Berliner Untersuchung belegt, daß 30% der Lauben nicht den heutigen gesetzlichen Vorschriften entsprechen, 11% nehmen mehr als 40m^2 Fläche ein (FARNY et al., 1984). Der Oberflächenabfluß von Kleingärten verbleibt meistens in der Fläche, da nur für einen Teil Anschlüsse an die Kanalisation vorliegen. Zusätzliches Wasser gelangt durch Bewässerungsmaßnahmen in die Böden.

Ausprägungen/Variationen:
Wie bei den Freizeitanlagen eröffnen sich auch innerhalb der Kategorie Kleingartenanlagen weite Spannen hinsichtlich der Bodenqualitäten: vom wenig veränderten Auenboden bis zur Abdeckung kontaminierter Standorte mit "Mutterboden" sind alle möglichen Kombinationen von anthropogenen, bodenbildenden Faktoren nicht nur denkbar, sondern auch tatsächlich vorkommend.

Hinweise zu Schutz, Planung und Entwicklung:
- Aufklärung von Kleingartennutzern hinsichtlich einer Reduzierung von Düngemitteln und chemischem Pflanzenschutz bzw. Ergänzung von Pachtverträgen mit ökologischen Auflagen.

- Intensivierung kommunaler Schadstoffuntersuchungsprogramme in Bereichen mit Haus- und Kleingärten.

- Maßnahmen zur Immobilisierung von Schadstoffen und Anbaurichtlinien für die Produktion von Nahrungsmitteln.

- Erhalt von Kleingartenanlagen auf natürlich gewachsenen Böden. Neuausweisungen auf unbelasteten Standorten, Ausschluß von Standorten in Immissionssenken; Nutzer sollten durch Bodenqualitätsgarantien abgesichert sein.

- Kleingartenanlagen und Hausgärten der aufgelockerten Bebauung zählen im engeren Siedlungsbereich zu den wenigen Quellen von Nitrat und Pflanzenschutzmitteln im Grundwasser.

6.2.3 Innerstädtische Freiflächen - Parke

Park - Boden - Geschichte

In vielen Städten umfassen Parkanlagen wesentliche Relikte ursprünglicher Böden im Siedlungsraum. Beispiele sind für das Ruhrgebiet der Schloßpark Essen-Borbeck, für Hamburg der Jenisch-Park und der Englische Garten in München. Es sollte jedoch nicht verkannt werden, daß auch bei den von nur geringem Nutzungswandel betroffenen Parkflächen die Binnendynamik - durch Moden der Gartenkunst - erhebliche Umlagerungen und Veränderungen erzeugt. Extreme Beispiele dafür stellen großstädtische Parks wie die Gruga in Essen und Planten und Blomen in Hamburg dar, die in wenigen Jahrzehnten mehrfach für Gartenschauen eine neue Oberflächengestalt erhielten. Auch kleinere Stadtparks werden neuen Freiraum-Moden und Freizeitbedürfnissen angepaßt.

Eine neue Erscheinungsform urbanen Nutzungswandels sind Parke als "grüne" Zwischennutzung urbaner Flächen.

Hervorgegangen aus
-   Wäldern (Jagden),
-   Äckern und Wiesen,
-   Flußauen und Berghängen,
-   Steinbrüchen, Sandabgrabungen und Auskiesungen,
-   ehemaligen Befestigungsanlagen ("Ringe"),
-   Trümmerschutt (Öjendorfer Park Hamburg, Berliner Trümmerhügel),
-   Mülldeponien (Monte Scherbelino in Frankfurt),
-   Industriebrachen (Revierparks im Ruhrgebiet),
bis hin zu Extremen wie das ehemalige Gestapo-Hauptquartier in Berlin, weisen Böden städtischer Parke, abhängig von ihrer Entstehungszeit, die gesamte Bandbreite an Bodenüberformungen auf, die im Laufe des urbanen Nutzungswandels anthropogen geschaffen wurden. Ein sehr anschauliches Beispiel in dieser Hinsicht ist "Planten un Blomen" in Hamburg (vgl. GOECKE, 1981):

Für die Anlage des Parks Mitte der Dreißiger Jahre boten sich die Flächen des ehemaligen Zoologischen Gartens, der 1863 neben den Wallanlagen entstand, mit den benachbarten, seit Gründung des Zentralfriedhofs Ohlsdorf aufgelassenen Friedhöfen vor dem Dammtor an. Der Zoo konnte nicht mit dem 1907 von Carl Hagenbeck in Stellingen eröffneten Tierpark konkurrieren und mußte 1930 schließen. Ein folgender Versuch der Umgestaltung zum Volks-, Vogel- und Vergnügungspark war jedoch wenig erfolgreich und wurde aufgegeben.

Für die Gestaltung von Planten un Blomen wurden 1935 150.000 m^3 Boden bewegt, ein Restaurant wurde errichtet und Wasseranlagen gebaut. Das Gebäude und Teile der sonstigen befestigten Anlagen wurden schon bald nach dem Krieg wieder eingerissen.

Eine erneute Umgestaltung erfuhr das Geländes anläßlich der Internationalen Gartenausstellungen 1963 und 1973. Die Zunahme der Versiegelung war derart deutlich, daß der Volksmund von "Platten un Beton" sprach. Seit den 80er Jahren wird daran gearbeitet das Ausstellungsgelände wieder in einen Park zurückzuverwandeln. Nach 1986 entstand u.a. ein Japanischer Landschaftsgarten mit einer Felsenquelle aus Fichtelgebirgs-Gestein.

Die Böden der aus Wäldern, Wiesen und Äckern hervorgegangen Parke, welche bei der Urbanisierung erhalten blieben, wurden vergleichsweise wenig verändert: hier wurde häufig nur das Relief begradigt, außerdem der Oberboden durch Tritt verdichtet und die Humusform durch Pflanzen wechselnder Streuzersetzbarkeit sowie Entfernen oder Anhäufung der Streu verändert. Außerdem wurden die Böden über die Luft und durch Abfälle stärker mit Schadstoffen kontaminiert als vergleichbare Böden außerhalb der Ballungsräume.

Detaillierte Bodenuntersuchungen haben bisher gezeigt, daß alte Parkböden unterschiedlich stark verändert worden sind. Weiterhin sind neue Parks bevorzugt auf Aufschüttungsflächen angelegt worden, mithin aus anthropogenem Gestein wie Bauschutt.

Nach Untersuchungen von GRENZIUS (1987) in Berlin sind die Böden der innerstädtischen Parke allgemein stärker durch den Menschen gestaltet als die nicht auf Aufschüttungen befindlichen Anlagen in den locker bebauten Gebieten. Einige Parke, bei denen es sich um umgewandelte Forstflächen handelt, sind im Bodenaufbau vergleichsweise wenig verändert.

Die Unterschiede zwischen Parken im innerstädtischen und denen im Stadtrandbereich werden deutlich, wenn man die Verteilung der Böden, die Höhe der pH-Werte und die Mächtigkeiten der humushaltigen Horizonte miteinander vergleicht. So ergab die über das gesamte Stadtgebiet einschließlich der Randbereiche verteilte Übersichtskartierung einen Anteil von 43 % an Böden, deren ursprünglicher typologischer Aufbau noch deutlich zu erkennen ist. Nicht berücksichtigt sind hierbei die Böden von Parken aus Trümmeraufschüttungen. Die Kartierung innerstädtischer Parke und Grünanlagen ergibt jedoch weitgehend geringere Anteile an natürlichen Böden.

Der größte Park Berlins, der Tiergarten, besteht zu einem Drittel aus kalk- und steinreichen Schutt-Böden mit trockenen Standorten und im Vergleich zu natürlichen Böden erhöhten Nährstoffgehalten (SUKOPP et al., 1979).

Ähnlich Freizeitanlagen sind Parke in der Stadtplanung beliebte Folgenutzungen innerstädtischer Brachen. Bekannte Beispiele liegen in den altindustrialisierten Regionen.

Bodendynamik, typische Genesen:
Analog ihrer Entstehungsgeschichte, ihrer Vornutzungen, zeigen die Bodengenesen große Varianten:
- Naturnahe Magerstandorte,
- Hortisolähnliche Profile,
- Waldböden,
- Gleye,
- anthropogene "Substrate" und
- gebaute Profile.

Bodenbildend sind Eingriffe und Pflegemaßnahmen wie
- Abdeckung der Bodenoberfläche mit Mulch, d.h. gezielte Anreicherung mit organischer Substanz und damit auch Eutrophierung,
- Anlage von Rasen und Wiesen, Sportrasen, Trockenrasen, Streuwiesen,
- Schotterrasen als gezielte Abmagerungen, z.B, erforderlich für "Blumenwiesen",
- Bauschuttanreicherung als naturnahe Gartenkunst (Le Roy).

An Böden anthropogener Gesteine treten Pararendzinen, Regosole, Hortisole und deren Übergangstypen auf. Reine Rohböden (Syroseme) sind seltener, weil größtenteils das anthropogene Ausgangsmaterial schon organische Substanz enthält und es Schwierigkeiten gibt, zwischen Humusakkumulation und aufgetragenem organischen Material zu unterscheiden. Während bei den Trümmerschuttflächen eindeutig Pararendzinen dominieren, sind dies bei den Böden innerstädtischer Parke mit Bau- bzw. Trümmerschuttbeimengen vorwiegend Humus-, Hortisolpararendzinen und -regosole.

Ein weiteres Zeichen für den Grad des menschlichen Einflusses ist die Mächtigkeit humushaltiger Bodenhorizonte mit 1 - 2 % und mehr organische Substanzen (vergleichbar den Werten von Ackerstandorten). Sie liegt im Wald bei grundwasserfernen Böden durchschnittlich unter 20 cm. Innerstädtische Parkböden weisen jedoch oft größere Horizonttiefen humushaltigen Materials auf. Diese Erscheinung dürfte mehrere Ursachen haben: Einesteils die Umverteilung der vorhandenen organischen Substanz, weiterhin das Aufbringen humushaltigen Bau- und Trümmerschutts, das Untermischen von Müll, die Zufuhr von Oberbodenmaterial aus anderen Gebieten und schließlich Mischung von Niedermoortorfen und Aufschüttungsmaterial (GRENZIUS, 1987).

Besondere Humusformen entstehen durch Modetrends und Nutzung: Die urbanen Humusformen unterscheiden sich häufig von den klassischen Waldhumusformen in den wesentlichen Eigenschaften. Die Humusformenbildung unterliegt in den städtischen Anlagen einer Vielzahl von typisch urbanen Einflüssen wie Immissionen, starker Besucherverkehr, intensive landespflegerische und gärtnerische Eingriffe, Anhäufung schwer zersetzbarer Streu von exotischen Gehölzen, Rindenmulch nicht nur auf den Pflanzungen, sondern auch als Belag auf Wegen und Spielplätzen usw. Unter dem Einfluß der vielfältigen, oft auch durch die topographischen Verhältnisse geförderten Einflüsse kann in vielen Stadtwäldern und Parken ein extremer Humusformenwechsel auf kleinstem Raum beobachtet werden. Ursache dafür sind nicht nur die Standortbedingungen, vielmehr sind bereits bei sehr alten Parkanlagen "Marktböden" aus dem Umland zur Bodenverbesserung importiert worden:
"Die Rohhumusauflage ist auf einem Deckkulturboden aus allochthonem Material, das Anfang des 19. Jahrhunderts aus dem Alten Land geholt und zwecks Melioration und Begründung des Hirschparks aufgetragen wurde, aufgewachsen" (v.BUCH und MEYER-STEINBRENNER, 1988)

In Parks und Wäldern der Ballungsräume, aber auch der ballungsfernen Gebiete, werden durch flächenhafte Kalkungen (Zufuhr von Ca in unterschiedlichen Bindungsformen) Versuche unternommen, Versauerungsprozesse aufzuhalten oder gar umzukehren. Befriedigende Ergebnisse liegen noch nicht vor. Das Sanierungsziel der Oberflächenkalkungen kann ohnehin nur darin bestehen, die Wirkung neu hinzukommender Säuren auszugleichen. Die in tieferen Schichten angerichteten Schäden lassen sich dadurch kaum reparieren. Durch Kalkungen werden Sekundärprozesse wie etwa Mineralisation organischer Substanz und pH-Wert-Änderungen ausgelöst, die neue Standorteigenschaften zur Folge haben.

Belastungen:
Parke, besonders Anlagen älter als ca. 50 Jahre, sind weniger durch Nutzung und Nutzungswandel mit Schadstoffen belastet, als vielmehr durch Immissionen über den Luftpfad. Waldschadensähnliche Symptome, extreme Boden-

versauerungen und Akkumulationen von Schwermetallen in den oberen Bodenhorizonten (vgl. Kap.4) nicht nur in der Nähe von größeren Emittenten machen deutlich, daß innerstädtische Parke ähnlich den Wäldern in den Mittelgebirgslagen klimatisch bedingte Schadstoffsenken darstellen; die für urbane Verhältnisse hohe Konzentration an Pflanzenoberflächen wirkt wie ein Filter im Abgasstrom.

Gegenüber Wäldern sind Parke durch gartenbauliche Maßnahmen, z.B. Anwendung von Komposten, deulich stärker eutrophiert, aber weit weniger mit Stickstoff und Phosphor versorgt als Kleingartenanlagen und intensiv gepflegte Grünflächen.

Unter Liege- und Spielwiesen ist der Oberboden häufig durch Tritt stark verdichtet, wodurch dann Pfützenbildung und Luftmangel nach Starkregen begünstigt werden. Lößböden reagieren am empfindlichsten, auf reinen Sandböden wird durch Trittbelastung eine begrenzte Verbesserung bodenphysikalischer Eigenschaften möglich.

In klimatisch ungünstigen Lagen, auf Sandböden, sind pH-Werte unter 4, in Parkböden aus aufgeschütteten Trümmerschutt tiefgründig pH-Werte um 7 (6,5 bis 8) möglich (MEYER-STEINBRENNER, 1988; GRENZIUS, 1987). Ein weiterer Faktor der Bodenversauerung in den Parken sind schwer abbaubare Streu- und Humusformen exotischer Gewächse und Nadelbäume, die extrem sauer reagieren und anspruchsvolle, streuzersetzende Bodenorganismen stark reduzieren. Daß starke Bodenversauerungen in Parken nicht nur ein lokales, kleinräumiges Problem sind, belegen Erhebungen in Hamburg: 1985 wiesen nur noch 18% der untersuchten Flächen für einheimische Bäume erträgliche Säurewerte auf. 56% aller beprobten Standorte lagen unter pH 4,2 (MEYER-STEINBRENNER, 1988).

Wesentliche Ergebnisse eines in Hamburg gelaufenen Bodenuntersuchungsprogramms in Parken und öffentlichen Grünanlagen sind (FHH, 1986):
- An 78% der beprobten Standorte sind pH-Werte unter 4,2 gemessen worden;
- die Nährstoffversorgung ist in weiten Bereichen unzulänglich;
- auch die bodenfaunistischen Untersuchungen zeigen die Belastung deutlich; reduzierte Individuendichten und herabgesetzte Artenzahl sind festzustellen;
- im oberen Mineralbodenhorizont sind nur noch wenige Lebewesen zu finden. Eine Durchmischung von Mineralboden und Humus, die im wesentlichen von Würmern geleistet wird, findet kaum noch statt;

- durch die Störung der Zersetzerkette werden wichtige Pflanzennährstoffe nicht freigesetzt, toxische Schwermetalle aber akkumuliert;
- das Fehlen pilzfressender Organismen führt zu einer Infektionsgefährdung;
- die Feinwurzeln der Bäume können die zunehmend verdichteten Böden schlechter durchdringen.

Die bereits erwähnten Sanierungskalkungen auf versauerten Böden bergen ein nicht unerhebliches Belastungsrisiko für Bodenleben, Grundwasser und Vegetation (KREUTZER, 1981; WENZEL und ULRICH, 1988):
- Kalkungen wirken schockartig auf das Bodenleben, allerdings vergleichbar mit Wirkungen wie in einem Trockenjahr;
- Aufkalkungen können in bestimmten Fällen durch die plötzliche Anregung der Zersetzungsprozesse in der Humusschicht erhebliche Mengen Nitrat freisetzen;
- bodenchemisch wird über eine Mobilisierung wasserlöslicher organischer Verbindungen ein Herauslösen von Schwermetallen in Gang gesetzt.

Oberflächen:
Ein steigender Anteil technischer Strukturen, Spiel- und Sportplätze, Gastronomie sowie befestigte Oberflächengewässer sorgen für lokale Versiegelungsschwerpunkte, die auf die gesamte Fläche bezogen bei kleineren Anlagen bis etwa 40% Anteil reichen. Der Oberflächenabfluß verbleibt überwiegend in den Parkanlagen, Anschlüsse an die Kanalisation sind in der Regel nur in den Randbereichen zu anderen Nutzungen und in stark verbauten Teilbereichen (Plätze, Gastronomie) vorhanden.

Ausprägungen/Variationen:
Grundsätzlich verschieden hinsichtlich Bodenbestand sind alte Parke und neue Anlagen etwa auf Anschüttungen und Brachen. Extremes Beispiel sind neue Grünanlagen im Ruhrgebiet auf alten Zechengeländen mit aufgetragenen, verdichteten Lößböden. Pflanzenbestand und Grünflächenpflege sorgen ebenfalls für eine weite Differenzierung von Standorteigenschaften.

Hinweise zu Schutz, Planung und Entwicklung:
- Alte Parke sind nicht selten Reservate ursprünglicher Bodenbildungen und damit verbundener Lebensgemeinschaften; sie sollten als Bodendenkmäler in Betracht gezogen werden.

- Erhalt großflächiger, unzerschittener Anlagen. Zerschneidungen und Flächenreduzierungen sind unter urbanem Nutzungsdruck nach zahlreichen Erfahrungen praktisch irreversibel.
- Zusammen mit Kleingärten und Gärten der lockeren Bebauung nehmen Parke im urbanen Bereich erhebliche Flächen ein, auf denen in Berlin z.B. 70% der Grundwassererneuerung ruht! (BRECHTEL, 1980).

- Für die bodenökologische Bewertung entscheidend ist eine Differenzierung nach natürlichem und anthropogenem Bodenaufbau bzw. auch nach dem Alter der Anlage.

- Der starken Bodenversauerung sollte langfristig mit geeigneten, auf den Standort abgestimmten Maßnahmen entgegengewirkt werden.

- Tiefgreifende gartenbauliche Umgestaltungen zerstören gewachsene, regional typische Bodenformen und tragen zur Nivellierung von Standorten in Grün- und Freiflächen bei.

- Parke sollten außer für Wege konsequent von Oberflächenverbauungen freigehalten werden. Sofern gewachsene Böden vorliegen, stellen diese die letzten großflächigen, innerstädtischen Bereiche mit weitgehend intakten Bodenfunktionen dar.

6.2.4 Innerstädtische Freiflächen - Friedhöfe

Friedhöfe - Boden - Geschichte:
Mit dem raschen städtebaulichen Wachstum im 19. Jahrhundert dehnten sich die Friedhöfe vom relativ kleinen Gräberfeld, Kirchhof und Gottesacker in bis dahin nie gekannte Dimensionen aus. So wurden um die Jahrhundertwende in zahlreichen Städten Zentralfriedhöfe geplant und gebaut, obwohl sie nicht zentral, sondern meist peripher lagen. Das war preiswert und große Flächen standen zur Verfügung. Geplant wurde meist in Größenordnungen von 40 - 70 ha. Eine Ausnahme war der 1875 angelegte Zentralfriedhof in Hamburg-Ohlsdorf, der anfangs 186 ha umfaßte, heute mit 400 ha die größte Anlage in Europa ist.

Die Bodenverhältnisse hatten bei der Planung von Friedhöfen schon immer einen entscheidenden Stellenwert. Boden- und Grundwasserverhältnisse sollten günstig sein für die Verwesung. Erwünscht sind grundwasserferne, sandige Böden mit aeroben Untergundbedingungen, aber keine sehr trockenen

Standorte. Unter optimalen Bedingungen dauert die Verwesung etwa 5 -7 Jahre. "Den besten Friedhofsboden ergeben kalkhaltige, gut durchlüftete, mäßig feuchte Böden mit einem tiefen Bodenprofil. Stauendes Grundwasser vernichtet das Bakterienleben des Bodens. Kommt das Grundwasser längere Zeit in die Höhe der Leiche zu stehen, so tritt Leichenwachsbildung ein. Ein gut durchlüfteter Boden fördert die Oxidation und Umsetzung der Zersetzungsprodukte" (LAUTENSCHLÄGER, 1934).

Für die Geländeauswahl des Friedhofs in Hamburg-Ohlsdorf waren 1873 folgende Kriterien maßgebend (GOECKE, 1981):

"1. Von der städtischen Bebauung entfernte und, wegen der vorherrschenden westlichen Windrichtung hierselbst, östliche Lage.

2. Trockener, durchlässiger Boden nahe der Oberfläche (höchster zulässiger Grundwasserstand 3m unter Terrain).

3. Eine Flächengröße von mindestens 80 ha unter Zugrundelegung einer Grabfläche von 1m Breite und 2,5m Länge und einer bestimmten Annahme für die voraussichtliche Vertheilung auf Einzelgräber, Familien- und Genossenschaftsgräber sowie einer Ruhezeit von 25 Jahren."

Friedhöfe machen in einer Großstadt etwa 1 bis 2 % der Stadtfläche aus. Mit 924 ha stellen sie in Hamburg ein Drittel des gesamten öffentlichen Grüns. Friedhöfe stellen aus bodenkundlicher Sicht eine Besonderheit dar.

Bodendynamik, typische Genesen:
Durch die Anlage von Gräbern sind die Böden bis in 2 m Tiefe aufgelockert, wodurch sich für lehmige Standorte Verbesserungen des Wasser- und Lufthaushaltes einstellen. Dadurch, daß organische Substanz zugeführt und während der Bestattungstätigkeit bis in größere Tiefen verteilt wird, ergeben sich größere Humusmengen gegenüber Waldböden, jedoch nicht gegenüber Garten- und Parkböden. Der Anteil der organischen Substanz erreicht in den Oberböden bis zu 7%, tiefer reichende Humusgehalte liegen zwischen 1 und 2 %. Die intensive Lockerung und Humuszufuhr erhöht die nutzbare Feldkapazität der Böden. Dazu kommen zusätzliche Wassergaben bei der Grabpflege von etwa 50 - 100 mm (BLUME et al., 1982). Sie führen je nach Intensität zu einer unterschiedlichen Erhöhung der Feuchtigkeit.

Neben den eigentlichen Friedhofsböden, den Nekrosolen, kommen an Bodentypen vor:

- Hortisole und Übergangstypen zwischen ihnen,
- natürliche Bodenbildungen wie z.B. Braunerden, Parabraunerden,
- Regosole.

Ihr Vorkommen spiegelt die Pflegemaßnahmen wider. Im Bodenaufbau ungestörte Böden finden sich, mit Ausnahme auf den für zukünftige Bestattungen ausgelegten Friedhöfen in Berlin, nur noch kleinflächig (GRENZIUS, 1987). Die mosaikartige, regelhafte Verteilung der Bodenbildungen spiegelt die jeweilige Friedhofsordnung wider (CORDSEN et al., 1988).

Belastungen:
Friedhofsböden sind aufgrund von Pflegemaßnahmen ähnlich nährstoffreich bzw. eutrophiert wie Gartenböden. Deutlich erhöht sind auch die Schwermetallgehalte, oberflächennah in Abhängigkeit der örtlichen Immissionssituation (meist Blei), in den tieferen Bodenschichten insbesondere Zink und Cadmium; vermutlich durch Sargbeschläge. Orientierungswerte für Bodenbelastungen können dabei überschritten werden. Infolge relativ hoher pH-Werte ist die Löslichkeit von Schwermetallen jedoch nur gering (BLUME et al., 1982; GRENZIUS, 1987).

Neben Bereichen tiefgründiger Lockerungen ergeben sich durch intensive Belastungen der Gehwege unter diesen Trittverdichtungen, die sich oft in Form von hydromorphen Merkmalen und eines plattigen Gefüges nachweisen lassen (BLUME, 1981).

Zur potentiellen Grundwasserbelastung schrieb LAUTENSCHLÄGER 1934 in seiner bodenkundlichen Dissertation: "Durch Kalk wird eine rasche Bindung der entstehenden Säuren erreicht. Große Klüftigkeit des Bodens kann den Zufluß unzersetzter Leichenflüssigkeiten zum Grundwasser ermöglichen und dadurch die Brunnen verunreinigen. In äußerst seltenen Fällen kann es möglich sein, daß bei hoher Klüftigkeit des Bodens pathogene Keime verschleppt werden. Diese Gefahr besteht auch, wenn das Grundwasser so hoch steht, daß es die Leiche umspült".

Oberflächen:
Die Versiegelung schwankt bei alten Friedhöfen, Parkfriedhöfen, Waldfriedhöfen, Soldatenfriedhöfen meist zwischen wenigen Prozent bis ca. 20%. Neben den Gräbern ist der Anteil an großflächigeren Verbauungen wie feste Wege und Plätze gering. Jüngere Friedhofsanlagen und Zierfriedhöfe erreichen mit asphaltierten, breiten Wegen und Plätzen Versiegelungsgrade teils höher als 20% (vgl. SUKOPP et al., 1986). Versiegelungen (mit Sielan-

schluß) und Pflanzenbewuchs tragen zu einer erwüschten Verminderung der Sickerraten bei.

Ausprägungen/Variationen:
Wie bei den übrigen innerstädtischen Freiflächen bestehen bodenökologisch große Unterschiede zwischen alten Anlagen und neueren Friedhöfen der letzten Jahrzehnte. Variationen ergeben sich außerdem aus der Pflegeintensität: "verwilderte" Soldaten- und Judenfriedhöfe durchliefen jahrzehntelang mehr oder weniger ungestörte, natürliche Bodenentwicklungen.

Während auf christlichen Friedhöfen alle 30 Jahre ein Umbruch, ("Generationswechsel") stattfindet, sind jüdische Friedhöfe aus religiösen Gründen auf die Ewigkeit angelegt. Aus Platzmangel verdichten sich im Laufe der Zeit die Gräberfelder, teilweise werden Grabstätten über alten Bestattungen eingerichtet. Die meisten Anlagen wurden während des Nationalsozialismus zerstört und bilden heute nicht selten ruderale Bestandteile innerstädtischer Parkanlagen.

Hinweise zu Schutz, Planung und Entwicklung:
- Wegen der höheren Sickerraten, bedingt durch reduzierte Bodenbedeckung (Pflege offener Böden) und zusätzliche Bewässerung besteht auf grundwassernahen oder durchlässigen Standorten die Möglichkeit eines Grundwasserkontakts.
- Alte, pflegeextensive Anlagen sind nicht zuletzt aufgrund ihrer besonderen Bodenverhältnisse häufig letzte Refugien für bedrohte Pflanzen- und Tierarten.
- Steuerung des Wasserhaushaltes (als Grundwasserschutz):
  Anlage grundwasserfern,
  Beschränkung zusätzlicher Bewässerung,
  Besielung von versiegelten Flächen zur Verminderung der Grundwasserneubildung,
  Untergrunddrainagen
  Förderung hoher Verdunstungsraten (Bäume).

6.2.5 Verkehrsflächen - Bahngelände

Die Charakteristika von Straßenrandböden wie Verdichtungen, Sauerstoffarmut, undichte Gasleitungen, problematischer Wasserhaushalt und Kontaminationen mit Salzen, Schwermetallen und organischen Schadstoffen sowie Eutrophierung sind schon in Kapitel 4 angesprochen worden. Bahnanlagen sind nicht zuletzt aufgrund der Eigentumsverhältnisse bisher kaum untersucht, in ihrer möglichen Brisanz hinsichtlich Belastungen aus Ablagerungen und Kriegsschäden noch unzureichend erkannt.

Bahnanlagen - Boden - Geschichte:
Großflächige Aufschüttungen, einzelne Dämme oder Einschnitte durchziehen alle größeren Städte von den Randbereichen bis in die Innenstädte. Die verbauten Substrate sind entweder aus mehr oder weniger großer Entfernung herangeschafft, oder als lokal anfallende Abfallstoffe "günstig beseitigt" worden, so daß das Gestein an Ort und Stelle nicht mit dem Bahnkörper übereinstimmt: verbaut sind Trümmerschutt, Bauschutt, hausmüllähnliche Abfälle, Bergematerial und Schlacken in und aus den Montanregionen sowie Bodenaushub. Eingebaut wurde fast jedes Substrat, sofern das Material nur bodenmechanischen Anforderungen genügte. Die Gleiskörper sind mit groben Schottern aus den verschiedensten Materialien (Grauwacken, Basalt, Granit) geschüttet. Zusätzlich sind auf großflächigen Rangier- und Bahnhofsanlagen die Bodenoberfläche zwischen den Gleiskörpern mit Schlacken-Grus und ähnlichen Materialien abgedeckt.

Bundesweit werden ca. 100.000 ha von Bahnanlagen eingenommen, einschließlich nichtbundeseigener Eisenbahnen. Tendenz: leicht steigend (RSU, 1987).

Bodendynamik, typische Genesen:
Durch die Unterbindung jeden Pflanzenwachstums, die Wind- und Wassererosion, ist die Entwicklung von Initialböden so gut wie ausgeschlossen. Ohne Nutzungsdruck setzt aber auf Gleisanlagen eine rasche Besiedlung mit Pionierpflanzen ein. Das gilt auch für stark mit Herbiziden behandelte Flächen. Verbunden mit der Besiedlung ist eine dynamische Bodenentwicklung.

Im Bereich aufgegebener Gleisanlagen des Berliner Anhalter Güterbahnhofes haben innerhalb einiger Jahrzehnte Ansammlung organischer Stäube und Vegetationsansiedlung zur Entwicklung von Kalkregosolen mit beachtlicher Humusanreicherung der Feinerde des Oberbodens geführt. Ein weiterer Bodentyp ist der Locker-Syrosem und die weiter entwickelte Pararendzina. Hoher Kohlenstoffgehalt im Oberboden ist z.T. durch Kohlenstaub verursacht. Es dominieren steinreiche, mäßig durchwurzelbare, trockene, luftreiche, kalkreiche Standorte mäßiger Nährstoffversorgung (BLUME, 1981, 1982).

Belastungen:
Sämtliche Bahnhofs- und Rangieranlagen, die vor 1945 bestanden, sind aufgrund der Kriegseinwirkungen als potentielle kontaminierte Standorte anzu-

sehen. Tausende von Tonnen chemischer Rohstoffe und Fertigprodukte sind bei der Zerstörung der Anlagen freigesetzt worden bzw. neue, unbekannte Stoffe entstanden durch Vermischen von Tankladungen und die Brände. Welche Folgen heute noch zu tragen sind, zeigt ein Schadensfall in Karlsruhe: Dort waren Tri- und Tetrachlorethylen durch Bombeneinwirkungen aus geborstenen Behältern ausgetreten und versickert. Die Ausbreitungsfahne dieser chlorierten Kohlenwasserstoffe im Grundwasserstrom erfüllt heute nach mehr als 40 Jahren einen großen Teil des Stadtgebietes, vom Bahnhof bis zum Schloß (SCHÖTTLER, 1984).

Belastungen durch Bahnbetrieb (Dampfloks, Stäube, Lademterial, Abrieb von Gleisen und Rädern, Fäkalien) sowie Pflegemaßnahmen sind
- Schwermetallanreicherungen, insbesondere Blei und Zink (ca. 500 bis 1.000 ppm) bis in den Unterboden;
- Alkalisierung (durch die Aschen aus dem Dampflokbetrieb) und Verdichtung der Böden in unmittelbarer Nähe der Gleiskörper;
- regelmäßiger Einsatz von Totalherbiziden. Die Angaben zu Ausbringungsmengen reichen von 25 kg/ha/a, entsprechend dem 15fachen der in der Landwirtschaft üblichen Menge (vgl. LICHTENTAHLER, 1989) und ca. 9 kg/ha/a (DEUTSCHER BUNDESTAG, 1989). Zum Einsatz kamen in den Jahren 1985 bis 1989 ca. 40 Präparate in einer Gesamtmenge zwischen 290 und 315 t/a. Wirkstoffe waren Diuron, MCPA-Salz, Dalapon, Atrazin, Simazin, Dichlorprop-Salz, 2,4-D-Salz, Amitrol u.a. Behandelt wurden 24.500 ha; davon liegen 4.500 ha in Wasserschutzgebieten, an Oberflächengewässern oder in sonstigen Einzugsgebieten zur Trinkwassergewinnung. Größere Schadensfälle sind auf innerstädtischen Bahnhofsanlagen bekannt, z.B. Pforzheim und Frankenthal.
- Eutrophierungen.

Oberflächen:
Gleisanlagen besitzen fast ausschließlich offene Oberflächen mit geringen Verdunstungsraten und sehr geringem Oberflächenabfluß bei entsprechend hohen Sickerraten in den Untergrund. Baulich geprägte Bereiche wie Bahnhöfe, Wartungshallen usw. verursachen lokal hohe Verbauungsgrade. Sie weisen sehr geringe Anteile offener Böden auf.

Ausprägungen/Variationen:
Vom Rohbodenstadium auf Schottern bis zu gut entwickelten Pararendzinen und Kalkregosolen auf Bahnbrachen reicht das Spektrum der Bodenbildun-

gen auf den Gleisanlagen, dazwischen liegen Anschüttungen, Ablagerungen aus naturnahen Substraten bis hin zu Aschen und Kohlegrus. Verfüllungen von Bombentrichtern reichen von Bodenaushub über Bauschutt bis Sondermüll.

Hinweise zu Schutz, Planung und Entwicklung:
- Bahnanlagen, schwerpunktmäßig Güterbahnhöfe, sind aufgrund ihrer Nutzungsgeschichte durchweg potentielle Altlastenverdachtsflächen. Da es sich um offene, zumindest in den Schotterbereichen um gut durchlässige Böden handelt, ist das Kontaminationsrisiko von Grundwasser als besonders hoch zu bewerten.
- Bahnanlagen sind im urban-industriellen Bereich Schwerpunkte der Herbizidanwendung. Aus der regelmäßigen Anwendung von Herbiziden resultieren Risiken für angrenzende Nutzungen, Grundwasser und Oberflächengewässer.
- Integrierte Konzepte (biologische, mechanische, thermische Verfahren) zur Steuerung des Pflanzenwuchses auf Bahnanlagen sollten den extremen Herbizideinsatz ersetzen.
- Die Sanierung von Kontaminationen und Ablagerungen, von denen bereits Gefährdungen ausgehen und die Vermeidung weiterer Schadstoffbelastung sollte sowohl auf den Brachflächen als auch auf bestehenden Betriebsflächen absoluten Vorrang genießen. Eine gezielte Steuerung der pH-Werte zur Immobilisierung der Schwermetalle und des Wasserhaushaltes zur Verringerung der Sickerraten bieten sich als Bestandteile für ein Biotopmanagement auf wenig genutzten Flächen bzw. Brachen an.
- Über das Stadium des Lockersyrosems hinaus entwickelte Böden auf Bahnbrachen wie Pararendzinen und Kalkregosole sind Refugien für diejenige Flora und Fauna, die in den Stadtbereichen mit sehr viel intensiverem Nutzungsdruck keine Überlebensmöglichkeit findet. Zum Teil sind diese Böden sogar Standorte schützenswerter Biotope. Bekanntestes Beispiel ist ein Steinweichselwäldchen auf einem Kalkregosol aus Gleisschottern im Berliner Gleisdreieck, einer seit dem II. Weltkrieg bestehenden Bahnbrache (vgl. BLUME, TIETZ und GRENZIUS, 1982).
- Ein Forschungsprojekt der Deutschen Bundesbahn (NOSE, 1990) hat aufgezeigt, daß durch strukturelle und organisatorische Veränderungen Flächenpotentiale zur Innenentwicklung von hohem ökologischen und städtebaulichen Wert zur Verfügung gestellt werden könnten. Problematisch sind bei einem Rückbau von Bahnflächen noch die Bewertungsmethodik sowie geeignete Daten- und Informationsgrundlagen.

6.2.6 Wohnbebauung

Wohnbebauung - Boden - Geschichte:
Der Bodennutzungstyp Wohnbebauung erweist sich hinsichtlich der Bau-
struktur und Bodenqualitäten als außerordentlich heterogen, er ist nicht als
Einheitstyp faßbar. Vom Außenbereich hin zum Stadtkern lassen sich minde-
stens unterscheiden:
- Einzel- und Reihenhausbebauung,
- Hochhausbebauung,
- Blockrand- und Zeilenbebauung,
- Blockbebauung,
- Citybereiche.

Entscheidend für Aufbau, Belastung und Eigenschaften der Böden ist neben
der Art der baulichen Nutzung, den natürlichen Bodenverhältnissen insbesondere der urbane Nutzungswandel.

Bodendynamik, typische Genesen:
Nach BLUME (1981) kann, prototypisch am Fall Berlin aufgezeigt, von fol-
gendem Bestand an Böden unter der Nutzung Wohnbebauung ausgegangen
werden:
Charakteristische Böden der aufgelockerten Bebauung sind Hortisole und
Übergangsformen. Mit entsprechendem Alter der Bebauung bildeten sich
durch jahrzehnte- bis jahrhundertelange Gartenkultur, durch tiefes Umgraben, regelmäßige organische Düngung und Bewässerung tiefhumose, biologisch sehr aktive, lockere Böden.

Düngung und Kalkung haben Nährstoff- und Wasserkapazitäten wesentlich
erhöht, häufig auch das pH angehoben. Die Hortisole unterscheiden sich allerdings stark in Tiefe und Intensität anthropogener Veränderung. Sie werden
außerdem von jungen Aufschüttungsböden durchsetzt, deren Ausgangsmaterial durch Aushebungen von Baugruben geschaffen wurde. Sie sind in Berlin
meist jünger als 100 Jahre und sind demzufolge vergleichsweise humus- und
nährstoffarm. Insbesondere in Nähe der Gebäude sind Hortisole und Aufschüttungsböden von Baustoffen durchsetzt, mithin häufig kalkreich; außerdem ist ihr Unterboden in der Regel dann (durch Baumaschinen) stark verdichtet.
Neben dieser unbeabsichtigten Differenzierung tritt teilweise eine bewußte
Veränderung einzelner Parzellen durch gezielte Kalkung, Düngung oder
Torfzufuhr, um günstigere Bedingungen für eine spezielle Vegetation zu
schaffen.

Charakteristischer Boden der Innenstadtbereiche in Wohngebieten und Brachflächen ist die Pararendzina aus Trümmerschutt, vorwiegend bedingt durch die Zerstörungen des II. Weltkrieges. Meist liegen stein- und nährstoffreiche (Ca), trockene Standorte vor, wobei die bis 1,5 m Tiefe wurzelnde Vegetation, bedingt durch die Aufschüttungen und Grundwasserabsenkungen, meist keinen Anschluß mehr an das Grundwasser hat. Der pH-Wert liegt durch das im Schutt enthaltene Calciumcarbonat, bis an die Oberfläche bei über 7.

Charakteristische Böden der Stadtrandsiedlungen, insbesondere der mit Gärten ("Kolonien" und Einfamilienhäuser) sind Hortisole, bzw. die Übergangsformen zum Hortisol: Hortisolbraunerde und Hortisolparabraunerde. Jahrzehntelange Gartennutzung durch tiefes Umgraben (Aufbringung) humushaltigen Bodenmaterials, organische Düngung sowie zusätzliche Bewässerung während der Vegetationsperiode hat über die Pflugtiefe der ehemaligen Landwirtschaftsflächen hinaus humose, lockere Böden geschaffen.

Die Zeilenbebauung der 20er/30er Jahre sowie die Einzelhausbebauung mit Parkbaumbestand lassen trotz gärtnerischer Eingriffe teilweise noch den ursprünglichen Bodengesellschaftsaufbau erkennen, andererseits sind jedoch so starke Veränderungen im Bodenaufbau vorgenommen worden, daß im Bereich der Grünflächen Regosole, Pararendzinen und Hortisole dominieren.

Flächen der 1920-40 errichteten Blockrandbebauung mit Obst- und Parkbaumbestand sind unterschiedlich stark überformt, bei lockerer Bebauung dominieren weitgehend die ursprünglichen Böden, bei stärkerer Versiegelung Hortisol, Humusregosol, Regosol, Syrosem und Pararendzinen.

Flächen der 1950-80 erbauten Zeilenrandbebauung und öffentlichen Gemeinschaftseinrichtungen mit Parkbaumbestand sind ebenso in ihrer Bodenzusammensetzung nicht generell faßbar, da sie auf Trümmerschutt wie auch in einem Gebiet mit weitgehend noch erhalten gebliebenen Böden liegen können.

Hochhaussiedlungen, der 60er/ 70er Jahre liegen in der Innenstadt, sind somit von Aufschüttungsböden umgeben oder befinden sich am Stadtrand auf den Flächen ehemaliger Felder, wobei durch die Bebauungsdichte und die Baumaßnahmen die Böden innerhalb dieser Siedlungen weitgehend gestört, umgelagert und verfestigt wurden, wodurch ebenfalls Böden aus geschüttetem natürlichem und künstlichem Gestein dominieren.

Belastungen:
Schadstoffbelastungen der Gärten, ihre Ursachen und Ausmaß sind vergleichbar denen in Kleingartenanlagen (siehe unter 6.3.1). Weitere Bodenbelastungen resultieren aus Ablagerungen anthropogener Substrate wie Bauschutt, Trümmerschutt und sonstige Abfälle.

Der Trümmerschutt enthält Schwermetallgehalte, besonders an Cu, Pb und Zn, die zum Teil Werte erreichen, die über Orientierungswerte für Kulturböden hinausgehen. Freigesetzt werden außerdem Sulfate, die über das Sickerwasser die oberflächennahen Grundwasserleiter erreichen können.

Kontaminationen der Unterböden entstehen durch defekte Heizöltanks/ -leitungen und undichte Abwasserkanäle. Neuere Siedlungen gründen teilweise auf Altablagerungen und sonstigen kontaminierten Standorten, einer Mitgift früherer Nutzungen.

Oberflächen:
Der Verbauungsgrad der Oberflächen schwankt nicht nur je nach Bebauungstyp, sondern auch innerhalb der Typen treten nicht unerhebliche Schwankungen auf. Ebenso ergeben sich Unterschiede zwischen einzelnen Städten, wie Untersuchungen in Norddeutschland belegen (PALUSKA et al., 1985; BERLEKAMP et al., 1987):

Die geringsten Schwankungen von ca. +/- 5% weisen Reihenhäuser und Bungalow-Siedlungen auf. Bei der Blockbebauung, Altstadt- und Stadtrandbebauung, Zeilen- und Einzelhausbebauung erreicht die Streubreite etwa +/- 15%. Die größten Schwankungen, über +/- 15%, treten in Neubaugebieten mit Hochhäusern und in Gewerbe- und Industriegebieten auf.

Ausprägungen/Variationen:

Die Siedlungsbereiche sind aus bodenkundlicher Sicht sehr differenziert zu betrachten, da unterschiedliche Bebauungsdichten und -arten in Abhängigkeit vom Alter der Bauten die ursprünglichen Böden entsprechend beeinflußt, typologisch verändert bzw. ersetzt haben.

Während zum großen Teil in den Stadtrandbereichen die natürlichen Böden typologisch trotz Veränderungen noch zu erkennen sind, befinden sich in innenstädtischen Bereichen fast ausnahmslos Aufschüttungsböden. Sie sind in den oberen Dezimetern meist jünger als 100 Jahre und vorwiegend durch Zerstörungen von Gebäuden in den Jahren 1943 - 1945 entstanden.

Tab. 6.2: Versiegelungsgrade ausgewählter Nutzungstypen (Bauflächen einschließlich versiegelter Freifläche). Vergleich von zwei Erhebungen in Norddeutschland.

Nutzungstyp	Verbauungsgrad % Hamburg	Bremen
Blockbebauung	70 - 100	90 - 100
Blockrandbebauung	40 - 80	60 - 90
Mehrstöckige Stadthäuser	40 - 60	40 - 60
Zeilenbebauung	40 - 70	40 - 70
Reihenhausbebauung	50 - 60	50 - 70
Einzelhausbebauung	20 - 50	20 - 50
Bungalows	60 - 70	60 - 70
Neubaugebiete mit Hochhäusern	50 - 90	40 - 100

nach: PALUSKA et al. (1985), BERLEKAMP et al. (1987)

Hinweise zu Schutz, Planung und Entwicklung:
- Ähnlich den Baustrukturen variieren die Bodenverhältnisse. Für die Erfassung und Bewertung der bodenökologischen Verhältnisse entscheidende Faktoren sind, wie bereits erwähnt, Alter der Bebauung und Nutzungswandel/Stadtentwicklung.
- Häufiges Gießen und (durch aufgelockerte Bepflanzung) relativ geringe Verdunstung ergeben vergleichsweise feuchte Böden der Wohnstandorte und eine beachtliche Grundwasserspende: nach BRECHTEL (1980) tragen die Flächen lockerer Bebauung in Berlin (West) wesentlich stärker zur Grundwassererneuerung bei als Forsten und Ackerfluren.
- Maßnahmen, die sich auf Bereiche mit Hausgärten beziehen siehe 6.3.1 unter Kleingärten.

6.2.7 Industrie- und Gewerbestandorte

Standorte - Boden - Geschichte:
Entstanden auf ehemaligen Äckern und Wiesen, Wald- und Auenstandorten, in geringerem Umfang auf urbanen Vornutzungen, sind Industrie- und Gewerbeflächen in aller Regel diejenigen baulich geprägten Nutzungen mit den intensivsten Bodenveränderungen und Bodenbelastungen. Genügten zu Beginn der Industrialisierung wenige Hektar Land, wurden insbesondere nach dem II. Weltkrieg ganze Industriearreale durch Neugestaltungen der Landschaft "aus dem Boden gestampft".

Aufschüttungen haben insbesondere die feuchten Niederungbereiche in den Stadtgebieten betroffen: in Hamburg das Elbtal, in Berlin die Flachmoor-Niederungen der Spree und im Ruhrgebiet das flache Emschertal einschließlich der Bergsenkungsgebiete. Weite Feuchtgebiete sind dadurch verschwunden. Die Aufhöhungsgebiete dienten nicht selten der vermeintlich günstigen "Beseitigung" von Montansubstraten, Bauschutt, Trümmerschutt und sonstigen Abfällen.

In den Niederungsbereichen liegen die Aufschüttungen oft bis in die oberen Grundwasserhorizonte: Aufwertungen der Flächen wurden durch Erschließungs-Aufschüttungen ermöglicht. Weiterhin ungebrochen, sogar mit einer Trendverschärfung, werden flächenextensive Nutzungen nachgefragt.

Bodendynamik, typische Genesen:
In Erschließungsgebieten und altindustriellen Bereichen sind kaum mehr ursprüngliche Bodenverhältnisse erkennbar. Es dominieren Rohböden auf Aufschüttungen. Neue Substrate sorgen für regional fremde Standortverhältnisse, häufig Trockenstandorte in ehemals feuchten Niederungen.

Mit welchen Bodenveränderungen und Bodenbelastungen zu rechnen ist, zeigt das Beispiel der Sanierung eines ehemaligen Hüttengeländes in Essen: Durch Bodenaufschlüsse wurde festgestellt, daß nahezu das gesamte Sanierungsgebiet durch überwiegend aus Produktionsrückständen (Schlacken) und Abbruchmaterialien bestehende Auffüllungen bedeckt ist. Die Auffüllungen haben Mächtigkeiten bis zu 9 Meter unter der heutigen Geländeoberfläche und tauchen je nach Jahreszeit unterschiedlich tief in das Grundwasser ein (DANNEMANN, 1988).

Belastungen:
Aus Bodennutzungen von Gewerbe und Industrie kann von branchentypischen Schadstoffbelastungen ausgegangen werden (vgl. Kap. 4). "Verdachts-Branchen" für den Umgang mit bodengefährdenden Stoffen sind in erster Linie:
- metallverarbeitende Betriebe, Galvanikbetriebe,
- Chemische Industrie,
- Lackierereien, Färbereien,
- Textilverarbeitung, Lederveredelung,
- Kunststoffverarbeitung,
- Chemische Reinigungen,
- Tankstellen, Reparaturbetriebe,
- Batteriehersteller,
- Schrottplätze,

- Abfallbehandlung, Abfallsammlung,
- Klärwerke,
- Flugplätze.

Charakteristisch sind Kontaminationen bis tief in den Untergrund, die sowohl horizontal wie auch vertikal sehr stark variieren. Kontaminations-Linsen im Boden sind eher typisch als selten. Mit welchen Volumen und Belastungsspitzen an kontaminierten Böden zu rechnen ist, zeigen einige Fälle ehemaliger Betriebsgelände, die innerhalb weniger Wochen für Schlagzeilen in der Tagespresse sorgten:

Auf dem heute bebauten Betriebsgelände einer ehemaligen Kokerei in Dortmund - Dorstfeld wurden bis in 7m Tiefe hochkontaminierte Substrate ausgekoffert, die vor allem mit folgenden kokereispezifischen Stoffen kontaminiert waren:

- polycyclische aromatische Kohlenwasserstoffe (PAK),
- aromatische Kohlenwasserstoffe (etwa Benzol),
- aliphatische Kohlenwassrstoffe,
- Phenol,
- Cyanid,
- Schwermetalle.

Nach Angaben von DANNEMANN (1988) lagen auf einem ehemaligen Essener Zinkhüttengelände vor der Sanierung Konzentrationen von 100 bis 1.000ppm Hg bis in Tiefen von 3m vor. Cadmium erreichte 30 bis 100ppm und Blei 1.000 bis über 5.000ppm.

Auf dem Gelände einer Firma in Frankfurt-Griesheim, die Quecksilber aus alten Batterien herausdestillierte, wurde eine Bodenverseuchung festgestellt, die bis in 28 Meter Tiefe reichte. Ein Gutachten kalkulierte 16,5 Tonnen Quecksilber im Erdreich unter dem Firmengelände.

Eine ehemalige Druckerei in Darmstadt wird für Boden- und Grundwasserbelastungen bis in Tiefen über 30 Meter verantwortlich gemacht. Quellen derartiger "Bodenschätze" sind meist unterirdische Tanklager und Leitungssysteme, die im Boden schlicht "vergessen" wurden, oder es wurden Abfälle aus der Produktion möglichst tief vergraben, um sie "schadlos" zu beseitigen.

Kontaminationen im laufenden Betrieb entstehen durch Unfälle von Tanklastzügen, auslaufende Ölbehälter, unzureichend gesicherte Öl- und Chemikalienleitungen, sowie Unachtsamkeit beim Betanken von Fahrzeugen. Eine in Montanregionen häufige Form der Untergrundverunreinigung von Industriegelände fand im Bereich von Kokereien statt, wo nicht verwertbare Rückstände aus der Produktion (Teerrückstände, Säuren, Laugen, Schlämme) meist unmittelbar auf dem Betriebsgelände in Gruben oder angelegten Erdbecken ohne besondere Dichtungsmaßnahmen verbracht wurden; gleichzeitig finden sich in diesen Böden häufig erhöhte Konzentrationen von Kokereiprodukten wie Benzol, Toluol, Xylol, Naphtalin, Phenol, Öl- und Teerfraktionen sowie Ammoniak. Andere typische Standorte einer organischen und teilweise auch anorganischen Bodenverunreinigung sind die Produktionsstätten für Pflanzenschutzmittel und vor allem die Betriebe, in denen Lösungsmittel verwendet werden (Metallverarbeitung, Kleider- und Teppichreinigung).

Oberflächen:
Charakteristisch für Gewerbe- und Industrieflächen sind Untergrundverbauungen infolge betriebseigener Ver- und Entsorgungsnetze sowie Tanklager. Die Verbauungen der Erdoberfläche mit Gebäuden, Verkehrswegen usw. weisen mit die stärksten Schwankungen innerhalb eines Nutzungstyps auf; sie liegen zwischen 20 und 100% .

Schutz, Planung und Entwicklung:
- Einbeziehung aktueller gewerblich/industrieller Nutzungen mit Verdachtspotential für Bodenverunreinigungen in Altlastenerfassungs- und -sanierungskonzepte;
- Flächenrecycling überformter und leicht kontaminierter Standorte (sanierter Standorte) für neue Nutzungen mit Bodengefährdungspotentialen;
- Kontrolle und Sanierung von Abwassernetzen und betriebsinternen Leitungs- und Tanksystemen.

Das Bodenschutzprogramm Berlin (ANONYM, 1987) beschreibt für den Nutzungstyp Gewerbe und Industrie eine Reihe von Vorhaben, die inhaltlich Beratung, Anleitung und Richtlinien umfassen:
- Informationen für Gewerbetreibende: insbesondere über Umgang mit Freiflächen, bauliche Nutzung und Bodenschutz, Umgang mit Anlagen, Geräten und Leitungen. Für einige Branchen gesonderte Schwerpunkte zur Minimierung des Stoffeintrags;
- Demonstrationsvorhaben zum Umgang mit Freiflächen im Industriegelände. Entsiegelungsprogramme, Nutzung von Restflächen;
- Planungshilfen und Demonstrationsvorhaben zu umwelttechnischen Betriebssanierungen mit dem besonderen Schwerpunkt Bodenschutz;
- Meßprogramme bei besonders bodengefährdenden Stoffen;
- konsequente Anwendung der Verordnung über Lagern, Abfüllen und Umschlagen wassergefährdender Stoffe (Initiative der Länderarbeitsgemeinschaft Wasser). Ausdehnung auf weitere, bodengefährdende Stoffe;
- Verpflichtung zu Bodengutachten im Rahmen des Grundstücksverkehrs;
- Bodensanierungsgebot sowie Förderung von Bodensanierungen bei Kriegsfolgelasten.

178

Literatur

AEY, W. (1987): Böden in der Altstadt von Lübeck. Exkursion zur 9. Sitzung der Arbeitsgruppe "Biotopkartierung im besiedelten Bereich" am 15. September 1987 in Schleswig-Holstein. Unveröffentlichtes Manuskript

ANONYM (1987): Programm für den Schutz, die Pflege und die schonende Nutzung des Bodens (Berliner Bodenschutzprogramm). Drucksache 10/1503 des Abgeordnetenhauses von Berlin vom 18.5.1987

AUBE (Arbeitsgruppe Umweltbewertung Essen) 1986: Ökologische Qualität in Ballungsräumen, Methoden zur Analyse und Bewertung, Strategien zur Verbesserung. Der Minister für Umwelt, Raumordnung und Landwirtschaft des Landes Nordrhein-Westfalen (Hrsg.). Düsseldorf, 1986

BERLEKAMP, L.R., PRANZAS, N. und S. REUTER (1987): Gutachten über die hydrologischen und ökologischen Auswirkungen der Bodenversiegelung sowie die Möglichkeiten der Niederschlagsversickerung und Flächenentsiegelung in Bremen. Senator für Umweltschutz, Bremen 1987

BLUME, H.P. (Red.) 1981: Großstadttypische Flächennutzungen und (besonders boden-) ökologische Wirkungen, in: Typische Böden Berlins. Mitt. Dt. Bodenkdl. Ges. Bd. 31, 1981

BLUME, H.P., TIETZ und R. GRENZIUS (1982): Böden im zentralen Bereich, in: Gutachten "Zentraler Bereich". Inst. für Ökologie der TU Berlin, 1982

BORCHARD, K. (1987): Tendenzen der Flächeninanspruchnahme und Möglichkeiten der Beeinflussung auf der Ebene der Kommunalen und Regionalen Planung, in: Flächenhaushaltspolitik - Ein Beitrag zum Bodenschutz. Akademie für Raumforschung und Landesplanung. Forsch. u. Sitzungsberichte Bd. 173. S. 11 - 30, 1987

BRASSEL, K. E. (1988): Erste Bilanz. In: Die Nutzung des Bodens in der Schweiz. Züricher Hochschulforum Band 11. Verlag der Fachvereine Zürich

BRECHTEL, H. M. (1980): Influence of vegetation and land use on vapourization and ground water recharge in West-Berlin. 2. Europ. Ökol. Symposium, Berlin 1980

v.BUCH, M. W. und MEYER-STEINBRENNER, H. (1988): Humusformenentwicklung in Hamburger Stadtwäldern und Parks. Mitt. der Dt. Bodenkdl. Ges. 56, 327 - 332, 1988

CORDSEN, E., SIEM, H. K., BLUME, H. P. und F. FINNERN (1988): Bodenkarte 1:20.000 Stadt Kiel und Umland. Mitt. Dt. Bodenkdl. Ges. 56, S. 333 - 338

DANNEMAN, H. (1988): Sanierung des ehemaligen Zinkhüttengeländes Germaniastraße/Zinkstraße, Essen-Borbeck, in: THOME-KOZMIENSKY (Hrsg.): Altlasten 2, EF-Verlag, Berlin 1988

DEGGAU, M. und W. RADERMACHER (1989): Systematik der Bodennutzungen. Konzeption und Stand der Entwicklungen. Heft 6 der Schriftenreihe Ausgewählte Arbeitsunterlagen zur Bundesstatistik. Wiesbaden, 1989

DEUTSCHER BUNDESTAG (Hrsg.) 1989: Einsatz von Pestiziden auf dem Gelände der Deutschen Bundesbahn. Bundestagsdrucksache 11/4919 vom 4.7.89 und 11/5016 vom 28.7.89

FARNY, H., KLEINLOSEN, M., LEWANDOWSKI, L. und H. WECKWERTH (1984): Kleingärten - Lage und Nutzung. Das Gartenamt 33 (1984) S. 761 - 770

FHH (1986): Bodenbericht 1986. Hamburger Umweltberichte 6/85. Freie und Hansestadt Hamburg, Umweltbehörde

GOECKE, M. (1981): Stadtparkanlagen im Industriezeitalter - das Beispiel Hamburg. Geschichte des Stadtgrüns Band V

GRENZIUS, (1987): Die Böden Berlins (West) - Klassifizierung, Vergesellschaftung, ökologische Eigenschaften. Diss. TU Berlin, 1987

180

GRÖNING, G. (1988): Perspektiven im Kleingartenwesen. Das Gartenamt 37, 3/1988, S. 142 - 145

KLOKE (1980): Richtwerte '80, Orientierungsdaten für tolerierbare Gesamtgehalte einiger Elemente in Kulturböden, in: VDLUFA -Mitteilungen, Heft 1 - 3

KRAUSE, K.H. (1986): Großmaßstäbige Flächennutzungskartierungen unter stadtökologischen Aspekten. Landschaftsarchitektur 15 (1986) 2, 48 - 50. VEB Dt. Ldw. Verlag Berlin

KREUTZER, K. (1981): Die Schadstoffbefrachtung des Sickerwassers in Waldbeständen. Mitt. Dt. Bodenkdl. Ges. 33, 273 - 286

LAUTENSCHLÄGER, O. (1934): Die Böden der Friedhöfe - mit besonderer Berücksichtigung des Zentralfriedhofes Danzig-Langfuhr. Dissertation an der TU der Freien Stadt Danzig.

LICHTENTHALER, H.K. (1989): Herbizideinsatz auf Bahnanlagen. Gutachten Universität Karlsruhe, unveröffentlicht.

MAHLER, E. (1972): Kleingärten, in: Berlin und seine Bauten, Teil XI Gartenwesen S. 218 - 255. Architekten- und Ingenieurverein Berlin. Verlag W. Ernst u. Sohn

MECHTHOLD, B. und U. MEIER (1986): Der Einsatz von Pflanzenschutzmitteln im öffentlichen Grün. Das Gartenamt 35, 1/86, 15 - 20

MEYER-STEINBRENNER, h. (1988): Bodenkundliche Untersuchungen auf sanierten und unbehandelten Dauerbeobachtungsflächen in Hamburger Parkanlagen. Naturschutz und Landschaftspflege in Hamburg 22, 68 - 130

NEITZEL, M. (1987): Erhebung über Art und Menge der in Kleingärten eingesetzten Pflanzenschutzmittel. Texte 11/87 des Umweltbundesamtes. Berlin, 1987

NOSE, (1990): Flächeninanspruchnahme, Bodenbelastung und Möglichkeiten des Flächenrückbaus bei Eisenbahnen in Ballungsgebieten. BMFT-Projekt 0339122A

PALUSKA, A. et al. (1985): Bodenversiegelung und ihre planerische Relevanz. Umweltbehörde Hamburg, 1985

PLATE, H.P. (1985): Bemerkungen zur Düngung und zur Schwermetallbelastung in Klein- und Hausgärten. Das Gartenamt 34, 4, S. 319 - 321, (1985)

Rat von Sachverständigen für Umweltfragen (RSU) 1987: Umweltgutachten 1987. BT-Drucksache 11/1568

RAUTENSTRAUCH, L. (1987): Grünflächen für Freizeitzwecke als Problem der Regional- und Flächennutzungsplanung, in: Flächenhaushaltspolitik - Ein Beitrag zum Bodenschutz. Akademie für Raumforschung und Landesplanung. Forsch. u. Sitzungsberichte Bd. 173, S. 93 - 118, 1987

SAUERBECK, D. (1982): Probleme der Bodenfruchtbarkeit in Ballungsräumen, in: Bodenkundliche Probleme städtischer Verdichtungsräume. Mitt. der Dt. Bodenkdl. Ges. 33. S. 179 - 193, 1982

SCHMID, R. (1986): Bodenbelastung in Kleingärten - mögliche Ursachen und Gefahren. In: Hohenheimer Arbeiten - Bodenschutz. Tagung über Umweltforschung an der Universität Hohenheim; Ulmer, Stuttgart

SCHÖTTLER, U. (1984): Behandlung von kontaminiertem Grundwasser bei der Sanierung von Altlasten. Beitrag zur NATO-CCMS-Studie, 1984

SUKOPP, H. (Red.) 1979: Ökologisches Gutachten über die Auswirkungen von Bau und Betrieb der BAB Berlin-W. auf den Großen Tiergarten. Sen. Bau-, Wohnungswesen, Berlin 1979

SUKOPP, H. et.al. (1986): Flächendeckende Biotopkartierung im besiedelten Bereich als Grundlage einer ökologisch bzw. am Naturschutz orientierten Planung. NATUR und LANDSCHAFT, 61. Jg. (1986) Heft 10

WENZEL, B. und ULRICH, B. (1988): Kompensationskalkung - Risiken und ihre Minimierung. Forst- und Holzwirt 43, S. 12 - 16

7. Altstandorte und Altlasten als Kategorien kontaminierter Böden

Altlasten stehen als unwillkommene Sonderfälle urban-industrieller Nutzungen. In der Tendenz handelt es sich um Böden und bodenähnliche Substrate, die einen bestimmten Belastungsgrad überschreiten. Es kann sich dabei sowohl um natürlich gelagerte Böden (Kontaminationen), als auch um anthropogene Umlagerungen bzw. Verfüllungen mit künstlichen Substraten handeln (Abfälle). Altlasten sind grundsätzlich in der Vergangenheit produziert worden, ihre Entstehung wurde nicht selten bewußt in Kauf genommen. Das geringe Alter einiger Altlasten zeigt, daß noch heute Altlasten für die Zukunft bereitet werden. Sie sind allgegenwärtige Folgen urban-industrieller Entwicklungen und somit "normale" Begleiterscheinungen der Stadtentwicklung, Spuren und Markierungen von gesellschaftlichen Entwicklungsschüben. Insoweit ist noch lange mit ökologischen und ökonomischen Folgekosten der Industrialisierung zu rechnen.

Spektakuläre Schadensfälle, die ab Ende der 70er Jahre publik wurden, wie der Love-Canal in den USA, Lekkerkerk in den Niederlanden, Stolzenberg und Georgswerder in Hamburg, machten das Ausmaß der Altlastenproblematik international bewußt. In der Bundesrepublik wurde durch weitere Altlasten-"Skandale" (Bielefeld, Barsbüttel, Leverkusen) deutlich, daß Siedlungen bis heute auf den Abfällen vergangener Epochen, auf sedimentierter Geschichte und den unverdauten Rückständen der Gegenwart gebaut werden. Bebaute Altstandorte montanindustrieller Vornutzung wie Kokereien und Hüttenwerke müssen für unbewohnbar erklärt oder aufwendigen Sanierungen unterzogen werden.

Es handelt sich keineswegs um Sonderfälle, sind doch allein in Hamburg ca. 50 Müllkippen bebaut (BÖNNINGHAUSEN, KRISCHOK, LANGE, 1987) und in Hessen etwa 10% der erfaßten Altlasten überbaut worden (nach Angaben des Ministeriums für Umwelt und Energie, 1987). Eine bundesweite Umfrage des Deutschen Instituts für Urbanistik (FIEBIG, 1989) unter kreisfreien Städten und Landkreisen kommt u.a. zu dem Ergebnis, daß bei jedem fünften Altlasten- oder Verdachtsfall ein rechtsverbindlicher Bebauungsplan vorliegt, bei etwa jedem siebten Fall befindet sich ein Bebauungsplan im Verfahren.

Folgenutzungen kontaminierter Böden, seien sie zufällig zustandegekommen oder bewußt geplant, sind nicht nur Wohnbebauungen, sondern auch Gewerbe- und Verwaltungsbauten, Sport- und Freizeitanlagen, bis hin zu Landwirtschaft und Kleingärten. Altablagerungen und -standorte wurden in der Stadtplanung lange Zeit als problemlos gestaltbare Oberflächen betrachtet, die beliebig jeder Folgenutzung, vorzugsweise den Freizeitanlagen, zugeführt werden konnten. Aus dem Altlastenhinweiskataster Berlin geht hervor, daß nahezu jede zweite Altlast unter Wohngebieten, Kleingartenkolonien oder Schul- und Parkflächen liegt.

Altstandorte, Altlasten und kontaminierte Standorte sind Probleme menschlicher Siedlungsbereiche allgemein und damit nicht nur auf große Städte und altindustrialisierte Regionen beschränkt. In einer Stadt wie Neuss sind ca. 100 Altlasten registriert, im Landkreis Wolfenbüttel laut Umweltbericht 1985/86 etwa 140 Altablagerungen und Altlasten bekannt. Nach einer bundesweiten Umfrage unter kreisfreien Städten und in nordrhein-westfälischen Landkreisen (FIEBIG, 1989) ergeben sich 233 Verdachtsfälle je Stadt bzw. 178 je Stadt ohne Hamburg, Bremen und Berlin; in den Landkreisen liegen durchschnittlich 313 Verdachtsfälle.

War unter dem Begriff "Flächensanierungen" bis vor wenigen Jahren in der Stadtplanung "Abriß und Neubau" von erneuerungsbedürftigen Stadtquartieren im Sinne von sanierungsbedürftiger Bausubstanz zu verstehen, so bedeutet Flächensanierung heute Sanierung kontaminierter Standorte, d. h. Bodensanierung.

Ob Altlasten unter den Oberbegriff "Böden" zu subsummieren sind bzw. ein Bodenschutzproblem darstellen, ist definitionsbedingt. Laut Umweltgutachten 1987 des Rates von Sachverständigen für Umweltfragen (RSU, 1987) sind Altlasten streng genommen kein Bodenschutzproblem, da Böden an Deponiestandorten nicht mehr vorhanden seien. Unter Altlasten werden in diesem Sinne allerdings nur die "klassischen" Altlasten verstanden, d.h. Haus-, Sonder- und hausmüllähnliche Ablagerungen ohne Abdeckung mit (natürlichen) Bodensubstraten. Altstandorte als eine weitere Erscheinungsform von Altlasten (Definition siehe unten) sind dagegen Böden, die durch Nutzungen stark verändert und/oder mit Schadstoffen belastet wurden.

Dieses Kapitel betrachtet Altlasten als Stadtboden-Phänomen und kann kein Handbuch der Altlastenerfassung und Altlastensanierung ersetzen. Nicht Deponien, sondern eine mehr flächenhafte, urbane Sichtweise und die Altlast im Bodennutzungsprozeß stehen im Vordergrund.

Ergänzende Literatur:

Kommunale Ebene:
- *Umweltberichte der Gemeinden und Kreise*
- *Sonderveröffentlichungen der Kommunen zu aktuellen Problemfällen*

Länderebene:
- *Handbücher zur Erfassung und Bewertung von Altlasten (z.B. in Hessen und Baden-Württemberg)*

Fachwissenschaftliche Veröffentlichungen:
- *Handbuch Altlastensanierung*
- *Altlasten: Bewertung, Sanierung, Finanzierung. 2. Auflage. Eberhard Blottner Verlag (ausf. Information am Schluß des Buches)*

7.1 Begriffs- und Problementwicklung

Im Laufe seiner "Evolution" im Umweltbereich wurde der Begriff Altlast ausgefüllt. Er taucht - soweit ersichtlich - erstmals im "Umweltgutachten 1978" des Rates von Sachverständigen für Umweltfragen im Zusammenhang mit verlassenen Ablagerungsplätzen auf. Dort heißt es unter anderem: "Es wird auf Dauer offenbar eine Anzahl ungesicherter Ablagerungsplätze mit erheblichen Emissionen als 'untilgbare Altlast' hingenommen werden müssen" (HENKEL, 1987).

Bebaute ehemalige Deponien, verseuchte ehemalige Betriebsgelände sowie großräumige Schadstoffbelastungen aufgrund von Immissionen (Nordenham, Stolberg) zeigen das weite Spektrum möglicher Altlasten nur unvollständig auf. FRANZIUS (1986) schlägt daher vor, angesichts von nicht nur auf Abfallablagerungen beschränkter Schadstoffanreicherungen in Boden und Grundwasser zweckmäßigerweise den erweiterten Begriff "kontaminierte Standorte" zu verwenden. Dieser Begriff würde auch alle "Neulasten", d.h. *sämtliche* belasteten Böden umfassen, auch wenn sie zur Zeit noch in einer Nutzung sind und diese Nutzung gerade jene Belastungen verursacht, die eine spätere Altlast begründen. Die bisher gebräuchlichen Definitionen für Altlasten schließen derartige Flächen ausdrücklich aus.

Definitionen:
Im Abfallgesetz für das Land Nordrhein-Westfalen werden Altlasten juristisch definiert (ABFALLGESETZ NW, 1988):

§ 28 Landesabfallgesetz:
(1) Altlasten sind Altablagerungen und Altstandorte, sofern von diesen nach den Erkenntnissen einer im einzelnen Fall vorausgegangenen Untersuchung und einer darauf beruhenden Beurteilung durch die zuständige Behörde eine Gefahr für die öffentliche Sicherheit oder Ordnung ausgeht.

(2) Altablagerungen sind
1. stillgelegte Anlagen zum Ablagern von Abfällen,
2. Grundstücke, auf denen vor dem 11. Juni 1972 Abfälle abgelagert worden sind,
3. sonstige stillgelegte Aufhaldungen und Verfüllungen.

(3) Altstandorte sind
1. Grundstücke stillgelegter Anlagen, in denen mit umweltgefährdenden Stoffen umgegangen worden ist, soweit es sich um Anlagen der gewerblichen Wirtschaft oder im Bereich öffentlicher Einrichtungen gehandelt hat, ausgenommen der Umgang mit Kernbrennstoffen und sonstigen radioaktiven Stoffen im Sinne des Atomgesetzes,

2. Grundstücke, auf denen im Bereich der gewerblichen Wirtschaft und im Bereich öffentlicher Einrichtungen sonst mit umweltgefährdenden Stoffen umgegangen worden ist, ausgenommen der Umgang mit Kernbrennstoffen und sonstigen radioaktiven Stoffen im Sinne des Atomgesetzes, das Aufbringen von Abwasser, Klärschlamm, Fäkalien oder ähnlichen Stoffen und von festen Stoffen, die aus oberirdischen Gewässern entnommen worden sind, sowie das Aufbringen und Anwenden von Pflanzenbehandlungs- und Düngemitteln.

Nach NEUMANN, DÄHNE und MÜCKE (1986) sind neben den Altablagerungen und den gefahrenverdächtigen Betriebsflächen als mögliche Belastungsherde von Wasser und Boden noch die folgenden Bereiche anzusprechen:
- großflächige Schadstoffbelastungen des Bodens (z.B. durch Aufbringen belasteter Abwässer und Klärschlämme sowie durch Überschwemmungen und Luftverunreinigungen),
- Ablagerungen von Kampfstoffen und Munition,
- Leckagen in Leitungssystemen,
- Defekte Abwasserkanäle.

In der Praxis der Altlastenerfassung konzentriert sich nach der Bestandsaufnahme ehemaliger Ablagerungen seit etwa Mitte der 80er Jahre das Interesse zunehmend auf stillgelegte kontaminierte Standorte. Darüber hinaus setzt sich die Erkenntnis durch, daß bei einer systematischen Erfassung kontaminationsverdächtiger Flächen sinnvollerweise nicht nur stillgelegte Ablagerungsflächen und Betriebsstandorte, sondern alle kontaminationsverdächtigen Flächen (=Böden) mit einzubeziehen sind.

Demnach wäre der Begriff Altlasten als eine Kategorie zum Oberbegriff "Kontaminierte Böden" zu verstehen:

Tab. 7.1: Kontaminierte Böden - Begriffe und Kategorien

Oberbegriff	- kontaminierte Böden
Kategorien Alt-Nutzungen	- bewertete Altkontaminationen (Altablagerungen, Altstandorte, sonstige ehemaligen kontaminierte Nutzungen)
Aktuelle Nutzungen bzw. Kontaminationen	- großflächige Schadstoffbelastungen (Immissionssenken, Überschwemmungsflächen) - nutzungsbedingte Schadstoffbelastungen (Industrie, Gewerbe, Verkehr, Militär) - Kontaminationen durch Unfälle - Undichte Leitungssysteme, Tanks (Produktionsmittel, Abwasser)

Kontaminierte Standorte können auch nach ihrer flächenhaften Erscheinungsform unterschieden werden:
-   exakt abgrenzbare Standorte, Flächen;
-   diffuse Belastungsgebiete durch Luftimmissionen;
-   Belastungsgebiete mit funktions- und nutzungsbedingten Schadstoffbelastungen (Überschwemmungsgebiete, Gebiete mit Erzvorkommen).

Die Abbildung 7.1 verdeutlicht die flächenhaften Erscheinungsformen und räumlichen Überlagerungen von Typen kontaminierter Böden im urban-industriellen Bereich. Punktförmige Kontaminationen, kleine Standorte und flächenhafte Belastungen verdichten sich im urban-industriellen Bereich zu einem Belastungsmuster, in dem unbelastete Bereiche Restflächen bilden.

188

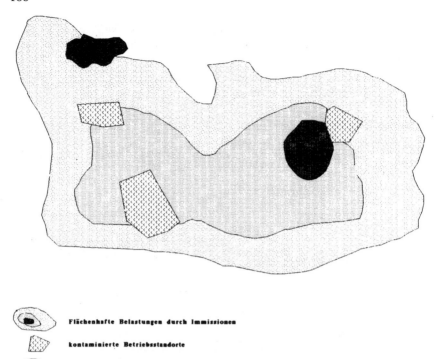

Flächenhafte Belastungen durch Immissionen

kontaminierte Betriebsstandorte

Deponien/Altablagerungen

Abb. 7.1: Flächenhafte Erscheinungsformen kontaminierter Böden

7.2 Kontaminierte Standorte und Böden in Beispielen

Altlasten können Aufschüttungen und Ablagerungen von unterschiedlichsten künstlichen, anthropogenen Stoffen zusammen mit bodenähnlichen Substraten sein, deren "Boden"-Eigenschaften mit denen natürlicher Böden kaum vergleichbar sind; oder natürliche bzw. anthropogen veränderte, natürlich entstandene Böden, die mit problematischen Stoffen kontaminiert sind. Im letzteren Fall können die ursprünglichen Eigenschaften bis auf Schadstoffkontaminationen und deren Auswirkungen weitgehend erhalten geblieben sein. Hinsichtlich Bodenaufbau und Eigenschaften lassen sich prinzipiell drei Typen unterscheiden:
- Ablagerungen/Deponien,
- überformte, kontaminierte Standorte,
- kontaminierte Böden.

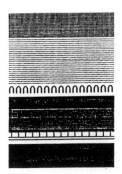

"Mutterboden"

Vegetationsschicht

Dränschicht
2. Lage Dichtungsschicht

1. Lage Dichtungsschicht
Schutzvlies

Kontaminierter Boden

Oberflächenabdeckung auf dem ehemaligen Zinkhüttengelände
in Essen.
aus: BMFT Statusbericht

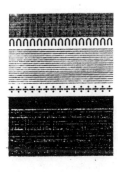

Oberboden
Wurzelbodendrainage

Endabdeckung
Gasdrainageschicht
Ausgleichsschicht

MÜLL

- 55 cm Oberboden zur Begrünung, als Erosionsschutz
  und zur Stabilisierung des Wasserhaushaltes
- 25 cm Oberflächendrainage zur Ableitung von nicht
  kontaminiertem Sickerwasser
- 60 cm Dichtungsschicht aus Lehm mit einer
  Wasserdurchlässigkeit $K_f \leq 10^{-9}$ m/s
- 30 cm Filterschicht aus Splitt 2/32 als
  Gasdrainage
- 30 cm Ausgleichsschicht als Tragschicht

Oberflächenabdeckung der Sondermülldeponie Limburg-
Offheim.
aus: STROH, BIENER (1988)

Abb. 7.2: Technische Bodenprofile - Deponien

Zum ersten Typ gehören Haus-, Sonder- und Gewerbemülldeponien mit und ohne Abdeckungen. Außerdem Ablagerungen der Montanindustrie (Berge, Schlacken, Erze, Schlämme) und Spülfelder aus Baggergut. Der zweite Typ umfaßt kontaminierte Böden ehemaliger Nutzungen von Gewerbe und Industrie, der dritte Typ immissionsbelastete Böden.

Im folgenden werden zwei Beispiele für den Typ Ablagerungen/Deponien näher beleuchtet: Ablagerungen von Müll und von Montansubstraten. Sie repräsentieren jeweils organische und anorganische Substrate, konzentrierte und auch flächenhafte Verbreitung. Ablagerungen von Müll betreffen alle Kommunen, während das zweite Beispiel eine regionale Problematik anspricht. Überformte, kontaminierte Standorte sowie kontaminierte Böden wurden bereits in den Kapiteln 4 und 6 hinsichtlich ihrer Belastungen dargestellt.

7.2.1 Beispiel Mülldeponien:

Böden der Mülldeponien weisen je nach Grad ihrer technischen Verbauung eine weite Spanne an Substraten und Bodenentwicklungen auf. Sofern Deponien mit Oberflächen-Dichtungssystemen abgedeckt sind, um das Einsickern von Niederschlagswasser und das Ausströmen von Deponiegas zu verhindern, zeigen die Böden ein technisches, mehrschichtiges Profil, wie aus Abb.7.2   zu ersehen ist. Exakt bemessene Lagen anthropogener Stoffe wie Rohre und Kunststoffolien sowie natürliche Substrate bilden eine Abfolge von "Funktionshorizonten":
- Pflanzenhorizont (Funktion: Lebensraum),
- Pufferhorizont (Funktion: mechanischer Ausgleich für Bodenbewegungen),
- Dichtungshorizonte (Funktion: Regulierung des Gas- und Wasserhaushaltes).

Hinsichtlich ihrer Entkopplung vom Untergrund sind derartige Böden vergleichbar mit den "Etagenböden" in Pflanzkübeln oder auf Dachgärten. Deponieabdeckungen markieren ein Extrem für Technosole bzw. gesteuerte Genesen.

Ohne Dichtungssysteme werden Bodenabdeckungen oder Böden neben Deponien mit Hausmüll bzw. Hausmüllanteilen durch Sickerwässer aus Niederschlägen und vor allem durch Gase, die bei der Rotte entstehen, in ihren Eigenschaften und ihrer Genese geprägt. BLUME et al. (1983) sprechen daher von "Methanosolen" oder "Methan-Rohböden": Charakteristikum der Deponieböden sind hohe Methangehalte und schwarze, reduzierte Unterböden. Methan entsteht beim mikrobiellen Abbau organischer Stoffe und entweicht gasförmig zusammen mit CO_2, Stickstoff und weiteren Spurengasen nach oben. Pro Tonne Müll können bis zu 350 m³ Gas mit 40-65% Methan entstehen, von denen bis zu 1,5 m³ pro m² und Stunde aus dem Boden ausströmen. Gleichzeitig gebildetes Sulfid wird an Schwermetalle gebunden und verursacht die schwarzen Verfärbungen. An Austrittsstellen von Müllsickerwässern treten besonders starke Eisenanreicherungen in den Böden auf.

Während sich Sauerstoffmangel, verursacht durch Gase nur im Umfeld bis ca. 100 m um Deponien, schädigend auf die Vegetation auswirken kann, tritt der durch Sickerwasser verursachte Sauerstoffmangel je nach Bodenverhältnissen noch in größeren Entfernungen von Deponien auf. Oberflächlicher Abfluß von Deponiekörpern herab in die Umgebung führt zu einer Eutrophierung im Oberboden, während Methan und Sickerwasser eher Auswirkungen auf die Unterböden zeigen (GRENZIUS, 1987).

Derartige Deponieböden zeigen trotz fehlenden Grundwassers und mäßiger Bodenfeuchte Ähnlichkeiten mit grundwassergeprägten Gleyböden. Durch den Gasaustritt und den daraus resultierenden Sauerstoffmangel wird eine Vegetationsentwicklung im Deponieboden und die Bildung von Humus stark behindert; die Genese verharrt im Rohbodenstadium. Gut durchlüftete, in den oberen Horizonten müllfreie Böden begrünen sich rasch.

Setzungen in Müllablagerungen werden verursacht durch:

1. biologischen Abbau organischer Substanzen und damit verbundene Volumenreduzierung,

2. Konsolidierungen, beispielsweise durch Auflasten(Bauwerke),

3. Veränderungen des Deponiewasserhaushaltes, z.B. durch Veränderungen des Grundwasserspiegels.

Zu diesem Komplex gehören auch Rutschungen, Sackungen, Geländeabsenkungen sowie Gelände- und Böschungsbrüche. Die Letztgenannten entstehen vorwiegend dadurch, daß nasse oder teilweise eingestaute Deponiekörper einen höheren Druck auf Basis und Flanken ausüben als dies bei einem trockenerem Zustand der Fall ist (KASTL et al., 1987).

7.2.2 Beispiel Montansubstrate:

Montansubstrate begründen in einigen Regionen der Bundesrepublik die in Fläche und Volumen häufigsten Bodenkontaminationen. Sie umfassen alle Aufschüttungen und Ablagerungen mit Rückständen, Abfällen und Produkten aus dem Bergbau und der Erzverhüttung:
- Bergematerial,
- Kohle, Koks,
- Kohleschlamm,
- Schlacken, Aschen,
- Abraum aus dem Erzbergbau.

Die ob ihrer flächenhaften Verteilung problematischsten Ablagerungen stammen aus dem Steinkohlenbergbau. In unmittelbarer Nähe der Schachtanlagen, die häufig innerhalb ausgedehnter Siedlungen lagen, wurden Millionen Tonnen Montansubstrate, überwiegend Gruben- und Waschberge, abgelagert bzw. zu Halden aufgeschüttet. Beispiele dafür sind das rheinisch-westfälische Industriegebiet, der Aachener Raum und das Saargebiet. Um Haldenkapazitäten zu sparen, wurde das Bergematerial überall dort zur Geländeausformung und als Schüttgut eingesetzt, wo es zu Bauzwecken und zur Landschaftsgestaltung nutzbar war, etwa beim Straßenbau, bei der Anlage von Bahndämmen und zur Aufhöhung von ebenfalls ausgedehnten Bergsenkungsgebieten. Die häufig erfolgte mehrfache Umlagerung der Montansubstrate führte zu weiterer Verbreitung. So wurden Aufhaldungen der 1. und 2. Generation, die nach Jahrzehnten endlich begrünt waren, ganz oder teilweise wieder abgetragen, weil sich das Material für Verkehrsunterbauten eignete und weiträumig veräußert wurde. Begehrt war und ist vor allem das durch Schwelbrände entstandene ziegelgrußartige Material von Schiefertonbergen (vgl. WOHLRAB et al., 1982).

Die Berge bestehen aus den Nebengesteinen des Karbons, vor allem sandigen Schiefertonen und Sandsteinen, die je nach Förder- und Aufbereitungstechnologie mit Steinkohleresten vermengt sind. Es handelt sich bei diesen Gesteinen überwiegend um tonig-sandige Sedimentgesteine, so daß zwischen dem quarzfreien Schieferton und dem quarzreichen Sandstein hinsichtlich des Quarz-Tonmineral-Verhältnisses alle Übergänge vorkommen.

Die im Jahr 1980 im Gebiet der BAG Niederrhein angefallene Bergemenge entspricht mit etwas über 1 Mio. t dem gesamten im Regierungsbezirk Düsseldorf angefallenen Abfall, d.h. Haus-, Sperr- und Industriemüll, Bodenaushub und Bauschutt (DÜNGELHOFF und PLANKERT, 1983). Mit Bergehalden sind im Ruhrgebiet ca. 25 km² Boden über- und verschüttet. Auf weiteren 360 ha sind zusätzliche Aufhaldungen genehmigt und in Gebietsentwicklungsplänen nochmals 850 ha für Bergehalden vorgesehen (ITZ, 1982). Zusätzlich sind in den Montanstädten beträchtliche Areale mit kleineren Ablagerungen und Verfüllungen aus Bergematerial und anderen Montansubstraten bedeckt, die ähnliche Flächen ausmachen. (vgl. Kap.3). Die Umwälzungen in der Lithosphäre werden in der Emscherniederung, der industriellen Kernzone des Ruhrgebietes, offensichtlich, die innerhalb von 100 Jahren urban-industriell überformt und aus einer feuchten Bruchlandschaft zu einer Hügelkette "gestaltet" wurde.

Diese geogenen, biologisch betrachtet sterilen Substrate erhalten ihre Problematik aufgrund ihrer Zusammensetzung (Vgl. Tab.7.2) aus anfangs lebensfeindlichen Untergrundgesteinen.

Tab. 7.2: Zusammensetzung von Bergematerial (Ruhrgebiet)

	Mineralogische Zusammensetzung	Chemische Zusammensetzung	
Mineral	(%)	Hauptbestandteile	(%)
Illit	41-66	SiO_2	54-63
Kaolinit	1-25	TiO_2	0,8-1,3
Chlorit	1- 5	Al_2O_3	20-29
Tonminerale	59-73	Fe_2O_3	4-12
Feldspat	1- 4	MgO	1,3-2
Quarz	11-27	CaO	0,4-4
Siderit	1- 4	Na_2O	0,2-1,2
Dolomit	0- 5	K_2O	3-5
Calcit	0- 1		
Pyrit	<1- 9		

nach: DÜNGELHOFF und PLANKERT (1983)

Durch physikalische Verwitterung zerfallen die Schiefertone an der Bodenoberfläche sehr rasch (nach 1-3 Jahren, Feinbodenanteil bis zu 70%) zu dicht-
lagernden Tonschichten. Unter der Oberfläche überwiegt die sehr viel langsa-
mere chemische Verwitterung, die zu Mineralneu- und Mineralumbildungen
und oft zu einer Ummantelung und Verkittung von Gesteinsbrocken führt
(SCHNEIDER, 1983). Auf den chemischen Verwitterungsverlauf wirkt sich
vor allem das starke Absinken der pH-Werte aus (WIGGERING, 1984). Von
ursprünglich 6-8 können die Werte bis auf 2-3 absinken. Die pH-Werte streu-
en allerdings auf kürzeste Entfernung außerordentlich stark (KNABE, 1968).
Die starke Versauerung ist in erster Linie auf die Pyritverwitterung zurückzuführen, wobei freie Schwefelsäure entsteht.

Weitere Eigenschaften von Böden aus Bergematerial sind geringe Austausch-
kapazitäten und geringe Nährstoffgehalte (wenig Ca^{2+} und Mg^{2+}). Durch Niederschläge werden Chloride und Sulfate ausgewaschen, die im Sickerwasser
Konzentrationen von 5.000 mg/l erreichen können. Langjährige Untersuchungen an im Rheinisch-Westfälischen Steinkohlenbezirk vorhandenen Halden haben ergeben, daß im Mittel ca. 0,08 Gew. % Sulfat und 0,05 Gew. %
Chlorid ausgewaschen werden können (WBK, 1981). Bei großen Schüttun-
gen von 100 Mio. Tonnen entspricht das 50.000 t Chlorid und 80.000 t Sulfat. Die stark eingeschränkte Durchwurzelbarkeit aufgrund mechanischer und
chemischer Verhältnisse, der geringe Feinerdeanteil im reinen Bergematerial,
und durch hohen Grobporen- und Hohlraumanteil begrenzter kapillarer Was-
seraufstieg, verbunden mit geringem Wasserhaltevermögen und rascher Aus-
trocknung der oberflächennahen Schichten erschweren eine Begrünung (Rekultivierung) der Bergeablagerungen.

Noch Jahrzehnte nach ihrer Schüttung ist, wenn keine Übererdung mit "Mutterboden", Lehm oder Klärschlamm vorgenommen wurde, der Bewuchs spär-
lich und von Erosionserscheinungen bedroht. Den Problemen der Bodenbil-
dung/Verwitterung und Begrünung dieser extremen Standorte wurde mit stei-
gendem Umweltbewußtsein auch eine größere wissenschaftliche Aufmerksamkeit zuteil (z.B. KVR, 1982; STENZEL, 1983; GLA, 1983).

Bei den als "Landschaftsbauwerken" ausgeformten Halden der 3. Generation
wird schon im Betriebsplan eine gezielte,an der Folgenutzung orientierte Begrünung und damit auch Bodenbildung festgelegt. Da flächenhafte Übererd-
ungen schon aus Mengengründen ausscheiden, wird die Substratbildung
weiter im Mittelpunkt des Interesses stehen.

7.3 Umweltauswirkungen und Gefährdungspfade

Eine mögliche Gefährdung der Umwelt entsteht durch die von einer Deponie bzw. Altablagerung ausgehenden Emissionen. Umweltauswirkungen kontaminierter Standorte gehen über die als Altlast erfaßte zweidimensionale Fläche hinaus; sie besitzen einen in der Zeit veränderlichen dreidimensionalen Wirkungsraum. (Gefährdungspfade von stofflichen Bodenbelastungen wurden bereits in Kap. 4 dargestellt).

Auswirkungen sind:
- Verunreinigung von Grund- und Oberflächenwasser Gefahr für die Trinkwasserversorgung,
- direkter Kontakt von Mensch und Tier mit toxischen Stoffen, Gesundheitsgefährdung durch Arbeiten im Bereich der Deponie, spielende Kinder usw.,
- bautechnisch schlechte Untergrundgegebenheiten, eingeschränkte Nutzbarkeit,
- Schadstoffbelastungen der Böden, eingeschränkte Nutzbarkeit,
- Emissionen gasförmiger oder flüssiger Art, Explosionsgefahr durch Eindringen von Gasen über Rohrdurchführungen, Leitungen und Setzungsrisse im Gebäude.

7.3.1 Gefährdungen über den Luftpfad

Zu unterscheiden sind gasförmige und staubförmige Emissionen. Gefährdungen durch Gase über den Luftpfad gehen von Ablagerungen organischer Materialien aus. Grundsätzlich entstehen durch biochemische Abbauprozesse dort Gase, die nicht nur sehr toxisch, sondern auch explosiv sein können. Die Belastungen durch Gase sind in erster Linie unmittelbar auf bzw. am Rande ihres Entstehungsortes von Bedeutung, besonders in geschlossenen Räumen von Deponiebebauungen können sich auch relativ schwache Ausgasungen zu bedrohlichen Konzentrationen anreichern. Die entstehenden Gase sind überwiegend Methan (CH_4), Kohlendioxid (CO_2) und Stickstoff (N_2). Hinzu kommt eine ganze Reihe gefährlicher Kohlenwasserstoffe und Schwefelverbindungen (vgl. TABASARAN, 1982).

Das Gas wird sich entweder lateral im Deponiekörper verteilen oder sich im Bereich bestehender Abdeckschichten stauen und an den Stellen des geringsten Widerstandes austreten; die intensive Gasproduktion kann zwanzig bis dreißig Jahre und darüber hinaus andauern.

Beispiel Wohnbebauung und Deponiegas:
In Barsbüttel bei Hamburg sind von 144 Wohnhäusern auf einer ehemaligen Deponie mehrere wegen Setzungserscheinungen und austretenden methanhaltigen Faulgasen für unbewohnbar erklärt worden. Die explosiven und giftigen Gase fingen sich in den Hohlräumen unter den von Betonpfeilern gestützten Häusern und konnten durch Setzrisse in Keller und Wohnräume gelangen. Besonders gefährlich kann es im Winter werden, wenn die Gase nicht mehr durch das gefrorene Erdreich entweichen können.
aus: FAZ vom 10.12.1986

Auswirkungen von Deponiegasen über den Luftpfad sind:
1. Gefährdung der Gesundheit durch Einatmen von toxischen bzw. kanzerogenen Spurengasen (besonders durch halogenierte Kohlenwasserstoffe, Kohlenmonoxid sowie Schwefelwasserstoff).

2. Explosionsgefahr durch Methan, welches in bestimmten Mischungsverhältnissen mit Luft explosiv sein kann (zündfähiges Gemisch zwischen 5 und 15 Vol. % Methan).

3. Erstickungsgefahr in geschlossenen Räumen durch Kohlendioxid (Verdrängung von Sauerstoff).

4. Brandgefahr (Deponiegasgemische entzünden sich bei 595 bis 650 °C, in besonderen Fällen ab ca. 235 °C; dazu genügt z.B. ein Zündfunke, bzw. der Funke eines Lichtschalters).

5. Geruchsbelästigung (penetranter süßlich-modriger Geruch durch Begleitgase); die Ausbreitung kann bei entsprechenden Wetterlagen über weite Strecken entlang des Bodens erfolgen. Verursacher sind in der Regel folgende Geruchsstoffe: Schwefelwasserstoff, organische Säuren, organische Schwefelverbindungen, Ammoniak.
Neben Gasen werden staubförmige Emissionen von Altlasten über beträchtliche Entfernungen verfrachtet. Nicht bewachsene Halden mit Abraum aus dem Kohle- und Erzbergbau (Ruhrgebiet, Harz) sind als Quellen großflächiger Schadstoffanreicherungen in umliegenden Böden bekannt.

7.3.2 Gefährdungen über den (Grund-)Wasserpfad

Von den zahlreichen negativen Einflüssen, die von Emissionen aus Altlasten auf die Umwelt ausgehen, sind Grundwasserkontaminationen von herausragender Bedeutung. Einmal sind sie schwierig zu erkennen, da sie oft erst mit langjähriger Verzögerung auftreten und zum anderen nahezu irreversibel. Gleichzeitig stellt das Grundwasser die wichtigste Ressource für die Trinkwassergewinnung dar.

In die Altablagerung eindringendes Niederschlags-, Grund- oder Oberflächenwasser löst beim Durchsickern der abgelagerten Materialien Schadstoffe heraus und wird somit mehr oder weniger verunreinigt. In Abhängigkeit von der Art der Abfallstoffe und den meteorologischen Verhältnissen ergeben sich Beschaffenheit und auch Menge des sogenannten Sickerwassers; besonders problematisch ist eine Verunreinigung mit den kaum oder nur schwer abbaubaren Halogenkohlenwasserstoffen. Erfahrungsgemäß kann das Sickerwasser noch nach Jahrzehnten hohe Belastungen aufweisen.

Da die Altdeponien durchweg keine Abdichtungen im Basisbereich besitzen und häufig noch auf durchlässigem Untergrund (ehemalige Sand- und Kiesgruben), ja sogar im Grundwasser stehen, kann sich das Sickerwasser problemlos ausbreiten; die schwersten Auslaugungen erfolgen zweifellos bei einer Lage im angeschnittenen Grundwasser. Inwieweit eine großflächige Kontamination möglich ist, hängt von den anstehenden Untergrundverhältnissen ab. Selten ergibt sich durch dichte tonige Schichten (ehemalige Tongruben) ein ausreichender Grundwasserschutz. In diesen Fällen staut das Sickerwasser jedoch meist innerhalb des Deponiekörpers auf, tritt oberirdisch aus und verunreinigt wiederum in der Nähe vorbeifließende Oberflächengewässer (KASTL et al., 1987).

Schadstoffe können flächenhaft, etwa aus Deponien und kontaminierten Flächen, oder punkt- und linienförmig aus defekten Lagern/Leitungsystemen eingetragen werden. Für ihre Ausbreitung im System Boden-Grundwasser sind die Stoffeigenschaften und die hydrogeologischen Verhältnisse ausschlaggebend; punktförmige Quellen können durchaus weitflächige "Ausbreitungsfahnen" im Grundwasserstrom verursachen. Die Abb. 7.3 macht deutlich, daß Belastungen aus kontaminierten Standorten nicht nur die unmittelbar "genutzte" Fläche betreffen, sondern auch benachbarte und weiter entfernt liegende Nutzungen gefährden. Eine punktförmige oder flächennutzungsbezogene Erfassung und Darstellung von Altlasten und Altstandorten ist für die Bewertung ihrer räumlichen Umweltrelevanz und für die Ebene der Stadt- und Umweltplanung daher unzureichend.

Sind die Schadstoffe einmal im Grundwasserstrom, ist ihre Ausbreitung kaum zu begrenzen. Kontaminationen im Abstrom einer Altlast konnten in

198

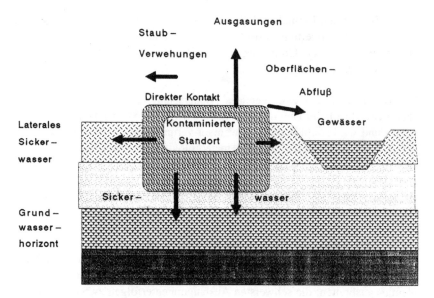

Abb. 7.3: Belastungspfade kontaminierter Standorte

einer Entfernung von 10 km und weiter noch nachgewiesen werden. Die im Grundwasser transportierten Stoffe können je nach Eigenschaften, Untergrundverhältnissen und Konzentrationen Veränderungen erfahren oder werden abgebaut. Nicht abgebaut werden Salze, Schwermetalle und viele Kohlenwasserstoffe.

Durch Sickerwasser und austretendes belastetes Grundwasser (Quellen) sind besonders kleinere Fließ- und Stillgewässer in der Nähe von Altlasten betroffen. Großräumige Belastungen entstehen, wenn Oberflächenabfluß von Altstandorten bzw. Abwassereinleitungen in Fließgewässer gelangen. Bekanntes Beispiel sind die extremen Quecksilberbelastungen, die von der Chemischen Fabrik des Fichtelgebirgsstädtchens Marktredwitz über das Flüßchen Kösseine weit verbreitet wurden und den hochkontaminierten Altstandort (die Fabrik wurde 1985 geschlossen) in seiner Wirkungsfläche gegenüber seiner Produktions-Grundfläche um ein Vielfaches vergrößerten.

Zu den großflächigen Altlasten und kontaminierten Standorten, die letztendlich über den Wasser/Abwasserpfad kontaminiert werden, gehören Überschwemmungsgebiete, Spülflächen von Baggergut aus Flüssen und Häfen sowie Ausbringungsflächen von Klärschlämmen und Abwässern. Kanalisation und davon ausgehende Belastungen von Böden und Grundwasser werden in Kapitel 4 behandelt.

7.3.3 Gefährdungspfad über Boden/Pflanze

Da Pflanzen in der Lage sind, Schadstoffe aus dem Boden aufzunehmen, können diese bei Nutzpflanzen über die Nahrungskette in den menschlichen Organismus gelangen.

Außer der direkten Bodenbelastung durch abgelagerte Stoffe kann in Einzelfällen auch durch Verwehungen oder Auswaschungen bestimmter Stoffe während des Deponiebetriebes oder bei nicht abgedeckten Ablagerungsflächen eine Beeinflussung des Bodens im Nahbereich der Deponie erfolgen. Staubförmige Ablagerungen auf Pflanzen sind ebenfalls zum Gefährdungspfad Boden/Pflanze zu zählen.

Die Schadstoffaufnahme durch Pflanzenwurzeln wird von dem Vorhandensein einer Abdeckschicht, bzw. deren Dicke stark beeinflußt. Eine ausreichend mächtige Abdeckung kann die Aufnahme verzögern oder verhindern, die Schichtdicke muß jedoch in Verbindung zur Wurzeltiefe der verschiedenen Pflanzen gesehen werden. Deponiegase verändern die Lebensbedingungen im Boden durch die Verdrängung des Sauerstoffs in der Bodenluft. Pflanzenwurzeln sind auf einen Sauerstoffgehalt von ca. 12% in der Bodenluft angewiesen. Mit einem Umschlagen des oxidativen zum reduzierenden Milieu wird auch das gesamte sonstige Bodenleben betroffen. Überlebensfähig sind nur noch anaerobe Organismen, die aerobe Zersetzerkette wird unterbrochen.

Generell ist eine Zuordnung des Schadstoffgehaltes in der Pflanze zu demjenigen des Bodens nicht möglich, da verschiedene Faktoren, wie Pflanzenart, Art des Schadstoffes, Bodentyp und pH-Wert, eine entscheidende Rolle spielen. Unter ungüstigen Konstellationen dieser Parameter treten bereits bei Bodenbelastungen unterhalb der derzeitigen Richt- und Orientierungswerte Belastungen in den Pflanzen auf, die nach der Futtermittelverordnung und dem Lebensmittelgesetz unzulässig sind. Eine Beurteilung, Bewertung des Gefährdungspfades Boden-Pflanze-(Tier)-Mensch gestaltet sich nicht nur für die Gefährdungsabschätzung am Standort problematisch, sondern birgt auch einige Brisanz hinsichtlich umweltpolitischer Auswirkungen: unter der Annahme ungünstiger Konstellationen müßten ganze Stadtregionen zu Belastungsgebieten erklärt werden.

7.4 Ausmaß und Ursachen

Im Februar 1988 waren in den Bundesländern nahezu 32.000 Altablagerungen erfaßt (ACHAKZI et al., 1988). Die Gesamtzahl aller Verdachtsflächen (Altablagerungen, Altstandorte, kontaminierte Standorte) wird auf mindestens 70.000 geschätzt.

Nach dem derzeitigen Erkenntnisstand sind etwa 5 - 10 % dieser Flächen hochgradig verunreinigt und daher zu sanieren, zu sichern bzw. dauernd zu überwachen. Die Mehrzahl dieser Flächen kann jedoch einer eingeschränkten Folgenutzung zugeführt werden. Tabelle 7.3 zeigt einen vorläufigen Stand der Altlastenerfassung in der Bundesrepublik. Jüngste Umfragen unter kommunalen Behörden (FIEBIG, 1989) lassen erkennen, daß
- die kommunale Praxis der Erfassung von altlastenverdächtigen Fällen umfangreicher ist, als dies bisher in den Erhebungen der Länderbehörden zum Ausdruck kommt,
- die jeweils in den Kommunen ermittelten Verdachtsfallzahlen u.a. abhängig sind von der Systematik und Methodik der Erfassung.

Wie stark die Probleme im urban-industriellen Bereich kumulieren, zeigen die Zahlen aus Berlin und Hamburg. Sind in Westberlin etwa 600 Verdachtsflächen bekannt, so werden für Hamburg 1.800 - 2.400 altlastenverdächtige Flächen angegeben (BÖNNINGHAUS, KRISCHOK, LANGE, 1987; HENKEL, 1987). Hinzu kommen unzählige kleinräumige Ablagerungen, Verfüllungen und Kontaminationen, die nicht als Altlasten erfaßt werden, in ihrer Summe aber ungeahnte Ausmaße erreichen können.

Nicht selten findet sich in altindustrialisierten Regionen die Nutzungsabfolge "Altlast auf Altlast", zum Beispiel Schrottverwertung auf ehemaligem Kokerei/Zechengelände. Abgesehen von einer möglichen Gefahrenakkumulation kann ein derartiger "Nutzungswandel" bodenschutzpolitisch durch Konzentration von Gefahrenpotentialen, statt fortlaufend weiterer Bodeninanspruchnahme durch degradierende Nutzungen, wünschenswert sein. Die Regel ist eher ein Nutzungswandel Deponie/Altstandort und dann Wohnen/Freizeit (siehe einleitende Beispiele) oder auch "Biotop".

Bis in die 70er Jahre waren Abfälle aller Art beliebte Füllmassen zur Nivellierung und Gestaltung des Stadtreliefs. Für die Nachkriegszeit lassen sich zwei Deponierungs-Phasen unterscheiden:
1. Unmittelbar nach dem II. Weltkrieg mußten große Mengen an Trümmerschutt beseitigt werden.

Tab. 7.3: Erfaßte und vermutete Altlastenflächen in der Bundesrepublik Deutschland ("alte" Bundesländer)

Bundesland	Zahl	Art der Verunreinigungen	letzter Erfassungszeitpunkt	Quellen
Baden-Württemberg	6.800	Altablagerungen	Dezember 1986	Bodenschutzprogramm 1986 vom 1.Dezember 1986,hrsg. vom Ministerium für Ernährung, Landwirtschaft und Forsten, Stuttgart 1986, S. 25
Bayern[a]	5.000	Altablagerungen	1972	Umweltpolitik in Bayern, München 1986, S. 183 und 198
Berlin	353(1)-623(2)	Altablagerungen	Februar 1987	(1) Abgeordneten-Drs.10/1248 (2) Auskunft des Senators für Stadtentwicklung und Umweltschutz
Bremen	61	Altablagerungen	Juni 1986	Altablagerungen in der Stadtgemeinde Bremen, Bremen 1986
Hamburg	1.720(1)-2.400(2)	Altablagerungen und Altstandorte	Januar 19 86	(1) Bürgerschafts-Drs.9/2477 (2) Bodenbericht '86, Hamburg 1986, S. 22
Hessen	4.500	Altablagerungen	Januar 1987	Handbuch Altablagerungen, Teil 2 hrsg. von der hessischen Landesanstalt für Umwelt, Wiesbaden 1987, S. 4
Niedersachsen	5.073	Altablagerungen	Januar 1987	Altlastenprogramm des Landes Niedersachsen- Altablagerungen-. Sachstandsbericht, hrsg. vom Niedersächsischen Landesamt für Wasserwirtschaft, Hildesheim 1987,S.2
Nordrhein-Westfalen	10.602	Altablagerungen und Altstandorte	Dezember 1986	Auskunft des Ministeriums für Umwelt, Raumordnung u. Landwirtschaft
Rheinland-Pfalz	5.200(1)-10.000(2)	Altablagerungen	Dezember 1986	(1) Pressemitteilung des Ministeriums für Umwelt und Gesundheit vom 16. Februar 1987 (2) LT-Drs. 10/2509, S. 3 f.
Saarland		Altablagerungen	August 1986	Auskunft des Ministeriums für Umwelt
Schleswig-Holstein	2.000(1)-2.298(2)	Altablagerungen	Februar 1986	(1) Bericht über Abfall-Altlasten in Schleswig-Holstein, hrsg. vom Minister für Ernährung, Landwirtschaft und Forsten, Kiel o.J. (2) Auskunft des Ministeriums für Ernährung, Landwirtschaft und Forsten
Summe	ca. 42.000-48.000 Verdachtsflächen			

*Quelle: Henkel, 1987
a Zahlen nur bedingt vergleichbar

2. Mit dem Aufblühen der Wirtschaft expandierte das Abfallaufkommen; verteilt wurden Hausmüll, Industrieabfälle und Bauschutt entweder gleich am Ort ihrer Entstehung oder noch innerhalb der Ortschaft in Gruben, Senken, Gräben usw. Mit den Abfällen wurden neue Flächen modelliert, ausgebessert, Bauland geschaffen.

In Westberlin wurden seit 1945 etwa 10 Mio. m^3 Hausmüll auf mindstens 40 über das gesamte Stadtgebiet verstreute ungeordnete Deponien (Verfüllung von Kiesgruben, Bombentrichtern, Senken und Pfuhlen) abgelagert. Laut Umweltatlas Berlin (1986) sind diese Flächen heute Kleingärten oder Sportplätze, werden sogar landwirtschaftlich genutzt oder liegen brach.

Durch Kriegseinwirkungen wurden viele Industriestandorte, aber auch Bahnanlagen zu großflächigen Kontaminationen. Durch Bombeneinwirkung wurden Lager, Tanks, Tankwagen und Leitungen mit Rohstoffen, Zwischenprodukten, Endprodukten und Abfallstoffen zerstört und der Inhalt freigesetzt. Ein Beispiel aus Hannover mag das Ausmaß der Zerstörung und die mögliche Dimensionen von Bodenkontaminationen verdeutlichen: Auf dem Gelände der Raffinerie Neurag-Derag in Hannover, die 1938 600.000 t Öl verarbeitete, explodierten während des Krieges 4.000 - 5.000 Bomben.

Beispiel Problembewußtsein Altlasten:
Wie naiv von Seiten der Müll- und Abfallbeseitigung potentielle Auswirkungen von Deponien auf die Umwelt noch Ende der 60er Jahre eingeschätzt wurden, macht ein Beispiel aus dem "Handbuch über die Sammlung, Beseitigung und Verwertung von Abfällen aus Haushaltungen, Gemeinden und Wirtschaft" deutlich. Unter der engagierten Überschrift "Reinhaltung des Bodens - ein Gebot unserer Zeit (!). Beseitigung von Abfallstoffen im Hinblick auf die Reinhaltung des Bodens" behauptet einer der Autoren des Handbuches (FUSS, 1968):
"Von einmal auf Ablagerungsplätzen abgelagerten Abfällen, ob in geordneter oder ungeordneter Form, können keine Verunreinigungen des Bodens mehr verursacht werden. Die Ansprüche hinsichtlich der Vermeidung von Bodenverunreinigungen werden von diesem Verfahren der Abfallbeseitigung also voll erfüllt. Eine abgeschlossene und in die Landschaft wieder eingefügte Mülldeponie stellt dann nichts anderes dar, als ein lokales Vorkommen eines recenten Lockergesteines künstlichen Ursprungs. Als solches ist es den gleichen natürlichen Umwandlungen und Eingriffen unterworfen, wie alle anderen oberflächennahen Sedimente. Im langen Verlauf der Alterung, Verdichtung, Verwitterung werden organische Substanzen mineralisiert, Metalle vererzt und Nichtmetalle petrifiziert zu Nichterzmineralien".

Aus dem Strukturwandel der Industrie ab den 60er Jahren erwuchsen in einer dritten Phase meist großflächige kontaminierte Standorte, die deutlich später als die Altdeponien in ihrem Gefährdungspotential erkannt wurden. Ehemalige Standorte der Montanindustrie (Zechen, Kokereien, Gaswerke), der Mineralölindustrie und der Chemiefabriken wurden meist nur eingeebnet, Reste von Gebäuden und Anlagen dienten wiederum der Verfüllung. Anschließend wurden die Flächen für neue Nutzungen aller Art vorgesehen. "Oberflächlich" betrachtet eine günstige Gelegenheit, zentral "neuen Grund und Boden" zur Verfügung zu stellen.

Tab. 7.4: Flächenhafte Ausdehnung und Volumen von kontaminierten Standorten (Vergleich von Größenordnungen)

Altlastentyp	Flächen	Volumen
Kl. Ablagerungen, Unfälle	10 - 100 m²	10 - 1000 m³
Kommunale Deponien, Altstandorte, Ablager. Montanindustrie	0,1 - 10 ha	1000 - 100.000 m³
Große Altstandorte, Zentraldeponien, Großhalden	10 - 100 ha	bis Mio m³
Summe aller Altablg. der Stadt Bonn (Altlastenbericht 1986)	?	20 Mio m³
Belastungsgebiete (Überschw., Immiss.)	100 ha - 100 km²	?

Die in den Altlastenkatastern geführten Zahlenangaben von Verdachtsflächen und nachgewiesenen Altlasten geben nur wenig Aufschluß über das tatsächliche Ausmaß der Bodenbelastungen, die Dimensionen in der Fläche und im Raum erreichen beträchtliche Größenordnungen. Wirkungsflächen und Wirkungsräume reichen durch verschiedene Belastungspfade noch weit über den

204

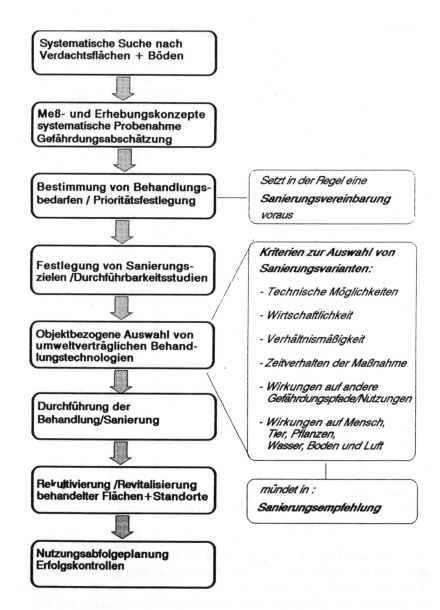

Abb. 7.4: Sanierungslauf

eigentlichen kontaminierten Kernbereich hinaus. Belastungsgebiete aufgrund von Immissionssenken erreichen Ausmaße, die der Fläche von Großstädten entsprechen. Allein im Raum Stolberg sind mehr als 60 km² Boden mit mehr als 200 ppm Blei belastet; 9.000 ha sind in Nordenham so hoch kontaminiert, daß keine Weidenutzung mehr möglich ist (SCHNEIDER, 1982; RIE-MANN, 1982). In ihrer räumlichen Dimension summieren sich enorme Belastungen (vgl. 6.3.2).

Auch großflächige Belastungen in Überschwemmungsbereichen summieren sich bei relativ geringer Kontaminationstiefe zu enormen Schadstofflagern auf:
"Am Mittellauf der Elbe enthalten schlickreiche Auenböden durchschnittlich 1.800 ppm Zink, 440 ppm Kupfer, 300 ppm Blei, 250 ppm Chrom, 160 ppm Arsen, 90 ppm Nickel und 25 ppm Cadmium, davon sind für Zn, Cu, Pb, As und Cd mehr als 90% für Cr 80% und für Ni 65% anthropogenen Ursprungs. Pro Hektar und 1 m Tiefe wurden bislang 12 Tonnen, im Mittel 4 Tonnen Schadstoffe sedimentiert" (MIEHLICH, 1983).

7.5 Sicherung und Sanierung

7.5.1 Qualitätsziele

Technischen Lösungen der Bodensanierung umfassen unterschiedlichste Verfahren zur Minderung von Schadstoffbelastungen, wie Gase absaugen, verfestigen, immobilisieren, spülen, waschen, verbrennen, mikrobiologisch abbauen, auskoffern, isolieren. Das zugrundeliegende allgemeine Qualitätsziel "Sauberes Erdreich" oder "Sauberer Boden" ist jedoch irreführend. Erstens können nicht alle potentiellen Schadstoffe bzw. Zwischen- und Abbauprodukte "verschwinden", und zweitens werden derart behandelte Böden in ihren ökologischen Funktionen oft irreversibel zerstört.

Ist das Sanierungsziel die Wiederherstellung des "status quo ante", des ursprünglichen, nicht belasteten/kontaminierten Zustands? Oder soll die Qualität nur soweit wieder hergestellt werden, daß die Böden als bedingt nutzbar bezeichnet werden können? Das bedeutet auch die Berücksichtigeng von Kosten-Nutzen-Verhältnissen. Für den Bodenschutz in den Niederlanden gilt das "Multifunktionalitätsprinzip": d.h. alle Bodeneigenschaften, die geeignet sind, den künftigen Generationen sämtliche Optionen offenzuhalten, müssen gewahrt bleiben. Dieses allgemeine Bodenschutzziel auf Altlastenflächen anzuwenden, setzt nicht nur unerschöpfliche Mittel voraus, sondern entspricht im urbanen Bereich nicht immer den Anforderungen künftiger Nutzungen und städtebaulichen Entwicklungsziele. Bodenbelastende Industrien setzen keine Bodenqualitäten für Gemüseanbau voraus. Realisierbare Qualitätsziele z.b. Gefährdungsminimierungen, liegen zwischen diesen beiden Eckwerten.

Trotz der komplexen Problematik der Herleitung und Begründung von konkreten Eckwerten besteht in der Sanierungs- und Planungspraxis ein immer dringender werdender Bedarf an einer Normierung für die Bodenbewertung und Bodenqualitätsziele. Die von verschiedenen Seiten bereits vorgeschlagenen handlungsorientierten Eckwerte sind noch ohne Bestätigung durch die Wirkungsforschung. Auch Probleme hinsichtlich einer Regionalisierung von ökologischen Eckwerten sind weitgehend ungelöst. Durch den steigenden umweltpolitischen Druck einerseits und den zunehmenden Erkenntnisgewinn um ökosystemare Zusammenhänge andererseits zeigt der Stand der Forschung zu Bodenstandards, bis hin zur Ablehnung, eine hohe Dynamik. Bestehende Eckwerte oder Orientierungswerte, als handlungsorientierte Richtlinien entstanden, dürfen nicht als statisches Element der Sanierungsplanung angesehen werden, sie bilden vielmehr eine Diskussionsbasis, die sich hinsichtlich ihrer Wertstufung laufend neuen Erkenntnissen anpassen muß.

An handlungsorientierten Eckwerten ("Listen") werden hauptsächlich herangezogen:

Für das Grundwasser:
- die EG-Gewässerschutz-Richtlinie; sie enthält in ihren Listen I und II nur Stoffe und Stoffamilien (keine Werte), die nicht oder begrenzt in die Umwelt zu entlassen sind,
- die EG-Richtlinie über die Qualitätsanforderungen an Oberflächengewässer für die Trinkwassergewinnung,
- die EG-Richtlinie über die Qualität von Wasser für den menschlichen Gebrauch,
- Toleranzwerte der WHO für schädliche Stoffe im Trinkwasser,
- die Grenzwerte der Trinkwasserverordnung,
- Werte der "Niederländischen Liste" für Grundwasser,

Für den Boden
- die sog. "Niederländische Liste", die für Boden und Grundwasser Richtwerte zur Sanierungsentscheidung eine Reihe von Einzel- und Summenparametern enthält,
- Niederländische Bezugswerte für multifunktionalen Boden (Tab. 7.6),
- die Orientierungsdaten für tolerierbare Gesamtgehalte an Schwermetallen in Kulturböden (KLOKE, 1980, 1988), die vom Autor aber inzwischen als überholt bezeichnet werden (Tab. 7.5),

- Vorschläge einzelner Bundesländer, z.B. die Schwellenwerte der Hamburger Behörden (Tab. 7.7),
- englische Vorschläge für die Bewertung der Kontamination und Richtlinien für akzeptable Werte bestimmter Schadstoffe in Böden (Guidelines for contaminated soils),
- nutzungsabhängige englische Vorschläge: "tentative guidelines",
- California Assessment Manual for Hazardous Wastes, 1983,
- Schweizer Verordnung über Schadstoffgehalte des Bodens.

Diese Aufzählung erhebt keinen Anspruch auf Vollständigkeit, macht aber deutlich, daß alle Listen nur orientierende Hilfskonstruktionen sind bzw. vorläufige Orientierungsdaten liefern für den individuellen Fall, den es zu bewerten gilt (vgl. LÜHR, 1986).

Tab. 7.5: Orientierungsdaten für tolerierbare Gesamtgehalte einiger Elemente in Kulturböden nach KLOKE (1980)

Element	Gesamtgehalte im lufttrockenen Boden mg/kg		
	häufig	besondere bzw. kontam. Böden	tolerierbar
Cadmium	0,1 - 1	< 200	3
Chrom	2 - 50	< 20 000	100
Kupfer	1 - 20	< 22 000	100
Quecksilber	0,1 - 1	< 500	2
Nickel	2 - 50	< 10 000	50
Blei	0,1 - 20	< 4 000	100
Zink	3 - 50	< 20 000	300

In der aktuellen Bodenschutz-Diskussion werden Grenz- und Richtwerte zunehmend kritisiert, da sie nur bedingt auf die jeweiligen Bodenverhältnisse Rücksicht nehmen können. Insbesondere in den leichten, karbon(at)armen Böden des norddeutschen Tieflandes findet, nicht zuletzt unter dem Einfluß der sauren Niederschläge, eine stärkere Mobilisierung und Pflanzenaufnahme von toxischen Schwermetallen statt als z.B. in schweren, kalkreichen Böden. Die Zunahme des Säureeintrags kann selbst dort zu Schadwirkungen durch erhöhte Schwermetallaufnahme führen, wo die Bodenkonzentrationen noch im Bereich der natürlichen und geogenen Gehalte liegen. Angesichts des starken Einflusses der pH-Bedingungen auf den Übergang von Schwermetallen aus dem Boden in die Pflanzen wird zunehmend die Frage gestellt, ob die undifferenzierte Anwendung der "Bodengrenzwerte" nach der Klärschlammverordnung noch angebracht ist. So wird z.b. der Richtwert für Cadmium im Winterweizenkorn in normalen Böden bei ca. 2 ppm Cd, bei sauren Bedingungen bereits bei 0,5 ppm Cd-Bodengehalt erreicht (FÖRSTNER, 1986b).

Ein weiterer Kritikpunkt gegen Richtwerte ist der fehlende Nutzungsbezug. Bislang wurden für Großbritannien vor dem Hintergrund der Gefahrenabwehr bei Bodenkontaminationen nutzungsbezogene "Orientierungswerte" gebildet. Aufgrund der vielfältigen Nutzungsansprüche und der natürlichen Variation der Böden wurde zur Vermeidung einer unnötigen Herabsetzung der Bodenqualität ein medienübergreifender Ansatz (multimedia approach) für notwendig erachtet. Demzufolge wechseln die Standards für die Wiedernutzbarmachung kontaminierter Standorte je nach den beabsichtigten Folgenutzungen und deren Ansprüchen an den Reinheitsgrad der Böden (FINNECY, 1986). Für die Nutzungen wurden sogenannte Auslösewerte benannt, die für jeden Stoff Auskunft geben, bis zu welcher Konzentration der Boden im Hinblick auf die angestrebte Nutzung als nicht kontaminiert gilt und ab welcher Konzentration eine Sanierung nötig ist bzw. die geplante Nutzung geändert werden muß.

Erst orts- und nutzungsbezogene Qualitätsziele sind praktikabel, daher kann es keine generellen Standards geben. Bodeneigenschaften können nicht nur regional, sondern auch nutzungsabhängig außerordentlich stark variieren. Besonders urban und industriell überformte Flächen sind selten homogene Standorte hinsichtlich ihrer Bodeneigenschaften.

Erforderlich sind weniger (stoffbezogene) Richt- oder Grenzwerte, als vielmehr eine Anleitung zur Ermittlung von Sanierungszielen, die den besonderen örtlichen Umweltbedingungen bzw. Entwicklungszielen Rechnung trägt und den Entscheidungsprozeß nachvollziehbar und transparent macht. Voraussetzung für die Definition von Sanierungszielen sind außer der Entscheidung über die zukünftige Nutzung die Ermittlung und Gewichtung von Belastungspfaden (vgl. 7.3).

Sowohl nutzungsorientierte als auch an Belastungspfaden orientierte Oberziele für die Sanierung werden von KLOKE (1987) formuliert. Danach gelten für alle biotischen und abiotischen Bodenpotentiale folgende sechs Grenzen der Belastbarkeit:

1. Eine Belastung der Nahrungs- u. Futterkette durch Schadstoffe wie Schwermetalle u.a.m. im Boden darf nicht erfolgen!

Das heißt, die Schwermetallgehalte in Böden müssen so niedrig sein, daß die Gehalte in den auf diesen Böden kultivierten Pflanzen
- die Richtwerte für Schwermetalle in und auf Lebensmittel und
- die Grenzwerte für Schwermetallgehalte in Futtermitteln nicht überschreiten. Diese Forderung wird in der Regel dann erfüllt, wenn die Orientierungsdaten für tolerierbare Gehalte an Schwermetallen in Böden unterschritten bleiben.

2. Die Schadstoffe und Schwermetalle im Oberboden dürfen nicht mit dem Boden durch Wind verfrachtet werden können (Winderosion). Lt. Immissionsschutzgesetz dürfen
- einige Schwermetalle in der Luft bestimmte Werte nicht überschreiten,
- die Niederschläge (Immissionen) der Schwermetalle bestimmte Werte nicht überschreiten.

3. Der Boden darf keine Schadgase an die Luft abgeben, die Pflanze, Mensch oder Tier schädigen können. Erinnert sei an die Abgabe von Methan aus geschlossenen oder offenen Mülldeponien und die Folgen für die Vegetation.

4. Der Gehalt an Schadstoffen und Schwermetallen im Oberboden muß so gering sein, daß Tiere und Menschen durch Berühren dieses Bodens oder durch Ingestion (insbesondere bei Kindern)keinen Schaden erleiden.

5. Die Abbaufunktion des Bodens, seine Fähigkeit, organische Substanzen zu mineralisieren, darf nicht beeinträchtigt werden. So können beispielsweise hohe Schwermetallgehalte im Boden das Artenspektrum von Kleinlebewesen, Pflanzen und Mikroorganismen verändern und deren Abbauleistung (beispielsweise von Laubstreu in Wäldern) beeinträchtigen.

6. Eine Transmission von Schadstoffen und Schwermetallen in das Grundwasser darf nicht erfolgen. Die Grenze der Belastbarkeit wird somit von der Filterkraft des Bodens bestimmt, die nicht überfordert werden darf. Die Filterkraft des Bodens muß so groß sein, daß eine Wanderung der Schadstoffe und Schwermetalle zum Grundwasser nicht erfolgen kann.

Bei der Altlastensanierung sollte eine Totalsanierung zwar immer angestrebt werden, es sind aber durchaus Fälle denkbar, wo eine Teilsanierung ökologisch und ökonomisch vertretbar ist. Die Begrenztheit der zur Verfügung stehenden Mittel wird in Zukunft in den meisten Fällen das Sanierungsziel bestimmen. Vorstellbar wäre ein Stufenkonzept für Sanierungsziele, wie von KERN (1986) vorgeschlagen:

- Totale Sanierung, um die universelle Verwendbarkeit des Bodens und des Grundwassers wiederherzustellen, entspricht dem Niederländischen Prinzip der "Multifunktionalität" = Maximalziel.
- Abwehr akuter Gefährdungen als Mindestziel, welches sich darauf beschränkt, lediglich die unmittelbaren Nachteile einer Altlast zu beseitigen.
- Schadstoffreduzierung auf ein unschädliches Maß. Hierbei sind unter Umständen auch Beschränkungen in der weiteren Nutzung des Standortes in Kauf zu nehmen.
- Zeitlich begrenzte Sanierung, um Zeit für die Entwicklung bzw. Erprobung neuer Sanierungs- oder Sicherungsverfahren zu gewinnen. Dazu zählen auch die vorübergehende Zwischenlagerung von Materialien sowie bestimmte Formen der Einkapselung.

Trotz abgestufter und nutzungsbezogener Höchstmengenwerte ist als Mindestsanierungsziel anzustreben, Risiken soweit herabzumindern, daß Gefahren für die menschliche Gesundheit und die Umwelt nicht zu erwarten sind. Die Gefährlichkeit eines Stoffes ist nicht nur von der Konzentration allein, sondern auch von dessen Beweglichkeit in der Umwelt abhängig. Letztendlich wird es immer eine politische Entscheidung sein, welche Risiken tolerierbar sind (ACHAKZI et al. 1988).

Qualitätsziele dürfen sich nicht nur auf (Schad-)stoffbezogene Werte beschränken: Umfeld, Sozialverträglichkeit, Planungsvorgaben, die Umweltverträglichkeit der Sanierungstechnik sind ebenso abzuwägen (vgl. KLUGLIER, 1990).

Die Berliner Enquete-Kommission "Bodenverschmutzungen, Bodennutzung und Bodenschutz" (ENQUETE BODEN, 1988) schlägt für ein Maßnahmenkonzept u.a. vor:

"Die Sanierungsziele sind in einer Fachplanung 'Sanierungsbedarf, Sanierungsdringlichkeit, Sanierungsziel, Sanierungskontrolle' offenzulegen. Dabei ist folgendermaßen vorzugehen:
- Bei jeder Sanierungsmaßnahme sind die beabsichtigte Nutzung und die angestrebten Ziele anzugeben. Es ist das angestrebte Niveau der Reinigung mit dem geeignetsten Sanierungsverfahren nach dem Stand der Technik und die geplante Restkonzentration von Schadstoffen im Boden nach der Reinigung zu nennen.

Tab. 7.6: Niederländische Bezugswerte für multifunktionalen Boden

	Boden			Grundwasser		
	Sand	Ton	Moor	Sand	Ton	Moor
	(mg/kg Trockensubstanz)					
1. Metalle						
Chrom (Cr)	42	170	480	5		(µg/l)
Nickel (Ni)	17	67	170	10		(µg/l)
Kupfer (Cu)	10	40	100	10		(µg/l)
Zink (Zn)	60	240	600	70		(µg/l)
Cadmium (Cd)	0,3	1,2	3	1		(µg/l)
Quecksilber (Hg)	0,1	0,4	1	0,2		(µg/l)
Blei (Pb)	33	133	330	15		(µg/l)
Arsen (As)	10	40	100	10		(µg/l)
2. Anorganische Stoffe						
Ammonium (NH4 (mg N/l))				2	10	10
Phosphor (P (mg P/l))				0,4	3	3
Nitrat (NO3 (mg N/l))				5,6	2	2
Sulfat (SO4 (mg/l))				150	150	150
3. Halogenierte Kohlenwasserstoffe						
einzeln auftretend	0,005	0,005	0,06			
insgesamt	0,01	0,01	0,12			
4. Polyzyklische Kohlenwasserstoffe						
einzeln auftretend	0,015	0,015	0,175			
insgesamt	0,03	0,03	0,35			
5. Mineralöle						
insgesamt	30	30	350			
Heptan	0,6	0,6	7			
Octan	1,8	1,8	20			

Holl. Ministerium für Wohnungswesen, Raumordnung und Umwelt, 29. 4. 86 –
Interimwet Bodemsanering IBS = Interimgesetz zur Sanierung von Altlasten

- Die Behandlungsmethode ist anzugeben; die Endablagerung ist zu bezeichnen, insbesondere wenn sie an einem anderen Ort erfolgen soll.
- Die Angaben zu den Sanierungszielen sind nach Schutzgütern zu differenzieren.
- Die Schadstoffbelastung im Boden wird zusammen mit den Sanierungszielen und der Art der Bodenbehandlung den Betroffenen erläutert."

7.5.2 Techniken und Kosten von Bodensanierungen

An Techniken der Altlastenbehandlung sind zunächst grundsätzlich zu unterscheiden:

- Sicherungsmaßnahmen: Einbau von neuen technischen "Bodenhorizonten" in Form von Dichtungen an der Oberfläche und im Untergrund; Auffangen von Sickerwasser usw. (Altablagerungen),
- Bodenaustausch: Einbau neuer "Horizonte" aus unbelasteten Substraten in Verbindung mit technischen Horizonten, z.b. Folien (Altstandorte),
- Bodenbehandlung mit biologischen, physikalisch-chemischen und thermischen Verfahren (Altstandorte).

Besonders die Techniken der Bodenbehandlung haben in den letzten Jahren eine stürmische Entwicklung durchgemacht. Je nach dem Standort der Bodenbehandlung werden unterschieden "In situ", "On site" und "Off site" Techniken.

Für die "On site/off site - Behandlung" werden die Boden- und Abfallmaterialien ausgegraben und in mobilen Anlagen (On site = am Ort), oder an einem anderen Ort (Off site) aufbereitet; je nach Menge und Zusammensetzung werden die Aushubmassen vorsortiert und/oder zwischengelagert. Bei der "In-situ"-Behandlung werden die belasteten Bereiche im Untergrund mit Reagenzien in Kontakt gebracht, ohne daß der verunreinigte Boden ausgegraben wird; dazu ist eventuell eine Vorbehandlung, z.B. durch mechanische Auflockerung, erforderlich. Eine auf deutsche Verhältnisse übertragene Kostenschätzung zeigt Tabelle 7.8.

Sicherungsmaßnahmen durch den Einbau von technischen oder natürlichen Dichtungs-Horizonten sollen das Einsickern von Niederschlagswasser und Durchfließen der Altlast verringern. Außerdem sollen damit eine Erosion verhindert, der direkte Kontakt mit belastetem Material vermieden und gleichzeitig der Aufwuchs von Pflanzen begünstigt werden. Beim Einsatz dieser Maßnahmen kann mit folgenden "Horizontkosten" gerechnet werden:

- Natürliche Bodensubstrate: 20-40 DM/m^2,
- durch Zusätze, Mischung und Verdichtung modifizierte Böden: 20-60 DM/m^2,
- Abfallmaterialien wie Klärschlamm, feinkörnige Baggerschlämme und Flugaschen: 20-60 DM/m^2,
- synthetischen Membranen: 2-5 DM/m^2 für durchlässige Filtermembranen, 20-35 DM/m^2 für undurchlässige Membranen; diese Systemeinheiten werden normalerweise in Kombinationen eingesetzt (JESSBERGER, zit. in FÖRSTNER, 1986a).

213

Tabelle 7.8: Kosten von "Vor-Ort-" und "In-Situ"-Techniken bei der Sanierung kontaminierter Böden (zit. in FÖRSTNER, 1986a)

Methode	Vor- und Nachteile des Sanierungsverfahrens	Kostenschätzung DM/cbm 1) "Vor-Ort" 2) "In-Situ"
Extraktion	Boden ist "gereinigt" Probleme bei feinkörnigen belasteten Böden	50-200 DM/t
Thermische Behandlung	Wirksam bei leichtflüchtigen Komponenten; hoher Energie- u. Zeitaufwand	80-450 DM/t 300-800 DM
Chemische Behandlung	Schnelle und schadstoffspezifische Reaktion; Probleme bei heterogenen Schadstoffmischungen; Nachbehandlung notwendig	20-200 DM/t 250-350 DM
Mikrobielle Behandlung	"Natürlicher" Prozeß; Toxizität von Pestiziden gegenüber Mikroorganismen	50-100 DM/t 100-200 DM
Stabilisierung/Einkapselung	Gute Kontrollierbarkeit; Eluierbarkeit (Vor-Ort), Verteilung im Untergrund problematisch (In-Situ)	50-1.000 DM/t 160- 300 DM

Bei den Untergrund-Systemen gibt es Erfahrungen mit einer Vielzahl von Vertikal- und Horizontal-Barrieren. Spundwände kosten je nach Tiefe u. Materialbeschaffenheit zwischen 40 und 350 DM/m². Noch höher sind die Kosten für Dichtungshorizonte im Untergrund.

Große Hoffnungen ruhen auf der Suche und Entwicklung preisgünstiger und vor allem umweltverträglicher Verfahren der Biotechnologie und der Hochdruck-Bodenwäsche. Selbst geringe Kostenvorteile pro Tonne sanierten Bodens summieren sich bei entsprechenden Massen zu Summen, die im volkswirtschaftlichen Maßstab von Bedeutung sind. Im Gegensatz zu thermischen Anlagen bestehen zudem geringere Probleme der planungsrechtlichen Durch-

Tab. 7.7: Hamburger Prüfwerte

ELEMENT	PRÜFWERTE				REFE-RENZ-WERTE	mittlere Oberbodenbelastung		mittlerer geogener Gehalt der Böden in Hamburg
	für den Nutz-pflanzen-anbau N [1]	für das Grund-wasser G	für die menschliche Gesundheit in Wohngebieten etc. [2] auf Dauer D [3]	akut A	X [8]	in Hamburg	Hamburger Osten [9]	
Arsen	50	50	100	100	20	11	75	7-15
Blei	300	300	500	3000	100	120	260	15-30
Cadmium	2 [4]	5	40	40	1	0,7	2	0,25-0,5
Chrom [5]	100	200	200	500	100	44	96	10-100
Kupfer	100	300	(500) [6]	3000	100	50	175	7-35
Nickel	100	200	400	(4000) [7]	50	32	63	10-55
Quecksilber	2	5	10	200	2	0,5		0,05-0,1
Zink	500	1000	2000	2000	300	300	600	15-150

Vorläufige Prüfwerte für Untersuchungen bei Bodenbela-stungen mit Schwermetallen im Hinblick auf verschiedene Gefährdungspfade (Gesamtgehaltsangaben in ppm)

Vergleichswerte (Gesamt-gehaltsangaben in ppm)

Anmerkungen:

1) Für sandige Böden mit normalen Humusgehalten und pH-Werten im schwach sauren bis schwach alkalischen Bereich; bei noch sorptionsschwächeren Böden sind insb. bei Cadmium niedrigere Prüfwerte vorgesehen.

2) Kritischer Pfad ist in der Regel das mögliche Verschlucken kontaminierten Bodens durch Kleinkinder. Die D-Werte gelten für Flächen, auf denen sich Kinder überwiegend aufhalten(z.B. Kinderspielplätze, Baugärten). Die A-Werte gelten auch für Flächen, auf denen sich Kleinkinder gelegentlich aufhalten.

3) Bei Einhaltung der D-Werte ist auch der Verlust an biologischer Aktivität und Vegetationsvielfalt noch hinnehmbar. Im Falle möglicher karzinogener Wirkungen (As, inhalativ auch Cd, Cr, Ni) kann keine Schwelle angegeben werden, unterhalb derer ein Risiko nicht besteht. Aus verwaltungspraktischen Gründen ist dennoch versucht worden, einen Prüfwert zu empfehlen.

4) Bei Böden mit einem pH-Wert unter 6,5 oder Sand bzw. schwach schluffigem Sand ggf. niedrigerer Wert

5) Gesamtchromgehalt, Gefährlichkeit im Hinblick auf Chrom (VI)

6) Der Wert ist zum Schutz der biologischen Aktivität und der Vegetationsvielfalt der Böden festgelegt und nur für Neuplanungen und Oberplanungen relevant.

7) Aufgrund der Datenlage sehr unsicherer Wert

8) Orientierungsdaten für tolerierbare Gehalte nach KLOKE (bis auf den Cadmium-Wert, der bisher bei 3 ppm liegt, für den jedoch neuerdings ein Wert zwischen 1 und 2 ppm erwogen wird)

9) Südliches Billbrook und angrenzende Gebiete (200m- Raster)

setzbarkeit. Kosten entstehen nicht nur durch die Sanierungstechnik, sondern während des gesamten Durchlaufs eines Sanierungsfalles von der Erkundung bis zur Überwachung nach der Sanierung.

Erfahrungen mit der bekannten Altlast in Dortmund-Dorstfeld zeigen, daß allein die Kosten für die Gefährdungsabschätzung mit 300.000 DM Größenordnungen erreicht haben, die bis vor einigen Jahren noch nicht einmal als Gesamtsanierungskosten veranschlagt wurden (SCHMEKEN, 1988).

Für Sanierungen in einem Stadtstaat wie Berlin wird für die kommenden 15 bis 20 Jahre mit einem Mittelbedarf von 2 Mrd. gerechnet, als Durchschnittswert gelten mindestens 100 Mio. jährlich. Schon aus dem Grunde, daß sich Organisation und Durchführung von Sanierungen weiter verteuern werden, dürfen am Ende deutlich höhere Beträge fällig werden (ENQUETE BODEN, 1988).

So erfordert heute die Sanierung eines schwer kontaminierten Grundstücks in der Größe von 10.000 m² in der Regel Gesamt-Sanierungskosten in der Höhe von rund 20 Mio DM. Die Kosten für die Sanierung übersteigen damit den Grundstückswert in der Regel um das Zehnfache (FRANZIUS, 1987).

Eine umweltverträgliche Sanierungsdurchführung, d.h. die Berücksichtigung sämtlicher Auswirkungen eines "Eingriffs", wird zur Folge haben, daß das Verhältnis Kosten Gesamtsanierung : Sanierungstechnik in Zukunft größer werden wird.

7.5.3 Böden und Flächen nach der Sanierung/Behandlung

Nach der Sanierung kontaminierter Standorte liegen je nach Sanierungstechnik unterschiedliche "Technosole" oder auch nur anthropogene Substrate vor.
1. Behandelte Substrate:
Endprodukte einer thermischen oder chemischen Behandlung von Böden mittels einer technischen Anlage haben durch Ausglühen, Auslaugen usw. Merkmale und Eigenschaften gewachsener Böden verloren. Sie bilden mehr oder weniger sterile Korngrößenmischungen, die entweder am Sanierungsstandort wieder eingebaut oder "off site" verteilt, eventuell als "Marktböden" gehandelt werden. Merkmale thermisch behandelter Substrate sind:
- Keine Anteile organischer Substanz,
- Mineralneubildungen,
- neue Korngrößenmischungen,
- neue Oberflächen mit veränderten chemisch-physikalischen Eigenschaften,
- Nährstoffverluste, eventuell neue Schadstoffe.

Eine kurzfristige (d.h. über einige Jahre) Wiederbelebung, Reaktivierung des Bodensystems ist ohne Steuerung der Genese kaum möglich:
- Zusatz von organischem Material als Nahrungsgrundlage für Mikroorganismen und Bodenfauna.
- Erosionsschutz: der Aufbau eines stabilisierenden Bodengefüges, von Mikro- und Makrostrukturen, einschließlich einer schützenden Pflanzendecke.
- Ergänzung von Stoffgehalten: C/N-Verhältnis, Hauptnährstoffe, Mikronährstoffe.
Der Aufbau des aus abiotischen und biotischen Komponenten zusammengesetzten Komplexsystems Boden benötigt ein Vielfaches der Zeit der technischen Sanierung. Die tatsächliche Wiedernutzbarmachung sanierter Standor-

te, d.h. Wiederverfügbarkeit von Bodenpotentialen wie Bodenfruchtbarkeit, Filtervermögen, Wasserspeichervermögen umfaßt mit der Notwendigkeit eines abschließenden Bodenmanagements mehr als ein "Technisches Schadstoffausglühen."

2. Bodenaustausch - Oberflächenabdichtung:

Häufig verbleibt bei der Sanierung kontaminierter Standorte belasteter Boden im Untergrund, isoliert gegen die Umwelt durch eine Abdeckung unbelasteter künstlicher und/oder natürlicher Substrate. Die neugeschaffenen, unbelasteten Oberböden derartiger "Bauwerke" sind exakt bemessene Technosole mit funktionsbezogen optimierten Eigenschaften. Beispiele sind Oberflächenabdichtungen mit schichtweisen Aufträgen von Substratmischungen. In einem Siedlungsgebiet in Essen-Borbeck wurde als Sicherungsmaßnahme gegen Schwermetallbelastungen, die von einer ehemaligen Zinkhütte stammen, eine mehrschichtige Oberflächenabdichtung "sedimentiert". Die Stärke der Abdeckung beträgt insgesamt 1,4 m und setzt sich zusammen aus insgesamt 6 Lagen! (vgl. Abb. 7.2).

Literatur

ABFALLGESETZ NW (1988): Abfallgesetz für das Land Nordrhein-Westfalen (Landesabfallgesetz - LAbfG -) vom 21. Juni 1988, Teil 7: Altlasten

ACHAKZI, D., BÖHNKE, B.,LÜHR, H.D., PÖPPINGHAUS, K., SCHAAR, H. (1988): Statusbericht zur Altlastensanierung - Technologien und F+E-Aktivitäten - Sonderdruck anläßlich des 2. Internationalen TNO/BMFT-Kongresses vom 11.-15. April 1988 in Hamburg

ANONYM (1984): Fast jeder Krater birgt eine Altlast. Rheinische Post, Nr. 232 vom 4. Oktober 1989

BLUME, H.-P., HOFMANN, I., MOUIMOU, D. und M. ZINGK (1983): Bodengesellschaft auf und neben einer Mülldeponie. Z. für Planzenern. und Bodenkunde. 146, 62 - 71 , 1983

BMFT (Hrsg.) 1988: Statusbericht zur Altlastensanierung. Sonderdruck anläßlich des 2. Internationalen TNO/BMFT Kongresses vom 11. - 15. April 1988 in Hamburg

BÖNNINGHAUSEN,G., KRISCHOK,A., und H. LANGE (1987): Altlasten, Erfassung - Bauleitplanung - Finanzierung. Baubehörde Hamburg, Hamburg 1987

DÜNGELHOFF, J.M. und M. PLANKERT (1983): Hydrochemische Vorgänge in einer Bergeschüttung, in GLA-NW (hrsg.): Bergehalden und Grundwasser. Geologisches Landesamt Nordrhein-Westfalen, Krefeld 1983

ENQUETE KOMMISSION BODEN (1988): Schlußbericht der Enquete-Kommission "Bodenverschmutzungen, Bodennutzung und Bodenschutz" an das Abgeordnetenhaus von Berlin. Drucksache 10/2495 vom 18.11.88

FIEBIG, K. H. (1989): Altlastenerhebung und verwaltungsmäßige Problembewältigung - Ergebnisse einer Kommunalumfrage. Vortrag auf dem Forum Umweltschutz 89, TÜV-Akademie Rheinland, Köln 1989

FINNECY, E. E. (1986): Incidental and accidental soil pollution, in: EC-Congress "Scientific basis for soil protection". Reader S. 33 - 57, Berlin Okt. 1986

FÖRSTNER, U. (1986a): Begrenzung der Schadstoffausbreitung in Böden und Vorschläge zur Sanierung. Vortrag auf dem Symposium über ökonomische Instrumente und Beschäftigungswirkung der Umweltpolitik - Arbeitsgruppe Bodenschutz am 15.1. 1986. Harburger Forum "Umwelttechnologie und Beschäftigung in Hamburg".

FÖRSTNER, U. (1986b): Schadstoffaustausch zwischen Boden und Grundwasser - Problemlösungen für kontaminierte Standorte. Chemiker Zeitung 110 (1986) Nr. 10

FRANZIUS, V. (1986): Sanierung kontaminierter Standorte - Vorgehensweise zur Bewältigung der Altlastenproblematik in der Bundesrepublik Deutschland. Wasser und Boden 4/86. Verlag Paul Parey, Berlin, Hamburg 1986

FRANZIUS, V. (Hrsg.) (1987): Sanierung kontaminierter Standorte 1986. Neue Verfahren zur Bodenreinigung. Verlag Erich Schmidt. Berlin 1987

FUSS, K. (1968): Reinhaltung des Bodens - ein Gebot unserer Zeit. Beseitigung von Abfallstoffen im Hinblick auf die Reinhaltung des Bodens, in:

KUMPF, MAAS, STRAUB (Hrsg.): Müll- und Abfallbeseitigung, Handbuch über die Sammlung, Beseitigung und Verwertung von Abfällen aus Haushaltungen, Gemeinden und Wirtschaft. Erich Schmidt Verlag, 1968

Geologisches Landesamt Nordrhein-Westfalen (GLA) (Hrsg.): Bergehalden und Grundwasser. Krefeld, 1983

GRENZIUS, R. (1987): Die Böden Berlins (West). Diss. TU Berlin, 1987

HENKEL, M. J. (1987): Arbeitsblätter Umweltrecht Teil 5: Altlasten als Rechtsproblem (Deutsches Institut für Urbanistik) Berlin November 1987.

HINZEN, A. und G. OHLIGSCHÄGER (1987): Stadtplanung und Boden-kontaminationen. Reihe Texte 23/87 des Umweltbundesamtes.

ITZ (1982): Bergewirtschaft. Schwerpunktheft des Innovationsförderungs-und Technologietransferzentrums der Hochschulen des Ruhrgebietes (ITZ; Hrsg.). Heft Nr. 2, 1982

KASTL, H.; DARSCHIN, G.; FELDMANN, M.; MÜLLER, U.; SIELSKI, S.; (1987): Handbuch Altablagerungen, Teil 3 - Problematik der Bebauung von Altablagerungen. Hessische Landesanstalt für Umwelt (Hrsg.), Wiesbaden 1987

KERN,A. (1986): Prüfung des Erkundungs-, Sanierungs- und Sicherungsbe-darfs bei kontaminierten Standorten, in: Sanierung von Altlasten, Deponien und anderen kontaminierten Standorten. Tagungsbericht Loccumer Protokolle 3/86, Evangelische Akademie Loccum. Rehburg-Loccum 1986

KLOKE, A.(1980): Orientierungsdaten für tolerierbare Gesamtgehalte einiger Elemente in Kulturböden. Mitt. VDLUFA 1 - 3, S. 9-11

KLOKE, A. (1987): Wissenschaftliche Vorgaben zur Reinigung schadstoff-insbesondere schwermetallbelasteter Böden, in: FRANZIUS (Hrsg.): Sanierung kontaminierter Standorte. Erich Schmidt Verlag, Berlin 1987

KLOKE, A. (1988): Vorschlag für ein "Drei-Bereiche-System" zur Bewertung der Schadstoffbelastung in Böden. Handbuch Bodenschutz. Erich Schmidt Verlag, Berlin 1988

KLUG-LIER (1990): Statuspapier zum Teilprojekt "Methoden und Strategien zur Optimierung der Behandlung kontaminierter Böden und belasteter Standorte im Rahmen der Raum- und Umweltplanung". Sonderforschungsbereich "Reinigung kontaminierter Böden" an der Technischen Universität Hamburg-Harburg. Unveröffentlicht, Juni 1990

KNABE, W. (1968): Böden und Profilaufbau bei Bergehalden, in: Haldenbegrünung im Ruhrgebiet. Schriftenreihe Siedlungsverband Ruhrkohlenbezirk 22. Essen, 1968

Kommunalverband Ruhrgebiet (KVR) 1982: Bergeentsorgung und Umweltschutz. Essen 1982

220

LÜHR, H.-P. (1986): Gefährdungspotential, in: Altablagerungen und Altlasten. Heft 10 der Schriftenreihe des Nieders. Städte- und Gemeindebundes, Hannover 1986

MIEHLICH, G. (1983): Schwermetallanreicherung in Böden und Pflanzen der Pevesdorfer Elbaue (Kreis Lüchow-Dannenberg). Abh. naturwiss. Verein Hamburg (NF) 25, 75 - 89, Hamburg, 1983

MINISTERIUM FÜR UMWELT UND ENERGIE (1987): Erlaß des Ministeriums für Umwelt und Energie vom 12.1.1987, Hessischer Staatsanzeiger 1987, S. 225

NEUMANN, DÄHNE und MÜCKE (1986): Erfassung und Gefährdungsabschätzung von Altablagerungen und gefahrenverdächtigen Betriebsflächen in Niedersachsen, in: Altablagerungen und Altlasten. Heft 10 der Schriftenreihe des Nieders. Städte- und Gemeindebundes, Hannover 1986

Rat von Sachverständigen für Umweltfragen (RSU) 1987: Umweltgutachten 1987. BT-Drucksache 11/1568

RIEMANN, F. (1982): Nordenham - Ein Vorgeschmack. ASG-Rundschau 32/12

SCHMEKEN, W. (1988): Abfallrecht des Landes Nordrhein-Westfalen. Verlag Otto Schwartz, Göttingen 1988

SCHNEIDER, F.K. (1982): Untersuchungen über den Gehalt an Blei und anderen Schwermetallen in den Böden und Halden des Raumes Stolberg. Geolog. Jahrb. D 53, 3 - 31

SCHNEIDER, S. (1983): Bodenkundliche Untersuchungen zur Rekultivierung von Bergehalden im Ruhrgebiet. Kolloqium über technisch-ökologische Untersuchungen des Kommunalverbandes Ruhrgebiet (KVR) zu Fragen der Rekultivierung von Bergeschüttungen. KVR Essen, 1983

SMITH; M.A. (1980): Redevelopment of contaminated land: tentative guidelines for acceptable levels of selected elements in soils. - Interdepartmental Committee on the Redevelopment of Contaminated Land, ICRL 38/80. London: Central Directorate on Environmental Pollution

STENZEL, W. (1983): Probleme und Möglichkeiten der Verbringung von Bergematerial des Steinkohlebergbaus im Ruhrgebiet. Ruhr-Forschungsinstitut für Innovations- und Strukturpolitik. Nr. 9/1983, Bochum 1983

STROH, D., BIENER, E. (1988): Erfahrungen bei der Altlastensanierung. Verfahren und Ausführungsbeispiele, in: Energiewirtschaftliche Tagesfragen, 38.Jg (1988), Heft 9

UMWELTATLAS BERLIN (1986): Der Senator für Stadtentwicklung und Umweltschutz (Hrsg.), Berlin 1986

Westfälische Berggewerkschaftskasse Bochum (WBK), 1981: Gutachten Bergehalde Hoheward. Institut für angewndte Geologie, Abteilung Wasserwirtschaft und Hydrogeologie.

WIGGERING, H. (1984): Mechanismen bei der Verwitterung aufgehaldeter Sedimente (Berge) des Oberkarbons. Diss. FB 9 Geologie, Universität Essen GHS, 1984

WOHLRAB, B., EHLERS, M. und K. MOLLENHAUER (1982): Deponien verschiedenster Art, Probleme ihrer Rekultivierung und Integration in die Stadtlandschaft. Mitt. Dt. Bodenkundl. Ges. 33, 109 - 120 (1982)

8. Von der Probenahme zum Umweltinformationssystem – Methoden zur Erfassung, Beurteilung und Darstellung

Böden und Flächen müssen in Zukunft über ihren engeren wirtschaftlichen Nutzen hinaus weit mehr als bisher nach den jeweiligen Funktionen, ihren Belastungen und den ökosystemaren Zusammenhängen beurteilt, die bislang dominierenden ökonomisch-fiskalisch bestimmten Kataster um ökologische Komponenten ergänzt werden. Die vorhandenen Methoden zur Erfassung, Beurteilung und Wiedergabe von Informationen über Böden spiegeln die Komplexität des "Mediums" bisher nur unzureichend wider.

Zu den Böden interessieren Eigenschaften, Prozesse, Funktionen, Qualitäten, Belastungen, Stoffbilanzen, Entwicklungen oder eingelagerte Altlasten. Bestandsaufnahmen urbaner Böden dürfen nicht auf isolierte Einzelinformationen oder zweidimensionale Betrachtungsweisen reduziert werden. Stadtböden zeigen die Grenzen statischer Betrachtungen, d.h. der Erfassung von Zuständen. Erforderlich werden prozess- und handlungsorientierte Sichten. Stoffströme unterschiedlicher Eintrags- und Austragspfade (Luft, Niederschlag/Wasser, Nutzung, Bewirtschaftung) sollten ebenso wie Nutzungsänderungen in ihren örtlichen Ausprägungen und Auswirkungen bilanziert werden.

Versiegelungsgrade oder oberflächenbezogene Planungsrichtwerte (z.B. Bodenfunktionszahl, vgl. SCHULZE, POHL und GROSSMANN, 1984) lassen bisher nur unzureichende Aussagen über den Boden als dreidimensionales Kompartiment in städtischen Nutzungsgefügen und Ökosystemen zu.

Die Transformation von Daten naturwissenschaftlich-technischer Erhebungen (Meßprotokolle) zu handlungs- und planungsrelevanten Größen und Darstellungen (Karten, Kataster, Berichte) soll gesetzlichen Grundlagen wie umweltpolitischen Erfordernissen entsprechen, aber auch eine Aufwandsoptimierung gewährleisten. Die Darstellungen dieses Kapitels überschreiten daher herkömmliche Fach- und Organisationsssschranken zugunsten anwendungsorientierter Sichtweisen.

8.1 Informationsbedarfe und Strukturen

Nutzer von Informationen über Stadtböden sind in der Regel weder fachlich noch organisatorisch mit den "Erzeugern" dieser Daten verbunden. Die Erfassung und Bewertung von (Stadt)-Böden wurde bisher insgesamt zu wenig an Anforderungen der Nutzer ausgerichtet. Diese werden im folgenden näher gekennzeichnet, um Erfassungsstrategien und Informationssysteme für und über Stadtböden von der Grundlagenforschung stärker zu den Anwendungen hin orientieren zu können.

8.1.1 Wer benötigt Informationen über Stadtböden?

Das Nutzerspektrum reicht von der Wissenschaft, politischen Entscheidungsträgern, interessierten Bürgern und Behörden über Planer und Immobilienkaufleute bis hin zu Personen, die mit Böden praktisch und alltäglich, z.B. in Gärten, umgehen.

Nach der Konzeption für Bodeninformationssysteme auf Länderebene (NSU, 1989) ist Datenmaterial u.a. erforderlich, "um:
- Entscheidungen mit bodenrelevanten Auswirkungen beurteilen und Nutzungen optimieren zu können,
- in Nutzungskonflikten aufgrund konkreter Kenntnisse über Folgewirkungen entscheiden zu können,
- bodenschützende Entscheidungen herbeiführen zu können.
- schutzgut- und nutzungsbezogene Richtwerte der Bodenbelastung angeben sowie Grenzwerte für Schadstoffe aus allen Bereichen unter Berücksichtigung ihrer Auswirkungen auf die Böden abstimmen zu können."

Hoch aggregierte Informationen, etwa in der Form jährlicher Bodenberichte, liefern politischen Gremien Entscheidungshilfen. In der Stadt benötigen Umwelt-, Stadt-, Landschafts- und Fachplaner in Umweltbehörden (Landschaftsplanung, Eingriffsregelung, Bodenmanagement) Stadtplanungs- (Bauleitplanung), Planungsbüros und Fachämtern (Wasserwirtschaft) Informationen über Stadtböden. Flächensanierer und "Developer" (öffentlich und privat), Akteure im Garten-, Landschafts- und Tiefbau, Entscheidungsträger im produzierenden und entsorgenden Gewerbe sind zur Maßnahmenplanung und Erfolgskontrolle darauf angewiesen. Dagegen ist das Finanzamt ein klassischer Nutzer und Auftraggeber von Bodendaten. Die Reichsbodenschätzung aus den 30er Jahren ist als fiskalisches Instrument zur Bewertung des "Bodenpotentials Ertrag" entstanden. Im besiedelten, wiederzunutzenden Bereich treten Hypothek enbanken zur Abschätzung von Beleihungsrisiken als neue Nachfrager auf. Gartenbesitzer interessieren sich für Belastungen und Nährstoffgehalte. Der Informationsbedarf der Wissenschaft ist traditionell unbegrenzt und Grundlage für neue Fragen.

"Nur wer die Vielfalt der Böden kennt und beachtet, sie reproduzierbar vereinheitlicht, flächenscharf abgrenzt und eindeutig bewertet, wird sie in Zukunft angepaßt nutzen und ausreichend schützen können." (BLUME et. al. 1989)

8.1.2 Planungs- und Handlungsebenen

Auf der kommunalen Ebene sind Stadt- und Landschaftsplanung mit ihren diversen Instrumenten (Bauleitplanung, Eingriffsregelungen), und Fachplanungen (Abfallwirtschaft - Kompostabsatz) und Fachkonzepte (Baugrunduntersuchungen) sowie Ordnungsbehörden tatsächliche und potentielle Nutzer von Bodeninformationen. Für die Umweltberichterstattung ergeben sich weitere Nachfragen. In dem Spektrum Planung, Beratung, Überwachung und Information lassen sich jeweils spezifische Fragestellungen identifizieren, die bisher weitgehend punktuell in Einzelgutachten beantwortet wurden. Der damit verbundene Aufwand ist, nimmt man die Heterogenität der Ergebnisse hinzu, logisch und ökonomisch nicht zu rechtfertigen.

Informationen zu Stadtböden werden über die kommunale Ebene hinaus in geeigneter Aggregation und Aufbereitung auf der regionalen- und Landesebene bis hin zur Bundesstatistik benötigt. Deren Bedarf ist bei den kommunalen Erhebungen ebenso zu berücksichtigen, wie Landes- und Fachkonzepte für die kommunale Ebene angemessen zugänglich sein müssen. Probleme entstehen dort, wo Fachkonzepte mit den Anforderungen umfassender Umweltberichterstattung kollidieren.

Geologische Landesämter, Landesanstalten für Ökologie/Umwelt, Wasserwirtschaftsbehörden u.a. verfügen z.T. über Informationen, deren sinnvolle Nutzung (downstream) den kommunalen Erhebungs- und Aufbereitungsaufwand erheblich reduzieren kann. Diese und andere Einrichtungen sind wiederum auf nach geeigneten Standards aufbereitete Daten aus den Städten und Kreisen (upstream) angewiesen, wie Altlasten und kontaminierte Standorte deutlich machen.

8.1.3 Dynamik des Wissensgebietes

Erkenntnisse über Böden, insbesondere ihre anthropogene Dynamik, sind noch unvollkommen. Neues Wissen erzeugt teilweise neuen Informationsbedarf oder läßt alte Erhebungsmuster als überholt erscheinen. Die rasche Entwicklung dieses Gebietes in den letzten 10 Jahren macht dies deutlich. Von den Geologischen Landesämtern wurde zwecks Abstimmung von Methoden eine "Arbeitsgemeinschaft Bodenkataster" konstituiert. Im Auftrag des Umweltbundesamtes hat ein Arbeitskreis "Stadtböden" der Deutschen bodenkundlichen Gesellschaft Kartierungskriterien erarbeitet ("Empfehlungen für die bodenkundliche Kartieranleitung urban, gewerblich und industriell überformter Flächen - Stadtböden", BLUME et al. 1989).

Fragen des Einsatzes organischer Bodenhilfstoffe, der Kompostierung geeigneter Ausgangssubstrate oder der Bilanzierung urbaner Bodendynamik umreißen weitere Anforderungen. Über die klassische Bodenkunde und Geologie hinaus kommen dabei Methoden anderer Naturwissenschaften, bzw. von Planern und Statistikern bis hin zu solchen der Gesellschaftswissenschaften zum Tragen. Die Erfassung und Bewertung von kontaminierten Standorten, letztere schon als Ergebnis der Altlastendiskussion, und ihrer Abgrenzung zu "normal belasteten" Stadtböden zeigt die rasche, noch keineswegs abgeschlossene Entwicklung auf (Vgl. Kap. 7).

8.1.4 Qualitätsziele und Orientierungsdaten

Ohne Umweltqualitätsziele wird eine umfassende, wertorientierte "Wahrnehmung" der Umwelt nicht möglich. Bloße Gefahrenabwehr und Sanierung kommen noch ohne konkretisierte Vorstellungen über eine Umwelt, in der nachhaltig die Umweltverträglichkeit der Raumstrukturen und -funktionen und die Lebensqualität der Menschen gewährleistet sind, aus, können sich mit Grenzwerten begnügen. Eine Umweltvorsorge, bei der weitere schädigende und belastende Umwelteinflüsse nicht nur verhindert, sondern die vorhandene Umwelt verbessert werden soll, bedarf dagegen räumlich, sachlich und zeitlich differenzierter Umweltqualitätsziele (PIETSCH, 1989).

Wie bereits in Kap. 7 dargelegt, existieren qualitätszielähnliche Werte für urban und industriell überformte Böden nur in Form von Eintragswerten oder stoffbezogenen Orientierungsdaten, die für die Altlastenbewertung entwickelt wurden; sie gelten als handlungsorientierte Richtwerte bzw. als Sanierungszielwerte, nicht als Qualitätsstandards. Neben Sanierungszielwerten, die der Abwehr von Gefährdungen der menschlichen Gesundheit und der Umwelt dienen und den Richt- bzw. Schwellenwerten, die die Grenzen für künftige Belastungen markieren, gilt es, Qualitätsstandards zu umreißen. Diese sollen nicht nur dem Vorsorgeprinzip genügen, sondern langfristig eine Optimierung der ökologischen Regelungsfunktionen der Böden und damit ihrer vielfältigen Nutzbarkeit vorgeben.

Der Qualitätsbegriff, angewandt auf das Umweltmedium Boden, kann mehrere Bedeutungsebenen beinhalten (vgl. STICHER, 1988):

-   die physische Beschaffenheit, erfaßbar mit physikalisch/chemischen Meßgrößen wie den Stoffbestand und daraus resultierende Eigenschaften (Bodenart, Elementgehalte, Durchlässigkeit, Reaktionen);

-   Wertinhalte, die sich zwar auf physische Eigenschaften zurückführen lassen, deren Einschätzung aber sehr wandelbar sind (Mangel-, Optimum- und schädliche Ausprägung von meßbaren Größen: z.b. Nährstoffgehalte, aber auch Fruchtbarkeit);

-   ästhetische Wertschätzungen, die objektiv nicht faßbar sind und gesellschaftlichen Strömungen und subjektiven Wahrnehmungen unterliegen (Seltenheit, Natürlichkeit, Bodendenkmale).

8.2 Bandbreite der Erhebungen, Informationen und Aufbereitungen

Eine dem Vorsorgeauftrag entsprechende, umweltgerechte Bodenbewirtschaftung im besiedelten Bereich und über ihn hinaus ist nur denkbar, wenn Standortgegebenheiten und Nutzungsansprüche umfassend berücksichtigt sind. Geeignete Aufbereitungen stehen auf den unterschiedlichen Handlungsebenen den Bodennutzern trotz der Bandbreite vorhandener Bodeninformationen und deren Aufbereitung nur in Ausnahmefällen zur Verfügung. Ursachen liegen in den gewählten Maßstäben und Ebenen, Meßverfahren, Meßungenauigkeiten und dadurch bedingten Aussageschärfen. So ist es "nicht unrealistisch, wenn man bei der allgemeinen Bewertung beispielsweise von Schwermetallanalysen in der Literatur und in Berichten einen allgemeinen Summenfehler (der alle Negativ-Faktoren einschließt) von +/- 33 % annimmt, sofern nicht ausgewählte Proben besonders vorbereitet und mehrfach analysiert wurden" (KLOKE, 1987).

Betrachtet man vorliegende Erhebungen und Informationen wie:
- Bodenkarten (aus Forst- und Landwirtschaft, spezielle Stadtboden- und Bodenübersichtskarten),
- Geologische/hydrogeologische Karten,
- Schadstoffkataster (Schwermetalle, CKW),
- Spezialkataster (zu Bergehalden und kontaminationsverdächtigen Flächen, Altlasten, Brancheninventarisierungen oder Grundwasser- und Brunnendaten),
- Baugrundplanungskarten,
- Stadtplanungs- und Nutzungskarten (Flächennutzungspläne, Atlanten der Realnutzung),
- historische Karten (Stadtpläne, Kriegsschadenskarten, Erhebungen zum Gebäudealter),
- Objekt- und projektbezogene Untersuchungen (Baugrunduntersuchung, Altlastensanierung, landschaftspflegerische Begleitpläne),
- Versiegelungserhebungen (auf der Basis von Rastern,Nutzungseinheiten oder Versiegelungsklassen), allgemeine Oberflächeneigenschaften,
- Fernerkundungsdaten (Oberflächentemperaturen, Versiegelung),
- Wissenschaftliche Erhebungen (Meßprogramme zu Forschungsvorhaben, Vgl. z.b. "Sollingprojekt", BMFT-Förderschwerpunkt "Bodenschutz und Wasserhaushalt"),
- Infrastrukturen (Versorgung, Entsorgung), im wesentlichen Daten über Leitungen und ihr Umfeld,
zeigt sich die Bandbreite möglicher Informationen.

Zwingend erforderlich wird ein Vereinheitlichen bzw. Angleichen der speziellen Meß- und Erhebungssysteme. Noch unterscheiden sich Erhebungen für Waldböden, Straßenbaumstandorte, Kleingärten oder Schwermetallgehalte methodisch sogar beim selben Parameter erheblich und sind kaum vergleichbar. Standards für Erhebungsraster und -tiefen, Formen der Probenahme und Auswertung würden Kosten drastisch mindern und die Erkenntnisse vermehren.

8.2.1 Bodenkunde

Das weite Spektrum bodenkundlicher Erhebungen und Auswertungen umfaßt Bodenkarten, nachfrage- bzw. problemorientierte Einzelerhebungen, Kataster (z.B. länder- und nutzungsspezifische Schadstoffkataster) und wissenschaftliche Arbeiten.

Die Erfassung und Darstellung der flächenhaften Verbreitung von Böden ist in der Bundesrepublik Aufgabe der Landesämter für Bodenforschung (Hessen, Niedersachsen) bzw. der geologischen Landesämter (übrige Bundesländer). Bodenkarten zeigen die regionale Verbreitung der Böden; sie liegen in Maßstäben zwischen 1:5.000 und 1:1 Mio. vor. Bodenkarten werden in der Bundesrepublik anhand einer "Bodenkundlichen Kartieranleitung" erstellt, entwickelt von der Arbeitsgruppe Bodenkunde der Bundesanstalt für Geowissenschaften und Rohstoffe und der Geologischen Landesämter (AG BODENKUNDE, 1982). Ihr Spektrum umfaßt, neben der flächendeckenden Darstellung von Bodeneinheiten (Bodentypen) u.a.

- Profilaufbau (Bodenart, Substrate),
- bodenphysikalische Grunddaten,
- bodenbiologische Grunddaten,
- Daten zur Beurteilung von Standort und Umwelteigenschaften (Wasserhaushalt, biologisches Umsetzungsvermögen, Ertragspotential) sowie
- Daten über die Empfindlichkeiten gegenüber Belastungseinflüssen (Filter-, Sorptions- und Puffereigenschaften, Verhalten gegen Auswaschung von Stoffen).

Wesentliche Grundlagen für eine einheitliche Erhebung und Analytik von Bodenproben wurden unter Hinweis auf weitere Normungsbedarf zusammengestellt (StUML, 1988). Ähnliche Standards sind für die Gewährleistung eines einheitlichen zeitlichen und räumlichen Bezugs erforderlich.

Dagegen existieren für die Erhebung und Analytik von Stadtböden nur wenig Erfahrungen. Vorschäge zur Kartierung werden erst entwickelt. Der "Arbeitskreis Stadtböden" der Deutschen Bodenkundlichen Gesellschaft legte im Januar 1989 "Empfehlungen für die bodenkundliche Kartierung urban, gewerblich und industriell überformter Flächen" als stadtspezifische Ergänzung der in der "Bodenkundlichen Kartieranleitung" bereits vorliegenden Kenntnisse zur Bodenkartierung vor (BLUME et al., 1989). Die Kartieranleitung Stadtböden richtet sich an den Bodenkundler im Sinne einer Bestandsaufnahme, sie systematisiert das besondere Substrat, noch nicht die besondere Genese urbaner Böden.

In diesem Zusammenhang sei auch auf die kurz vor Erscheinen des vorliegenden Werkes ebenfalls im Eberhard Blottner Verlag herausgegebenen Werke, "Rechtsfragen der Bodenkartierung" und "Altlastenkataster und Datenschutz" (siehe auch die Verlagsanzeigen hinten im Buch) hingewiesen.

Nachfrage- und problemorientierte Einzelerhebungen dienen vorwiegend der Analyse und Bewertung von Stoffgehalten. Nährstoffgehalte von Böden und andere Eigenschaften werden von landwirtschaftlichen Untersuchungsanstalten und spezialisierten Labors auf Anforderung, z.B für Gartenbesitzer erstellt. Diese Einzelanalysen eignen sich außerhalb land- und forstwirtschaftlicher Bereiche nicht ohne weiteres für eine Übernahme in Kataster.

Neuere Bodenkataster -von der kommunalen Ebene (vgl. 8.3.3) bis zur Landesebene- beinhalten etwa

- Schwermetallgehalte,
- organische Schadstoffe,
- Kalkgehalt,
- Humusgehalt,
- Tonmineralzusammensetzung und -anteile,
- Bodenreaktion,
- Kationenaustauschkapazität,
- Korngrößenzusammensetzung.

Flächendeckend sind diese Erhebungen, selbst auf kommunaler Ebene, selten; Untersuchungen werden eher ursachenbezogen angelegt. Das seit 1984 in Nordrhein-Westfalen begonnene Bodenbelastungskataster zielt auf die Erfassung von Schwermetallanreicherungen in landwirtschaftlich und gärtnerisch genutzten Flächen. Eingeschlossen sind Klein- und Hausgärten (KÖNIG und KRÄMER, 1985).

Das mit einem umfassenden Anspruch gestartete Projekt zum Aufbau eines Bodeninformationssystems Bayern (WITTMANN, 1986) unterscheidet zwischen einer Boden-Grundinventur, einer Boden-Flächeninventur und der Bodenbeobachtung (Monitoring) sowie einer Boden-Probenbank. Dauerbeobachtungsflächen werden als Testobjekte zur Risikobeurteilung und -vorhersage, Beweissicherung, Erfassung von Ursache-Wirkungsbeziehungen sowie Beobachtung kumulativer Schadstoffwirkungen eingerichtet.

8.2.2 Technisch- bodenmechanische Erhebungen

Bautechnische, den Boden betreffende Erhebungen liegen in jeder Stadt zahlreich vor. Ohne Baugrundanalysen (erstellt in der Regel durch private Erdbaulaboratorien) wird kaum ein Gebäude errichtet, kaum eine Straße gebaut. Bei den städtischen Fach- und geologischen Landesämtern sind die Ergebnisse solcher Untersuchungen und eigener Bohrungen in Verzeichnissen und Datenbanken archiviert.

Neben den klassischen, in DIN-Normen spezifizierten physikalischen Parametern wie:
- Korngrößen und Sieblinien,
- Klassen für das Gewinnen, Verwenden und Bearbeiten, die vom "Mutterboden" über "bindigen mittelschweren Boden" bis hin zum "schweren Fels" reichen (siehe DIN 18196, die eine tabellarische Übersicht Bodenklassifikaton für bautechnische Zwecke enthält),
- Stand- und Scherfestigkeit, Schüttwinkel und Proctordichten,
- KF-Werte,
- GW-Flurabstand,
- Regelungen der DIN 18915 für Garten- und Landschaftsbaubetriebe bei Bodeneingriffen und Bodenarbeiten für vegetationskundliche Zwecke,
gewinnen mit zunehmender Umweltbelastung Faktoren wie die Agressivität der Bodenlösung gegenüber Baumaterialien an Bedeutung.

8.2.3 Umweltschutz und -vorsorge

Die in der Tendenz medien- und disziplinenübergreifenden Umweltprobleme lassen über Sichten und Zugänge in und durch
- Luftreinhaltepläne (MURL NW),
- Klärschlammanalysen,
- Depositionsmessungen in Wirkungskatastern,
- Grundwasser-Analysen,
- Ursachenforschung zu Waldschäden und Baumsterben

ein komplexes Bild des Bodens entstehen, ohne daß bisher der notwendige Blick über enge Fachgrenzen immer gewährleistet ist. Die Zugänge zum Thema "Bodenbelastung", zuerst über die Medien Luft und Wasser erfolgt, werden zunehmend von speziellen Abteilungen in Umweltfachdienststellen gesucht (z.B. Umweltbundesamt, Landesanstalt für Ökologie in NW). Vereinzelt liegen problembezogene mediale und funktionale Erhebungen in Belastungsgebieten vor, einige Bundesländer konzipieren flächendeckende Schadstoffkataster.

Bodenprobenbanken dienen der Dokumentation des stofflichen Ist-Zustandes, um künfige Veränderungen daran zu messen. Zukünfig veränderten oder verbesserten Analytiken stehen neben der Beweissicherungsfunktion als weiteres Argument für die Probenlagerung. Allerdings erfordert es einigen Aufwand, Veränderungen und Stoffumsetzungen in den Proben während der Lagerung auszuschließen.

Eine eigene Dynamik kommt den "Altlasten" zu. Länder und Kommunen gehen bei der Erfassung und Bewertung von Altlasten und kontaminierten Standorten unterschiedlich vor. Erster systematischer Schritt war in zahlreichen Kommunen nach der Phase "Oh, welcher Zufall" der Aufbau von Hinweiskatastern oder Suchprogrammen ohne exakte räumliche Angaben und grober Gefährdungsabschätzung. Die so eruierten "Verdachtsflächen" grober Lokalisierung blieben hinsichtlich ihrer Zusammensetzung und möglicher Auswirkungen auf die Umwelt "terra incognita". Als zweiter Schritt folgt in der Regel eine "Erstbewertung". Genauer untersucht oder gar saniert wurde nur ein Bruchteil der Verdachtsflächen. HENKEL (1987) geht davon aus, daß sich die überwiegende Zahl der Flächen (über 95%) gegenwärtig noch in der Phase der Erfassung oder Erstbewertung befinden. Der Status der bereits sanierten Flächen harrt noch der Erfassung. Einen Maßstab bildet das Informationssystem Altlasten "ISAL" (vgl. Abb. 8.1 und 8.2) des Landes Nordrhein-Westfalen mit seinen Kriterien, der gewählten Systematik und seiner Zugänglichkeit.

Während die Ermittlung von Altablagerungen inzwischen weitgehend abgeschlossen ist, steht die systematische Erfassung von Altstandorten erst am Anfang. Landesweit ist bisher in Hamburg und Nordrhein-Westfalen eine systematische Erfassung durchgeführt worden. Bei den (ehemaligen) Betriebsstandorten stellt sich das Problem, aus den verschiedensten Industrien und Branchen diejenigen Betriebe herauszufiltern, in denen umweltgefährliche Stoffe anfielen und bei denen deshalb mit Bodenverunreinigungen gerechnet werden muß. Die festgestellten Probleme erfordern nicht nur eine "Alt"lastenerfassung, sondern die Inventarisierung aller kontaminierter Flächen bzw. der Neulast-Risiken. Dazu sind weitere Methoden, etwa zum Dokumentieren von Nutzungswandel und Nutzungsgeschichte in der Diskussion, denen eine methodische Nähe zur Archäologie nicht abgesprochen werden kann.

Nach einem Vorschlag von SCHNEIDER (1987) sollen nutzungstypische Stoffströme erfaßt werden, indem über Industriealtlastenkataster (Hilfe: Produkt-Prozeß-Handbuch) die Aufarbeitung von rund 150 Jahren Produktionsgeschichte geleistet und eine Produktionsprozeß-geschichte sowie eine darauf basierenden Prozeß-Verursacher-Schadstoff-Matrix erstellt werden. Um mittels eines historisch-deskriptiven Ansatzes anstelle von Beprobungen erste Abschätzungen des Gefährdungspotentials von Bodenkontaminationen auf ehemals industriell bzw. für gewerblich-industrielle Produktionen genutzten Flächen vorzunehmen, hat das Umweltbundesamt die "Branchentypische Inventarisierung von Bodenkontaminationen - ein erster Schritt zur Gefährdungsabschätzung für ehemalige Betriebsgelände" (KINNER et al., 1986) vorgeschlagen. Die Sicherung des Wissens um Nutzungsgeschichte und nutzungstypische Stoffströme erweist sich somit als wesentliche Aufgabe kommunalen Bodenmanagements.

Art und Umfang der Erfassung und Inventarisierung stoßen bei der Zahl zu erfassender Parameter an Grenzen. Selbst wenn stoffbezogene Grenzwerte zur Verfügung stünden, blieben eine Fülle von Problemen: In oder im Zusammenhang mit Altlasten können prinzipiell alle Stoffe vorkommen und würden endlose Listen füllen. Eine Beschränkung auf wenige Leitparameter widerspricht dagegen dem Vorsorgeprinzip, denn:

- Die Stoffzusammensetzung von Abfällen und ihre Mischung (Cocktail) ist in der Regel mehr unbekannt als bekannt.
- Für die Abschätzung des Gefährdungspotentials der einzelnen Belastungspfade Grundwasser, Boden, Boden-Pflanze-Mensch oder Luft gibt es z.Z. keine Kriterien, um das chemische Umfeld als ganzes zu erfassen. Die Frage nach der optimalen Meßstrategie, d.h. mit welchen Einzel- oder Summenparametern, mit welchen biologischen Testmethoden soll die Gefährdung abgeschätzt werden, ist unbeantwortet.
- Die Bedeutung eines gefundenen Analysenwertes und sein Verhältnis zu Grenz-, Richt- und Schwellenwerten, ist, falls überhaupt vorhanden, offen.
- Weiter ist vor dem Hintergrund zukünftiger Nutzungen die Frage ungelöst, bis zu welcher Grenze/Schwelle das Grundwasser und der Boden zu reinigen sind.

Grundsätzlich wird eine Bewertung und Kategorisierung des Verhaltens von bekannten Einzelstoffen im Boden und Grundwasser trotz vieler Schwierigkeiten möglich sein. Dagegen ist eine Bewertung und Kategorisierung des Verhaltens von weitgehend unbekannten Stoffgemischen schwieriger, wenn nicht gar unmöglich. Diesem Problem läßt sich nur mit einer Meßstrategie zur Erfassung des chemischen Umfeldes beikommen, indem man stufenweise über screening-Methoden bei Verdachtsmomenten bis zu signifikanten Einzelstoffanalysen vorgeht (LÜHR, 1986).

8.2.4 Planung/Flächennutzung

Für die Stadtplanung werden unterschiedlichste Informationen zu Grund und Boden aufbereitet. Flächennutzungspläne drücken die politisch gewollten Flächennutzungen aus (Vgl. Kap. 9). Die reale Flächennutzung ist dagegen oft nur unzureichend dokumentiert. Diskutiert werden Flächenbilanzen als

234

Schematische Darstellung der ISAL – Datenbasis
– Verfahrensangaben –

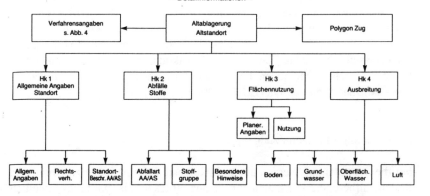

Schematische Darstellung der Datenbasis
– Detailinformationen –

Abb. 8.1: Schematische Darstellung System ISAL

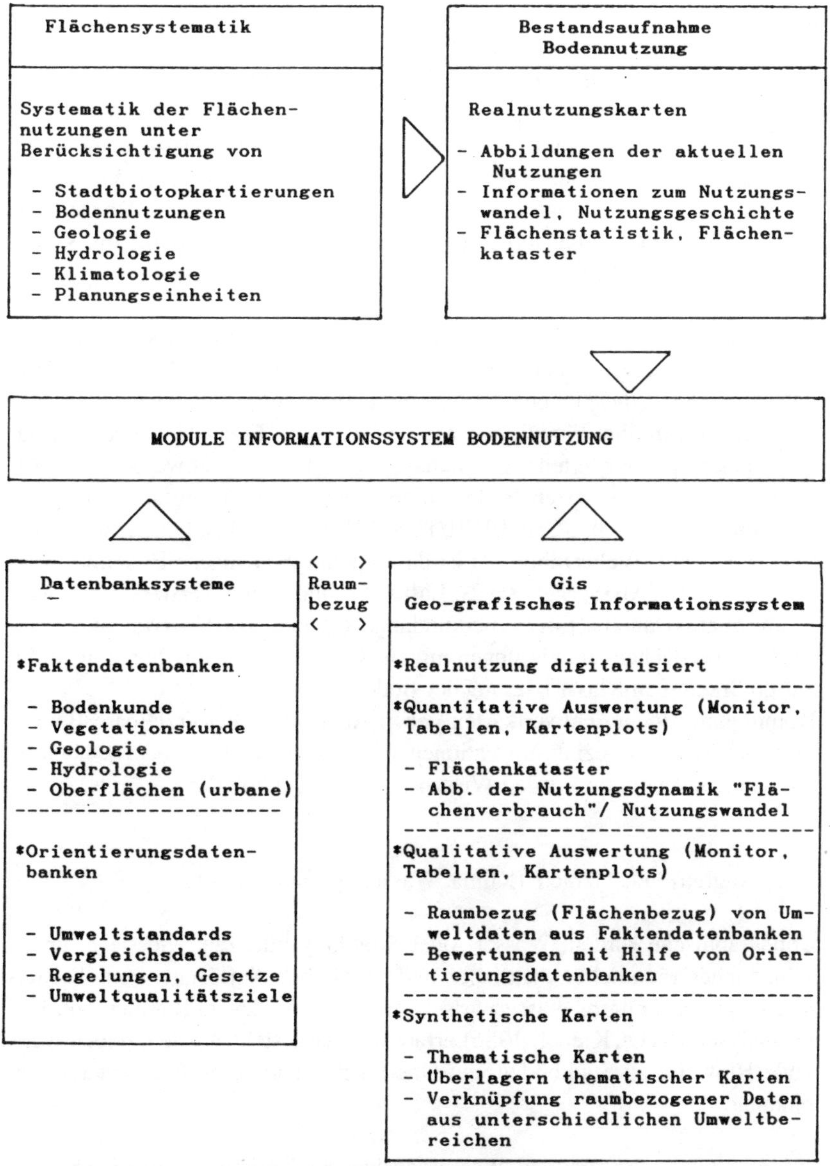

```
┌─────────────────────────────┐        ┌─────────────────────────────┐
│ Flächensystematik           │        │      Bestandsaufnahme       │
│                             │        │       Bodennutzung          │
│                             │        │                             │
│ Systematik der Flächen-     │   ⊳    │ Realnutzungskarten          │
│ nutzungen unter             │        │                             │
│ Berücksichtigung von        │        │ - Abbildungen der aktuellen │
│                             │        │   Nutzungen                 │
│ - Stadtbiotopkartierungen   │        │ - Informationen zum Nutzungs-│
│ - Bodennutzungen            │        │   wandel, Nutzungsgeschichte│
│ - Geologie                  │        │ - Flächenstatistik, Flächen-│
│ - Hydrologie                │        │   kataster                  │
│ - Klimatologie              │        │                             │
│ - Planungseinheiten         │        │                             │
└─────────────────────────────┘        └─────────────────────────────┘
```

MODULE INFORMATIONSSYSTEM BODENNUTZUNG

Datenbanksysteme	< > Raum- bezug < >	Gis Geo-grafisches Informationssystem
*Faktendatenbanken		*Realnutzung digitalisiert
- Bodenkunde		*Quantitative Auswertung (Monitor, Tabellen, Kartenplots)
- Vegetationskunde		
- Geologie		
- Hydrologie		- Flächenkataster
- Oberflächen (urbane)		- Abb. der Nutzungsdynamik "Flä- chenverbrauch"/ Nutzungswandel
*Orientierungsdaten- banken		*Qualitative Auswertung (Monitor, Tabellen, Kartenplots)
- Umweltstandards		- Raumbezug (Flächenbezug) von Um- weltdaten aus Faktendatenbanken
- Vergleichsdaten		- Bewertungen mit Hilfe von Orien- tierungsdatenbanken
- Regelungen, Gesetze		
- Umweltqualitätsziele		*Synthetische Karten
		- Thematische Karten
		- Überlagern thematischer Karten
		- Verknüpfung raumbezogener Daten aus unterschiedlichen Umweltbe- reichen

Abb. 8.2: Module eines Bodeninformationssystems – Inhalte und Einsatzbereiche

ein Instrument bodenökologisch orientierter Flächenhaushaltspolitik. Der Arbeitskreis "Künftige Flächenbedarfe, Flächenpotentiale, Flächennutzungskonflikte" der Akademie für Raumforschung und Landesplanung empfiehlt für ein zukünftiges flächensparendes und bodenschonendes Planungsprinzip die Erstellung von Flächenbilanzen (ANONYM, 1987a): "Die Veränderungen des Flächenhaushalts sind in regelmäßigen Abständen in Form von Flächenbilanzen darzustellen (Flächenkontrollbericht). Damit werden den politischen Entscheidungsträgern im kommunalen wie im regionalen Bereich Informationen über bisherige Flächenveränderungen und über die Konsequenzen weiterer Flächeninanspruchnahmen zur Verfügung gestellt, die sie zu verantwortlichem Umgang mit Grund und Boden veranlassen."

Regionale und kommunale Flächenbilanzen auf der Basis von Realnutzungserfassungen wurden bislang erst vereinzelt vorgenommen. Bilanziert wurde dabei lediglich die "Fläche". Nicht betrachtet wurde der tatsächliche Zustand der Böden, ihre Funktionen und Belastungen. "Frei"-flächen können im urbanen Bereich nur selten mit intakten Böden gleichgesetzt werden. Der Anspruch der Flächenkataster, Boden "hinreichend genau quantitativ und qualitativ abzubilden" (vgl. SCHOLICH/TUROWSKI, 1987) ist bislang nur unzureichend erfüllt. Weiterführender ist das geplante Statistische Bodeninformationssystem (STABIS, Vgl. 8.3.2). Luftbilder bilden eine verstärkt eingesetzte Informationsquelle. Ein Fernerkundungsverfahren zur Überwachung städtischer Oberflächenveränderungen mittels Satellitenbilddaten diente in Berlin zur großräumigen Klassifizierung der Bodenversiegelung.
Kommunale Bodenrichtwertkarten geben Auskünfte über erzielbare Bodenpreise (DM/m^2). Spezialinformationen wie Kriegsschadens- oder Baualterskarten ergänzen vielerorts den Wissensstand der Stadtplaner.

8.2.5 Angrenzende Gebiete (Klima, Wasserhaushalt)

Topographische Karten, Wasser- oder Strahlungsbilanzen, wie sie in unterschiedlicher räumlicher, zeitlicher und sachlicher Auflösung vom Wetterdienst, Tiefbauämtern, Wasserwirtschaftsbehörden oder im Rahmen von Klimaanalysen (STOCK et.al. 1986) erfaßt und dargestellt werden, geben wertvolle Hinweise zu Stadtböden und Oberflächen und deren funktionaler Einbindung.

Informationen zum urbanen Wasserhaushalt sind selten systematisiert, umfassen aber über reine Ver- und Entsorgungsaspekte hinaus vielfältige Parameter. Niederschlagsverteilungen, Grundwasserflurabstände und Pegelstände von Oberflächengewässern, Abflußbeiwerte von Gewässereinzugsgebieten und weitere Daten zur Wasserbilanz, gewonnen mit Feldmethoden, Lysimetern oder Haude-Geräten weisen auf Möglichkeiten, die notwendige Verknüpfung von Wasserhaushalt und Boden inhaltlich zu bewältigen.

Synthetische Klimakarten oder singuläre Messungen, Darstellungen von Oberflächentemperaturen und phänologische Erhebungen erlauben die Bildung stadtklimatischer Aggregate, etwa zur Darstellung eines örtlichen Wärmearchipels oder von Standortbedingungen urbaner Vegetation. Aufzeichnungen von Grünflächenämtern, z.b. Pflegepläne oder Straßenbaumkataster, können wertvolle Hinweise über Qualitäten und Dynamik städtischer Böden enthalten.

8.3 Bodeninformationen - Auswertungsmöglichkeiten

Die Fülle von Informationen über Böden und Oberflächen, seien es Profilbeschreibungen, geohydrologische Messungen, Luftbilder, Schadstoffanalysen oder die Erfassung der Flächennutzungen und ihrer Dynamik läßt grundsätzlich weitreichende Auswertungen, Hypothesen und Modelle zu. Die mangelnde Vergleichbarkeit bisheriger Erhebungen schränkt dies allerdings noch ein. In zunehmendem Maße entstehen über die Aggregationen der Bodenkarten hinaus Beurteilungsverfahren zur Interpration von punktuellen oder flächenhaften Bodendaten. Auch die Bewertungsansätze weisen noch eine große, der Vergleichbarkeit nicht förderliche Varianz auf. Die mangelnde Zugänglichkeit von Spezialinformationen oder Gutachten behindert häufig ebenfalls Auswertungen. Die räumliche und zeitliche Aussagekraft der Daten kann durch abgestimmte Erhebungsziele regelmäßig verbessert werden.

Forschungsbedarf besteht bei Auswertungsmodellen, etwa zur Belastungsprognose, Simulation von Transport- und Abbauvorgängen und zur Risikoermittlung.

8.3.1 Bodenkarten und Bodensystematik

Flächendeckend liegen in der Bundesrepublik Bodenkarten nur in kleineren Maßstäben (1:200.000 und kleiner) vor. Wie unzureichend die Kartierungen in den größeren, für die Nutzer von Bodeninformationen entscheidenden Maßstäben existieren, zeigt das Beispiel Niedersachsen: flächendeckend existiert die bodenkundliche Standortkarte 1:200.000, die Kartenwerke 1:5.000

und 1:25.000 decken derzeit etwa 25 - 35% der Landesfläche ab. Die Informationen der bundesweit flächendeckenden Reichsbodenschätzung, einer unter fiskalischen Aspekten vorgenommene Bestandsaufnahme, um Kulturböden nach dem erzielbaren Ertrag zu bewerten, liegen auch für Flächen vor, die heute längst überbaut sind.

Die Systematik aller bisherigen Bodenkarten sind für Aussagen und Informationen zum nicht besiedelten Bereich vorgesehen, obwohl teilweise der besiedelte Bereich mit einbezogen ist:

1. Bodenkarten im Maßstab 1:25.000 und 1:50.000 klammern häufig nur die Siedlungskerne als weiße Flecken aus, die Böden der aufgelockerten Bebauung in den Randbereichen werden trotz teils erheblicher Überformungen in gleicher Weise dargestellt wie naturnahe Böden unter Äckern oder Wald;

2. Die Bezeichnungen der Böden unter Siedlungen und Infrastrukturen, die nach der Reichsbodenschätzung auf ehemals landwirtschaftlich genutzten Flächen errichtet wurden, beziehen sich somit auf den Ausgangszustand vor der Bodenüberformung.

In beiden Fällen werden zwar wertvolle Informationen zur Einschätzung der tatsächlichen Bodenformen und Bodeneigenschaften geliefert, die realen Bodenverhältnisse sind allerdings nicht erfaßt, Böden des besiedelten Bereichs nicht berücksichtigt.

Inzwischen liegen vom "Arbeitskreis Stadtböden" der Deutschen Bodenkundlichen Gesellschaft (BLUME et.al., 1989) Vorschläge zu Aufgaben, Inhalten und Aufbau eines Konzeptes zur Stadtbodenkartierung vor. Im Ansatz und der Zielrichtung für potentielle Nutzer unterscheidet sich das Konzept Stadtbodenkartierung von der bisherigen Kartieranleitung erheblich. Dies verdeutlichen sechs Thesen, mit denen das Konzept umrissen wird:

1. Die Ansprüche an die Funktionen städtischer Bodenkarten sind vielfältig und gegenwärtig im Fluß;

2. Die Besonderheiten städtischer Böden, insbesondere die der Ausgangsmaterialien, erfordern eine veränderte
- technische Vorbereitung der Kartierung,
- Merkmalserfassung,
- Ableitung von Schätzgrößen und
- Substratklassifikation;

3. Die Erfassung litho- und pedogener Merkmale ist notwendig für Fragen der ökologischen Bewertung, der Regionalisierung und Prognose von Bodenentwicklung und Bodenfunktion;

4. Die hohe Variabilität der Bodendecke in städtischen und industriellen Verdichtungsräumen erfordert erhöhte Stichprobendichten bzw. die intensive Ausarbeitung einer Konzeptkarte;

5. Die vielfältigen Eignungsanforderungen an städtische Böden sind nicht mit einem "Kartenwerk" zu beantworten;

6. Damit Auswertekarten zu Funktionen des Bodens in den Planungsprozeß und das Verwaltungshandeln Eingang finden, ist eine enge Zusammenarbeit mit den Anwendern notwendig.

Stadtbodenkartierungen dienen als wesentliche fachliche Grundlage
- zur Bestimmung des Ist-Zustandes der Böden und Interpretation von Orientierungsdaten zu Schadstoffbelastungen,
- zur Nutzungslenkung als vorsorgendem Bodenschutz im Rahmen der räumlichen Planung,
- für konkrete Maßnahmenkonzepte zur Verbesserung urbaner Bodenzustände (z.B. Rückbau anthropogener Oberflächen).

Mit der Entwicklung neuer Kartiertechniken in der Stadt sowie der Beschreibung und Bewertung von Stadtböden werden Erweiterungen der bisherigen Bodensystematik erforderlich. Vorschläge zur Benennung und Taxonomie werden in der Bodenkunde noch diskutiert.

Für eine Klassifikation urbaner Böden in Anlehnung an die herkömmliche Systematik spricht sich der Arbeitskreis Bodensystematik der Deutschen Bodenkundlichen Gesellschaft aus, da auch aus ökologischer Sicht die Einteilung nach pedogener Prägung sinnvoll erscheine; so unterscheiden sich z.B. Gleye aus künstlichem Auftrag in ihrer Luftarmut nicht von solchen natürlicher Gesteine (BLUME, 1988). Auf anthropogenen Gesteinen sind nach GRENZIUS (1987) Bodenentwicklungen erkennbar, die zur Entstehung von Lockersyrosemen, Regosolen und Pararendzinen geführt haben.

In der Taxonomie werden Böden anthropogener Pedo- und Lithogenese jedoch differenziert. Bei der Beschreibung von Bodenhorizonten aus anthropogen veränderten natürlichen Substraten bzw. technischen Substraten wird der Buchstabe "j" oder "Y" eingesetzt. Als technogen (Y) werden Substrate wie Bauschutt, Müll, Schlämme, Schlacken u.a. bezeichnet. Umgelagerte natürliche Substrate (j) können sein: Lehme, Sande usw.(vgl. BLUME, 1988). Eine Pararendzina aus Bauschutt mit einem humosen Oberboden kann mit A_h-yY beschrieben werden. Außer nach den Ausgangsgesteinen und ihrer Entstehung sowie der anthropogenen Genese besteht die Möglichkeit, Stadtböden anhand von Nutzungstypen zu klassifizieren.

8.3.2 Flächenbilanzen/Bodenkataster

"Boden"-Nutzungstypen können einerseits nach ihrer Ähnlichkeit in Nutzung und Ausgangsgestein zu Nutzungsgruppen zusammengefaßt und andererseits durch z.b. besondere Merkmale (Belastung), weiter differenziert werden. Eine Boden-Nutzungstypen-Systematik in Abstimmung zu bereits bewährten Einheiten der Statistik und Raumplanung bietet außerdem den Vorteil, Bodeninformationen für Planungsprozesse operationalisierbar aufzubereiten.

Zur Erfassung und Bewertung von Ökosystemkompartimenten im besiedelten Bereich haben sich Nutzungstypen als Bezugsflächen bereits bewährt. Es existieren in der Planungspraxis und der stadtökologischen Forschung schon eine Reihe von Systematiken der *realen* und *geplanten* Bodennutzungen, die für unterschiedliche, teils sehr spezielle Fragestellungen entwickelt wurden. Ohne Anspruch auf Vollständigkeit seien folgende wesentliche Ansätze urbaner Nutzungstypen-Systematiken aufgeführt:
- Auf Gemeindeebene werden in den Flächennutzungsplänen (FNP) und den Bebauungsplänen (B-Pläne) bauplanungsrechtlich zulässige Nutzungen dargestellt. Im FNP-Nutzungsartenkatalog zur Erhebung der Bodenflächen nach der in einem Flächennutzungsplan (§5 BauGB) dargestellten Art der Nutzung sind 9 Haupttypen und 18 Subtypen vorgesehen (vgl. RACH, 1988).

Auf der Ebene der Bebauungspläne werden 10 Typen der für die Bebauung vorgesehenen Flächen nach der besonderen Art ihrer baulichen Nutzung unterschieden:

1. Kleinsiedlungsgebiete (WS)
2. reine Wohngebiete (WR)
3. allgemeine Wohngebiete (WA)
4. besondere Wohngebiete (WB)
5. Dorfgebiete (MD)
6. Mischgebiete (MI)
7. Kerngebiete (MK)

8. Gewerbegebiete   (GE)
9. Industriegebiete   (GI)
10. Sondergebiete   (SO)

- Der Kommunalverband Ruhrgebiet (KVR) baut seit Anfang der 70er Jahre eine Flächennutzungskartierung auf der Grundlage von Luftbildauswertungen auf. In einem nach 50 Nutzungsarten gegliederten Flächenkatalog werden bei den Bauflächen 10 Kategorien unterschieden. Die Flächennutzungskartierung existiert für das gesamte KVR-Gebiet und wird regelmäßig fortgeschrieben.
- Bundesweit existieren die Liegenschaftskataster bzw. amtliche Flächenstatistiken auf Basis der Liegenschaftskataster. Liegenschaftskataster sind länderspezifisch aufgebaut, dadurch konnten durch den Zwang einen gemeinsamen Nenner zu finden bei der letzten bundesweiten Flächenerhebung 1985 nur 12 Arten der Flächennutzung unterschieden werden.
- Das Statistische Bundesamt erprobt z.Z. einen neuen Erhebungsansatz "Statistisches Informationssystem zur Bodennutzung- STABIS" (DEGGAU et al. 1989). Die vorgesehene Systematik der Bodennutzungen enthält 9 Nutzungsbereiche mit ca. 80 Nutzungstypen.
- Die inhaltliche Struktur von STABIS ist vergleichbar mit dem Vorhaben der Landesvermessungsanstalten: "Amtliches Topographisch-Kartographisches Informationssystem - ATKIS" (ATKIS, 1987). Allerdings handelt es sich bei dem wesentlich komplexeren Vorhaben ATKIS um die digitale Vorhaltung der Landeskartenwerke aller Maßstabsbereiche.
- Außerdem liegt noch vor die Empfehlung des Unterausschusses "Kommunales Vermessungs- und Liegenschaftswesen" des Deutschen Städtetages zum Aufbau eines "Maßstaborientierten Einheitlichen Raumbezugssystems für Kommunale Informationssysteme - MERKIS".
Es gründet sich auf vorhandene Stadt- und Flurkartenwerke und hat im wesentlichen das Ziel, eine einheitliche geometrische Datenbasis für fachbezogene Informationssysteme der Kommunen zu gewährleisten. Damit verfolgt es die gleichen Ziele wie ATKIS, aber im wesentlichen beschränkt auf den großmaßstäbigen "Stadtplan"-Bereich (vgl. CUMMERWIE, 1989).
- Für stadtökologische Erhebungen existieren Systematiken landschaftsökologisch differenzierter Nutzungstypen; am weitesten fortgeschritten ist die Systematik zur "Methodik der Biotopkartierung in besiedelten Bereichen" nach SCHULTE & VOGGENREITER (1986). Ähnlich sind Ansätze der AUBE (1986) aus dem Ruhrgebiet.
- Zur Erfassung und Systematisierung von Stadtböden wurden ebenfalls nutzungsbezogene Raumgliederungen vorgeschlagen (vgl. z.B. GRENZI-

US, 1987; REINIERKENS, 1989). Unterschieden werden 15 Typen, zusätzlich 8 Subtypen der Wohnbebauung (GRENZIUS, 1987).

- Im Umweltatlas Berlin (SENATOR FÜR STADTENTWICKLUNG UND UMWELTSCHUTZ 1985) werden im Kapitel "Biotope" Informationen über Vegetation, Böden und Nutzungen zu stadtökologischen Einheiten zusammengefaßt, die als "Ökochoren" bezeichnet werden. Unterschieden werden 69 Typen, wovon 18 als urban-industriell bezeichnet werden.

Die Abgrenzung der Flächen orientiert sich in erster Linie an Einheiten der Vegetationskartierung und an Bodengesellschaften, die ihrerseits in den urban-industriell geprägten Bereichen aus Nutzungseinheiten abgeleitet wurden.

Neben Nutzungseinheiten stellen ökologisch-funktionale Einheiten wie Gewässereinzugsgebiete oder naturräumliche Ausprägungen (zum Beispiel Geest/Marsch) einen notwendigen Hintergrund, um gebietsspezifische Dominanten und Singularitäten wahrnehmen zu können.

Eine weitergehende Differenzierung der baulich geprägten Nutzungstypen als Grundlage zur Erfassung und Bewertung urban und industriell überformter Böden wurde im Hamburger Forschungsprojekt "Stadtböden" vorgeschlagen (AG BOFO, 1989). Da auch Nutzungen nur Momentaufnahmen gestatten, dürften erst Kombinationen aus Nutzungs- und Geneseklassen ideale Zuordnungen darstellen.

Tab. 8.4 : Systematik der Nutzungstypen nach STABIS (1989)

1. Baulich geprägte und Versorgungsflächen
   11. Wohnflächen
       111. Wohnen in offener, niedriger Bebauung
       112. Wohnen in geschlossener, niedriger Bebauung
       113. Wohnen in offener, hoher Bebauung
       114. Wohnen in geschlossener, hoher Bebauung
       115. Wohnen in Hochhausbebauung

   12. Flächen mit gemischter baulicher Nutzung
       121. Gemischte bauliche Nutzung städtischer Prägung
       122. Gemischte bauliche Nutzung ländlicher Prägung

33. Bahngelände
331. Schienenverkehrsfläche
332. Bahnbetriebsgelände

34. Luftverkehrsflächen
35. Schiffsverkehrsflächen
36. Seilbahn- und Skilifttrassen
37. Verkehrsbegleitgrün

4. Freizeit- und Erholungsflächen
41. Sport- und Spiel- und Freizeitanlagen
42. Grün- und Parkanlagen
43. Kleingartenanlagen
44. Campingplätze
45. Friedhöfe

5. Landwirtschaftsflächen
51. Ackerland
511 Nicht offen entwässertes Ackerland
512 Offen entwässertes Ackerland
513 Freilandgartenbauflächen
514 Unterglasgartenbauflächen
515 Anbauflächen von Sonderkulturen
52. Wiesen und Weiden
521 Nicht offen entwässerte Wiesen und Weiden
522 Offen entwässerte Wiesen und Weiden
53. Obstbauflächen und Baumschulen
531 Intensiv-Obstanbau
532 Streuobstanbau
533 Baumschulen
54. Weinbauflächen

6. Waldflächen und Gehölze
61. Laubwald
62. Nadelwald
63. Mischwald
64. Aufforstungsflächen
65. Gehölze

7. Wasserflächen
   71. Flüsse, Bäche
   72. Kanäle, Vorfluter und Gräben
   73. Häfen
   74. Seen, Teiche und Altarme
       741   Naturnahe Seen ,Teiche und Altarme
       742   Naturferne Seen, Teiche und Altarme
       743   Seen, Teiche und Altarme, nicht differenzierbar

8. Feuchtgebiete, Trockenstandorte und Flächen mit lückiger Vegetation
   81. Hoch- und Übergangsmoore
   82. Sümpfe, Röhrichte und Seggenrieder
   83. Verlandungsbereiche
   84. Küstenbereiche
       841   Sandstrände
       842   Salzwiesen
       843   Küstendünen
       844   Küstendeiche
   85. Heiden, Magerrasen und Moorheiden
   86. Felsstandorte
       861   Felsstandorte mit Vegetation
       862   Felsstandorte ohne Vegetation
   87. Gletscher und Dauerschneegebiete

9. Brachflächen
   91. Brachflächen in Wohn- und Mischgebieten
   92. Brachflächen in Industrie- und Gewerbegebieten
   93. Brachliegende Verkehrsflächen
       931 Brachliegende Schienenverkehrsflächen
       932 Sonstige brachliegende Verkehrsflächen
   94. Nicht mehr genutzte landwirtschaftliche Flächen
   95. Sonstige Brachflächen

8.3.3 Meßprogramme

Informationen aus räumlich und zeitlich begrenzten Meßprogrammen und Gutachten eröffnen, Zugänglichkeit vorausgesetzt, wegen ihrer Differenziertheit weiterreichendere Auswertemöglichkeiten als die bisher genannten Quellen.

Schadstoffbezogene Meßprogramme auf kommunaler Ebene sind meist an regionalen, akuten Umweltproblemen wie z.b. der Bodenversauerung in Parkanlagen und stadtnahen Wäldern oder Schwermetalldepositionen im industriellen Umfeld orientiert.

Liegen wie in Hamburg - selten genug - mehrere Meß- und Erhebungsprogramme vor, ist die Nutzbarkeit der Daten für eine zusammenfassende Bewertung abhängig davon, ob eine Abstimmung der einzelnen Erhebungskonzepte erfolgte. Entscheidend für Aus- und Bewertungen anhand von Richtwerten und Orientierungsdaten ist zudem die gewählte Meßtechnik und Laboranalytik.

Eines der umfangreichsten und anspruchsvollsten Meßprogramme zur Untersuchung stadtnaher Wälder und von Parkböden stellte das Hamburger Bodenanalyseprogramm 1981 - 1984 (FHH, 1985) dar. Die Untersuchungen umfaßten folgende Teile:
- Bodenchemische Standortcharakterisierung zur Beurteilung des Stabilitätszustands von Waldökosystemen in Hamburg;
- Erfassung der Einträge und des Verbleibs von Luftverunreinigungen in den Wäldern der Landesforstverwaltung Hamburg;
- Untersuchungen der Streuzersetzungen, Wurzelschäden;
- Untersuchungen zur Belastung der Landesforsten durch Deposition von Schwermetallen.

Außerdem wurde ein flächendeckendes Schwermetallkataster für Hamburg erstellt sowie ein CKW-Untersuchungsprogramm durchgeführt.

Schadstoffmeßprogramme, überwiegend auf Rasterbasis, enthalten, abgesehen von Konzentrationen untersuchter Metalle, selten brauchbare Hinweise zur Einschätzung der Bodensituation im urbanen Raum. Gestreute Punktinformationen zur Korngrößenzusammensetzung, Gehalt anorganischer Substanz, pH-Werte usw. erlauben nur eine grobe Übersicht der äußerst heterogenen urbanen Bodenformen.

Flächige Teiluntersuchungen, einzelne Belastungsarten betreffend, liegen zahlreich vor. Für NRW seien ohne Anspruch auf Vollständigkeit die Städte Köln, Duisburg, Gelsenkirchen, Essen, Dortmund und Münster sowie die Kreise Unna und Steinfurt genannt.

8.3.4 Wissenschaft und Forschung

Seitens der Wissenschaften werden die Möglichkeiten zur Erhebung und Auswertung stadtbodenrelevanter Informationen ständig ergänzt. Ob und wann sich neue Ansätze in der Praxis durchsetzen, ist ein differenzierter, nicht immer rational nachvollziehbarer Ablauf. Bereits im wissenschaftlichen Maßstab bereitet es nicht selten Probleme, Ansätze vom Labor/Feldmethodenmaßstab auf größere Räume oder längere Zeiträume zu übertragen. Stadtbodenforschung bedeutet in weiten Bereichen das Betreten von Neuland, bedeutet noch Grundlagenforschung sowohl im naturwissenschaftlich-technischen als auch im methodisch-planerischen Bereich. Forschungsschwerpunkte sind:
-   Neue Kartier- und Beschreibungstechniken,
-   Physiko-chemische Charakterisierung von Substraten,
-   Eintrag und Verhalten von Schadstoffen,
-   Dynamik von Genesen, Umlagerungen,
-   Hydrogeologische Bedingungen und Prozesse in Stadtböden,
-   Erhebungs- und Bewertungsverfahren zu Oberflächenausprägungen,
-   Vorkommen und Verbreitung von Bodenfauna,
-   Bewertungsverfahren für die Planung,
-   Qualitätsziele für urbane Böden und Oberflächen.

Daten ausgewählter Problembereiche lassen sich zu Bodenbelastungsbilanzen aggregieren (ANONYM, 1987b), indem etwa Bodenbelastungen (Schadstoffvorkommen und -gehalte) mit Bodennutzungen und -empfindlichkeiten verknüpft werden.

In der Bundesrepublik existiert kein einheitliches Bewertungsverfahren für Altlasten. Auf Länderebene wurden eigenständige Erfassungs- und Bewertungskonzepte entwickelt, z.B. das Bewertungsverfahren AGAPE in Hamburg (KRISCHOK, 1988) in Anlehnung an das alte Hazard Ranking System der US-Umweltbehörde oder die Bewertungsmodelle in den Bundesländern Baden-Württemberg und Hessen, zu denen bereits Handbücher zur Altlastenerfassung und Altlastenbewertung veröffentlicht wurden (ANONYM, 1988c; MÜLLER et al. 1988).

Im gleichen Verlag, in dem das vorliegende Werk erschienen ist, wurde auch in nunmehr 2. Auflage herausgegeben: "Altlasten-Bewertung, Sanierung, Finanzierung" (Herausgeber: E. Brandt).

Für die Erfassung von Verdachtsflächen wird in allen Bundesländern auf kommunaler wie auf Länderebene mit EDV-gestützten Methoden gearbeitet. Neben Datenbankanwendungen (ISAL) sind erste Altlasten-Expertensysteme wie ALEXSYS, ein Prototyp, der die Begleitung und Unterstützung aller Phasen der Altlastensanierung zum Ziel hat (FRANZEN, 1989), in der Entwicklung und Erprobung.

Verstärkt zeigt sich die Erfordernis von Dauerbeobachtungsflächen urban-industrieller Überformungen. Bodengenese und Nutzungsdynamik sind angemessen zu verschränken. Vorschläge dazu werden in "AG BOFO" (1989) erarbeitet.

8.4 Boden in Umweltinformationssystemen

Umweltinformationssysteme reichen über spezifische Karten und Kataster weit hinaus. Sie sollen die systematische Erhebung, Auswertung und Aufbereitung sowie Nutzung der Daten vereinen. Noch ist allerdings die Funktionalität von Umweltinformationssystemen nicht zufriedenstellend. Insbesondere die Verschränkung von Komplexen sachlicher, zeitlicher und räumlicher Ausprägungen unter einer gemeinsamen, nutzerfreundlichen Software läßt zu wünschen übrig.

Aus den integrierten Ansätzen der Umweltinformationssysteme, wie sie gegenwärtig für die Landes-, Regional- und kommunale Ebenen erarbeitet werden (PIETSCH, 1988), erwachsen Vorschläge zum optimalen Informationsmanagement für das Segment der Bodeninformationssysteme. Spezielle Fachkonzepte helfen ebenfalls, methodische Anforderungen zu definieren. Anfallende Daten zur Bodennutzung, dem Bodenbestand und Pfaden der Bodenbelastung sind wegen ihrer vielfältigen Wechselbeziehungen nur in DV-gestützten Informationssystemen zusammenzufassen und schnell verfügbar zu halten.

Das "Konzept zur Erstellung eines Bodeninformationssystems" (StMLU, 1988), von einer Bund-Länder-Arbeitsgruppe im Auftrag der Umweltministerkonferenz entwickelt, soll in den Ländern umgesetzt werden. Es stellt einen bodenkundlichen Maximalkatalog dar, doch wird selbst bei reduziertem Umfang im Verbund mit Fragestellungen zu kontaminierten Standorten, anderen Umweltbereichen und Wechselbeziehungen zwischen diesen die Komplexität eher anwachsen. Dagegen enthält der "Vorschlag für die Einrichtung eines länderübergreifenden Bodeninformationssystems" (NSU, 1989) praktikable Wege zum Aufbau von Bodeninformationssystemen.

Landessysteme unterschiedlicher Schwerpunktsetzung finden sich in Baden-Württemberg, Bayern, Nordrhein-Westfalen oder Niedersachsen. Beispiele kommunaler bzw. regionaler Fachkataster wie "Umwiss" des Umlandverbandes Frankfurt/M. stehen für ein noch weiteres Spektrum der Inhalte und Aufbereitungen. Schnittstellen dieser Dateien und Kataster zu Umweltinformationssystemen sind nur rudimentär entwickelt. Ansätze, bodenbezogene Informationen in über reine Umweltinformationssysteme hinausreichende Darstellungen wie die "Umweltberichterstattung" (als Bürgerinformation und Politikberatung) oder die "Ökologische Buchführung" angemessen zu integrieren, bedürfen ebenfalls der Verstärkung (ZIESCHANK, 1989).

Die Nutzbarkeit und Qualität der Informationssysteme wird wesentlich vom Träger und seinen Interessen bestimmt. Zu enge fachliche Interessen werden den querschnittsorientierten Aufgaben nicht gerecht.

8.4.1 Mediale und funktionale Zuordnungen

Mediale Gliederungen der Umwelt haben sich als unzureichend erwiesen und entsprechen nicht dem Erkenntnisstand. Der mediale Ansatz kann für die Vernachlässigung des Bodens, nicht nur in Umweltinformationssystemen, mit verantwortlich gemacht werden. Statt besser geeigneter funktionaler Aspekte prägen jedoch häufig Verwaltungsgliederungen und gewachsene Zuständigkeiten inhaltliche Zuordnungen. Am Beispiel der Zuständigkeiten für Informationen über Altlasten wird dies deutlich: ursprünglich überwiegend bei Wasserbehörden angesiedelt, kamen Tiefbauämter, Abfallbehörden und zuletzt Umweltdienststellen alternativ und nacheinander als Koordinatoren in Frage.

In vorliegenden funktionalen Gliederungen taucht der "Boden" unter Stichworten wie Flächennutzung, Landschaft oder Biotope auf. Die vorwiegend unter Entsorgungsgesichtspunkten betrachtete Klärschlammproblematik oder fehlende Humusbilanzen zeigen, wie unvollkommen Pfadbetrachtungen bisher in Informationssystemen vorgesehen und möglich sind. Stoffbilanzen, die das Entstehen fester, auf den Boden zukommender Abfälle aus Luft- und Wasserreinhaltung nachvollziehbar machen, sprengen ebenfalls die mediale Denkweise. Sollen Wirkungsketten und -beziehungen, etwa zwischen Luft, Boden, Wasser, Pflanzen, Nahrung und Mensch dargestellt werden, sind "vor Ort" meist nur schematische Angaben möglich. Quantitative Darstellungen ökosystemarer Verflechtungen haben die Forschungsebene noch nicht verlassen.

Anzustreben ist, Aggregate aus Grundinformationen anwendungsbezogen zu bilden, nicht durch starre Gliederungen Wahrnehmungsmöglichkeiten zu unterbinden.

8.4.2 Kommunale-, Landes- und Fachkonzepte

Über sachlich-fachliche Inhalte hinaus bedarf das Informationsmanagement größerer Beachtung, da trotz ähnlicher Ziele zwischen kommunalen-, landes- und Fachkonzepten nur unzureichende Verbindungen bestehen. Landeskonzepte stützen sich in der Regel auf nachgeordnete Fachdienststellen, nicht auf kommunale Grundlagen.

Bestehende Teillösungen wie:
- örtliche Schwermetallmessungen,
- regionale Wirkungskataster im Rahmen von Luftreinhalteplänen,
- Flächennutzungskataster,
- Landschaftsinformationssysteme der Länder (Linfoss),
- Haldenkataster des Landesoberbergamtes NW und des KVR,
- Das geplante Bodenkataster Berlin (es soll großmaßstäbige, bodenschutzrelevante Karten liefern),
- Monitoring-Programme, Meßstellen und Dauerbeobachtungsflächen der Landesanstalten und Forschungseinrichtungen,
- Umweltberichte, -informationssysteme und -kataster der Kommunen,
zeigen die Heterogenität der Ansätze und Zugänge. Die Aufgaben, Interessen und Zuständigkeiten der Betreiber von Umweltinformationssystemen bleiben nicht ohne Einfluß auf deren Entwicklung und Nutzbarkeit. Politisch bestimmte Prioritäten ermöglichen häufig die Verwirklichung latent bereits vorhandener Konzepte.

Die "Arbeitshilfe 6 - Kommunale Umweltschutzberichte" des Deutschen Instituts für Urbanistik (DIFU, 1987) empfiehlt für die kommunale Ebene den Aufbau von Bodenkatastern als wichtiges Element von Umweltinformationssystemen. Der Umweltatlas Berlin sowie weitere, dort und in anderen Städten im Aufbau befindliche Ökologische Planungs- und Informationssysteme sollen eine höhere Funktionalität gewährleisten.

Die Enquete-Kommission "Bodenverschmutzungen, Bodennutzung und Bodenschutz" (ANONYM, 1988) empfiehlt dem Berliner Senat, Ergebnisse der Altlastenuntersuchung derart aufzubereiten, daß gleichzeitig zum Aufbau des Berliner Bodeninformationssystems beigetragen wird. Das Berliner "Informationssystem Bodenschutz" soll, angelehnt an Vorgaben der Bund-Länder-Sonderarbeitsgruppe "Informationsgrundlage Bodenschutz" (s.o.), folgende Komponenten umfassen:
- Erfassung des Ist-Zustandes, d.h.
  Grund- und Flächeninventur wichtiger geowissenschaftlicher
  Daten (Bodenkataster),
  Anlegen einer Bodenprobenbank,
- Bodenmonitoring mit kontinuierlichen Meßstellen und
  Dauerbeobachtungsflächen,
- Modelle zur Auswertung bodenschutzrelevanter Daten zur
  Risikovorhersage (Simulationsmodelle und Bewertungsmethoden),
- Regionalisierung und Umsetzung der Ergebnisse (Auswertekarten,
  Verwaltungskoordination).

Insgesamt entstehe mittelfristig ein flächendeckendes System von Bodeninformationen - das Bodenkataster. Es soll als Informationsgrundlage für Einzelfallentscheidungen (Standortplanung, Baugenehmigungen, UVP) dienen, wie auch zur Verfeinerung der Aussagen über die Wirkungen von Bodenschutzmaßnahmen. Notwendige Grundlage ist ein praktikables Bodeninformationssystem. Aussagen zur Integration in das in Berlin im Aufbau befindliche Umweltinformationssystem wurden nicht gemacht.

8.4.3 Inhalte, Aufbereitung, Systeme

Geeignete Systeme zum integrierten und standardisierten Handling von Informationen stehen noch aus, da einerseits die bisherigen Möglichkeiten nicht ausgeschöpft wurden (Schnittstellen und Standards für Dateneingabe, -austausch, -ausgabe und -bezeichnung) und andererseits Informationssysteme selbst fehlendes Wissen nicht ersetzen können. Zum Thema "Stadtböden" wird eine interdisziplinäre Zusammenschau erforderlich. Dennoch sind Umwelt- und Boden-Informationssysteme eine wesentliche Voraussetzung zum planvollen Umgang mit der Ressource Boden, besonders im städtisch überformten Bereich.

Bis zur Verfügbarkeit umfassender Umweltinformationssysteme mit geeigneten "Boden" - Modulen können Metadatenbanken aufzeigen, wo gegenwärtig
bodenrelevanten Informationen in welcher Form und mit welchen Zugriffs-
möglichkeiten vorliegen. Umweltinformationssysteme sollten, verbunden
durch eine gemeinsame Benutzeroberfläche mit differenzierten Zugangslegi-
timationen, folgende Basiselemente enthalten:

- Geo-Grafische Informationssysteme (GGI),
- Faktendatenbanken (Meßdaten, Ereignisse),
- Methodenmodule (Grafik, Ausbreitungs- und Simulationsmodelle,
  Statistikpakete),
- Orientierungsdatenbanken,
- Abwicklungssysteme (Begleitscheinverfahren, Stoffflußverfolgung),
- Entscheidungsunterstützende Komponenten.

Ergänzend können Managementsysteme mit Zugriff auf die oben genannten
Module die Funktionalität der Elemente für Planung und Erfolgskontrolle in
den Gebietskörperschaften erheblich steigern, sind aber für die Thematik Boden noch nicht verfügbar. Die Abb. 8.2 zeigt heute realisierbare Bestandteile
eines Bodeninformationssystems.

Für Geo-Grafische Informationssysteme ergibt sich nach längerer Stagnation
eine - sich auch in einer breiteren Produktpalette abzeichnende - progressive
Entwicklung. Standards sind verrechenbare Überlagerungen und Verschnei-
dungen, thematische Karten (Atlanten) sowie Verknüpfungen von Vektor-
und Rasterdaten in unterschiedlichsten Aufbereitungen und Darstellungen.

Beim wachsenden Umfang bodenbezogener Informationen (Emissionen, Immissionen, Wirkungen) werden Standardisierungen, etwa bei der Erhebungs-
dichte und den Meßintervallen, zwingend erforderlich. Allein die Ansätze für
Erhebungen und Darstellungen zu urbanen Oberflächenausprägungen reichen
von detaillierten, flächenscharfen Karten im M. 1 : 1.000 über generalisierte
Auswertungen für die Wasserwirtschaft bis hin zu über Satelliten gewonnene
klimatologischen Aussagen gröberen Rasters im M. 1 : 50.000 (Berlin).

Für Methodenmodule, sei es zum Aufbau von Statistiken, Indikatoren, Bilanzen (z.B. Boden-Substratumsatz) oder Simulationen, bedarf es ebenfalls geeigneter Standards. Um die Stellung in der Wirkungskette (z.B. Schadstoffe-
Nutzungen-Biotope-Boden-Altlasten) räumlich, sachlich und zeitlich hinreichend präzise abbilden zu können, werden interdisziplinäre Entwicklungen
(Vgl. "EXSOL" für das Verhalten und die Ausbreitung von Schadstoffen im
Boden) erforderlich.

Als handlungsunterstützendes Hilfsmittel des Stadtbodenmanagements werden Orientierungsdatenbanken mit dem Ziel entwickelt, Entscheidungsträgern, Planern und Bürgern Informationen zu Umweltbereichen und Umweltzusammenhängen nachvollziehbar, transparent und ohne größeren technischen Aufwand zugänglich zu machen. In der Praxis des Bodenschutzes und der Umweltplanung zeigt sich immer deutlicher, daß das notwendige ökologische und rechtliche Wissen weder durch einzelne Personen (Ämter) noch durch herkömmliche Informationsträger in der erforderlichen Qualität und Geschwindigkeit repräsentiert werden kann.

Im Gegensatz zu den gegenwärtig verfügbaren Umweltdatenbanken, die dem Anwender überwiegend für ihn zusammenhanglose Fakten (Literatur, Nachweise) vermitteln, leitet sich die Struktur der Orientierungsdatenbanken aus den querschnittsorientierten Aufgaben des Umweltplaners ab, bei denen oft "Angrenzendes Wissen" nachgefragt wird. So benötigen Planer für die angemessene Einschätzung von unterschiedlichen Meßdaten aus den einzelnen Umweltbereichen nicht nur Angaben über im jeweiligen Sachgebiet mögliche und eventuell genormte Meßverfahren, sondern auch Informationen über den gesetzlichen Handlungsrahmen, Grenz- und Richtwerte bzw. die Bandbreite von Empfehlungen, die aus der Wirkungsforschung stammen. Mit Orientierungsdatenbanken können komplexe Informationen (von der Naturwissenschaft über Planungserfahrungen bis hin zur kommunalen Umweltgeschichte) weitestgehend verfügbar gemacht werden.

Im Altlastenbereich vorhandene und in Entwicklung befindliche Expertensysteme (XPS) (Vgl. 8.3.4) zeigen die Richtung für die Darstellung spezieller Bodenprobleme mit auch ökonomischen Dimensionen, etwa der Auswahl geeigneter Sanierungsverfahren. Für ein Bodenmanagement zur Belastungsminimierung, optimierter Genese und Dynamik sind Methoden, Verfahren und Technologien jedoch erst in der Entwicklung.

Literatur

ANONYM (1985): Umweltatlas Berlin. Hrsg. Der Senator für Stadtentwicklung und Umweltschutz.

ANONYM, (1987a): Erkenntnisse und Empfehlungen - Thesen. In: Flächenhaushaltspolitik, ein Beitrag zum Bodenschutz. Akademie für Raumforschung und Landesplanung. Forschungs- und Sitzungsberichte, Bd. 173, 5 - 9.

ANONYM (1987b): Mitteilungen des Präsidenten - Nr. 165 - Vorlage zur Kennntnisnahme über Bodenschutzprogramm des Landes Berlin. In: Drucksache 10/1503 des Abgeordnetenhaus von Berlin.

ANONYM (1988a): Bodenverschmutzungen, Bodennutzung und Bodenschutz. Schlußbericht der Enquete-Kommission. Drucksache 10/2495 des Abgeordnetenhauses von Berlin vom 18.11. 88.

ANONYM (1988b): Altlastenhandbuch, Teil I und II. Min. für Umwelt Baden-Württemberg. Wasserwirtschaftsverwaltung Heft 18 und 19, Stuttgart

ARNOLD, V. (1988): Systemanalyse Altlasten, in: LAWA Jahresbericht '87. Landesamt für Wasser und Abfall NRW, Düsseldorf

BMU (1988): Umweltpolitik - ein Bericht der Bundesregierung an den Deutschen Bundestag: Maßnahmen zum Bodenschutz. Drucksache 11/1625, Hrsg. Der Bundesminister für Umwelt, Naturschutz und Reaktorsicherheit.

AG BOFO, Arbeitsgemeinschaft Bodenforschung Hamburg (1989): Erfassung und funktionale Bewertung urban und industriell überformter Böden. BMFT-Forschungsvorhaben 0339168A1, unveröffentlichter Zwischenbericht

ARBEITSGRUPPE BODENKUNDE (1982): Bodenkundliche Kartieranleitung. Bundesanstalt für Geowissenschaften und Rohstoffe; Geologische Landesämter in der Bundesrepublik Deutschland (Hrsg.)

ATKIS (1987): "Amtliches Topographisch-Kartographisches Informationssystem" Arbeitsgemeinschaft der Vermessungsverwaltungen der Länder der Bundesrepublik Deutschland (AdV). Wiesbaden, Dezember 1987

AUBE (Arbeitsgruppe Umweltbewertung Essen) 1986: Ökologische Qualität in Ballungsräumen, Methoden zur Analyse und Bewertung, Strategien zur Verbesserung. Der Minister für Umwelt, Raumordnung und Landwirtschaft des Landes Nordrhein-Westfalen (Hrsg.). Düsseldorf, 1986

BLUME, H.-P. (1988): Zur Klassifikation der Böden städtischer Verdichtungsräume. Mitt. Dt. Bodenkdl. Ges. 56, 323-326 (1988).

BLUME et al. (1989): Empfehlungen für die bodenkundliche Kartieranleitung urban, gewerblich und industriell überformter Flächen - Stadtböden. Berlin

CUMMERWIE, H.-G. (1989): Mit MERKIS auf dem Wege zur individuellen Stadtkarte. Kartographische Nachrichten, Heft 4/89 S. 131-139.

DEGGAU, M.; RADERMACHER, W. und H. STRALLA (1989): Pilotstudie Statistisches Informationssystem zur Bodennutzung (STABIS) - Voruntersuchung. Schriftenreihe "Forschung" des Bundesministers für Raumordnung, Bauwesen und Städtebau. Heft Nr. 471.

DIFU (1987): Deutsches Institut für Urbanistik: Kommunale Umweltschutzberichte. Arbeitshilfe 6. Fortschreibung 1987.

DEUTSCHES INSTITUT FÜR NORMUNG, DIN 18196: Erdbau: Bodenklassifikation für bautechnische Zwecke und Methoden zum Erkennen von Bodengruppen. Normenausschuß Bauwesen

DEUTSCHES INSTITUT FÜR NORMUNG, DIN 18915: Vegetationstechnik im Landschaftsbau: Bodenarbeiten. Normenausschuß Bauwesen

ECKHARDT/HAUENSTEIN/SCHNEPF (1983): Bestand an Umweltdaten mit Bedeutung für die Landes- und Regionalplanung. In: Schriftenreihe Landes- und Stadtentwicklungsforschung des Landes Nordrhein-Westfalen Band 4.032.

FHH, FREIE UND HANSESTADT HAMBURG 1985 (Hrsg.): Hamburger Bodenanalyseprogramm 1981 - 1984. Umweltbehörde Hamburg

256

FRANZEN, H. (1989): Altlastenexpertensystem ALEXSYS. Deutsche Gesellschaft für Anlagensicherheit e.V. DEGAS TFH Berlin, Manuskript

GAPPEL, J. (1988): Abschlußbericht zum Modellprojekt Umweltkataster Landkreis Nordrhein-Westfalen, Düsseldorf.

GRENZIUS, (1987): Die Böden Berlins (West) - Klassifizierung, Vergesellschaftung, ökologische Eigenschaften. Diss. TU Berlin, 1987

GROTH, H./ GÜTTLER, R. (1988): XSAL - ein Expertensystem für Altlasten. In: Informatik-Fachbericht 187, Hrsg. R. Valk GI - 18. Jahrestagung I.

HENKEL M. S. (1987): Arbeitsblätter Umweltrecht Teil 5: Altlasten als Rechtsproblem (Deutsches Institut für Urbanistik) Berlin, November 1987

ISAL Landesamt für Wasser und Abfall Nordrhein-Westfalen (Hrsg.) (1988): ISAL Informationssystem Altlasten Düsseldorf

KÄMPKE et.al. (1988): Höhere Funktionalitäten in Umweltinformationssystemen. FAW-Bericht B-8804, Ulm

KINNER, U., KÖTTER, L. und M. NIKLAUS (1986): Branchentypische Inventarisierung von Bodenkontaminationen - ein erster Schritt zur Gefährdungsabschätzung für ehemalige Betriebsgelände. Forschungsvorhaben im Auftrag des Umweltbundesamtes. UBA Texte 31/86

KLOKE, A. (1987): Umweltstandards - Material für Raumordnung und Landesplanung, in: Wechselseitige Beeinflussung von Umweltvorsorge und Raumordnung. Akademie für Raumforschung und Landesplanung. Forsch. und Sitzungsberichte Bd. 165, 133 - 178

KÖNIG, W.; KRÄMER, F. (1985): Schwermetallbelastung von Böden und Kulturpflanzen in Nordrhein-Westfalen. Schr.R. der LÖLF, Band 10

KRISCHOK, A. (1988): AGAPE - Ein Modell zur Abschätzung des Gefährdungspotentials altlastenverdächtiger Flächen. In: WOLF K., BRINK J.v.d. und F.J. COLON (hrsg.): Altlastensanierung '88. Kongreßband Zweiter Internationaler TNO/BMFT Kongreß über Altlastensanierung, 11-15. April 1988, Hamburg

MCKINSEY (1988): Konzeption des Ressortübergreifenden Umweltinformationssystems (UIS). Erstellt im Auftrag des Landes Baden-Württemberg. Unveröffentlicht. Stuttgart.

MERKIS (Maßstabsorientiertes Einheitliches Raumbezugssystem für Kommunale Informationssysteme). Empfehlung des Unterausschusses "Kommunales Vermessungs- und Liegenschaftswesen" des Deutschen Städtetages.

MÜLLER,U.; DARSCHIN,G.; FELDMANN,M.; KASTL,H. und S. SIELS-KI (1988): Handbuch Altablagerungen. Hessische Landesanstalt für Umwelt, Wiesbaden

NSU HRSG. (1989): Vorschlag für die Einrichtung eines länderübergreifenden Bodeninformationssystems. Erarbeitet von der Arbeitsgruppe Bodeninformationssystem, Hannover

OELKERS, K.H./ VINKEN, R. (1988): Neue Wege bei der Bereitstellung von Entscheidungsgrundlagen für den Bodenschutz im Rahmen eines bodenkundlichen Dienstes. UBA-Schriftenreihe: 24 S.; Berlin

PIETSCH, J. (1988): Kommunale Umweltinformationssysteme. Anforderungsprofile - Inhalte - Beiträge der Umweltplanung. In: Informatik-Fachbericht 187, Hrsg. R. Valk GI - 18. Jahrestagung I.

RACH, (1988): Handbuch zur Erhebung der Bodenflächen nach der in einem Flächennutzungsplan dargestellten Art der Nutzung. Bundesforschungsanstalt für Landeskunde und Raumordnung Bonn-Bad Godesberg

REINIRKENS, P. (1988): Urbane Böden: Ein anwendungsorientierter, stadtökologischer Klassifikationsversuch. Mitt. Dt. Bodenkdl. Ges. 56, 393-398.

SCHOLICH/TUROWSKI (1986): Flächenkataster als Instrument einer geordneten Flächenhaushaltspolitik. In: Raumforschung und Raumordnung Heft 4/5 S. 182 - 189.

SCHNEIDER, U. (1987): Altlasten, Handlungsvorschläge für die Stadtplanung. Dortmunder Vertrieb für Bau- und Planungsliteratur.

SCHULTE, W.; VOGGENREITER, V. (1986): Flächendeckende Biotopkartierung im besiedelten Bereich als Grundlage für eine stärker naturschutzorientierte Stadtplanung. In: Natur und Landschaft **61**, 1986, H. 7/8, S. 275 - 282.

SCHULZE, H.-D., POHL, W. und M. GROSSMANN (1984): Gutachten: Werte für die Landschafts- und Bauleitplanung - Grünvolumen- und Bodenfunktionszahl. Behörde für Bezirksangelegenheiten, Naturschutz und Umweltgestaltung (Umweltbehörde) Hamburg (Hrsg.). Schriftenreihe Heft 9/84

SENATOR FÜR STADTENTWICKLUNG UND UMWELTSCHUTZ (1985): Umweltatlas Berlin, Band I und II. Der Senator für Stadtentwicklung und Umweltschutz Berlin (Hrsg.)

STABIS (1987): "Statistisches Bodeninformationssystem, Zielsetzung und Konzept". Statistisches Bundesamt, Heft 2 der Schriftenreihe "Ausgewählte Arbeitsunterlagen zur Bundesstatistik. März 1987

STICHER, H. (1988): Bodenqualität und Bodengefährdung, in: die Nutzung des Bodens in der Schweiz. Zürcher Hochschulforum Band 11, 25 - 33

SUKOPP, H. et.al. (1986): Flächendeckende Biotopkartierung im besiedelten Bereich als Grundlage einer ökologisch bzw. am Naturschutz orientierten Planung. NATUR und LANDSCHAFT, 61. Jg. (1986) Heft 10

WITTMANN, O. (1986): Der Bodenkataster Bayern - Bodeninformationssystem für Standortkunde, Boden- und Umweltschutz, in: Amtsblatt des Bayrischen Staatsministeriums für Landesentwicklung und Umweltfragen, Nr. 3/86

ZIESCHNANK, R./SCHOTT, P. (1987): Umweltinformationssysteme im Bodenschutz. Hrsg. Wissenschaftszentrum Berlin für Sozialforschung, Forschungsschwerpunkt Umweltpolitik.

9. Boden gut machen - Schutz, Planung und Entwicklung

Der Boden, sein Schutz, seine Planung und Entwicklung erfordern im bereits weitgehend überformten Siedlungsbereich andere Ziele, Instrumente und Methoden als in der "freien Landschaft". Schon der Schutzgedanke richtet sich mehr auf die Funktionen im urbanen Systemgefüge als auf den historisch gewachsenen Boden. Die eingetretenen Belastungen müssen den städtischen Anforderungen gemäß abgebaut bzw. ihr Gefährdungspotential begrenzt, vor allem aber die Chancen der urbanen Bodendynamik wahrgenommen werden.

Dem Planungsfaktor "Boden" kam in der Stadt schon immer eine hohe Bedeutung zu (Vgl. Kap. 2), doch sind die ihm zugeordneten Probleme einer ständigen Veränderung unterworfen und werden gegenwärtig verstärkt durch die Umweltdimension bestimmt. Städtische Nutzungen haben - auch geplant - durch ihre An- und Zuordnung, ihre Intensität und Abfolge Bodenentwicklung, Belastung und Zerstörung erheblich beeinflußt. Wesentlich für den heutigen Zustand aber war die Ignoranz gegenüber dem Ökosystemkompartiment Boden, das retardierende "Substratdenken" der Flächennutzer. In Zukunft ist Boden zwingend als "Umwelt" zusätzlich zu berücksichtigen, sollen die Stadtböden nicht reduziert werden auf einen zwar historisch gewachsenen, aber nicht mehr vertretbaren Deponiecharakter.

"Fläche" und "Boden" stehen trotz oft deckungsgleichen Gebrauchs nur für teilidentische Inhalte. Der immobilen Fläche geodätischer Projektion ist der mobile, auf- und abtragbare Boden gegenüberzustellen. In der Planersprache werden dem Flächenbegriff zunehmend physische Inhalte beigemessen, während "Kommissionen für Bodenordnung" Flächenpolitik betreiben, nicht physischen Boden ordnen. Neben dem Terminus "Flächenverbrauch" zeigt dies die Flächensanierung (Alt: flächenhaftes Abräumen von Stadtquartieren - Neu: flächenhaftes Reinigen kontaminierter Standorte).

Über den bisherigen Einsatz hinaus eröffnen die vorhandenen, nicht mehr ausreichend tragfähigen planerischen Grundlagen und Instrumente (BauGB, BauNVO, BNatSchG, UVPG usw.) weit mehr Möglichkeiten, Boden gut zu machen, als sie vor Ort bisher ausgeschöpft werden. Andererseits besteht Bedarf in methodischer Sicht. Richt- und Grenzwerte reichen allein nicht aus. Über den gesetzlich fixierten Planungsrahmen hinaus ergeben sich, z.B. in der Stadtentwicklungsplanung, weitere Optionen. Dennoch steht Boden nur für eine Aufgabe in der Stadt und ihrer spezifischen Umwelt und rechtfertigt keine eigene Fachplanung, bedarf jedoch eines ausdifferenzierten Instrumentariums ökologischer Planung.

Der Schutz von Böden (als Fläche und Qualität), die Berücksichtigung des Bodenschutzes in der (räumlichen) Planung sowie Techniken und Methoden zur kontrollierten Bodenentwicklung (Genesen) obliegen unterschiedlichen, gegenwärtig eher auseinanderdriftenden Zuständigkeiten, die über die komplexere Sicht der Ökologischen Planung angemessen zu koordinieren sind. Einige Aspekte sind in der Landschaftsplanung bereits fokussierbar. Deren Grenzen werden spätestens deutlich, wenn ökonomische Dimensionen ins Spiel kommen (Vgl. die andernorts ausgiebig geführte Diskussion um die Finanzierung von Altlastensanierungen), bestehen in der Praxis aber bereits bei der Integration von Aspekten des technischen Umweltschutzes. Außerhalb der Planung weisen das Ordnungs- und Haftungsrecht, die Suche nach Kostenträgern und gezielter Information und Beratung auf notwendige und geeignete Instrumente.

Mit den Begriffen Gefahrenabwehr - Schadensbegrenzung - Schutz - Nachsorge - Vorsorge - kann das Handlungsspektrum umschrieben werden, dessen bisher entwickelte Anteile für eine ineffiziente und teure, nicht für eine ökonomische oder gar ökologische Bodenpolitik stehen. Hier wird - auch unter wirtschaftlichen Aspekten - eine Verschiebung hin zu einer vorsorgenden Umweltpolitik erforderlich, mit der die Entstehung nicht oder nur unter hohen Aufwendungen zu beseitigender Schäden vermieden und auf tragfähige Böden hingearbeitet wird. Zwar besteht ein Konsens, weitere stoffliche Belastungen zu vermeiden, doch fehlt ein optimaler Handlungsrahmen, da die Ziele für Stadtböden selbst noch nicht hinreichend diskutiert sind (Vgl. 9.2).

Boden kann in der Stadt nur "gut gemacht" werden, wenn eine Integration von Aufgaben, Zielen und Zuständigkeiten bei allen Bodenbewegungen und -genesen, Nutzungsplanungen und der Bodenreinigung und -reinhaltung erfolgt. Zu integrieren sind etwa der Immissionsschutz und die Kanalnetzerneuerung, Abfallwirtschaft und Grünflächenpflege, Altlastensanierung und Landschaftsplanung. Insellösungen tragen nur, wenn sie in langfristige Strategien eingebunden werden.

"Boden", als Fläche wahrgenommen, betrifft immer Eigentum und berührt damit die Sozialpflichtigkeit von Grund und Boden. Das viel beschworene "Vorbild öffentliche Hand" sollte am Boden bald erkennbar werden. Neben richtigen Ansätzen kann in der Stadt Boden nur gut gemacht werden, wenn Ressourcen in angemessenem Umfang eingesetzt werden. Wenn, wie Untersuchungen des difu 1989 ergeben haben (FIEBIG 1989), in manchen Städten für 100 Altlasten weniger als ein Sachbearbeiter zur Verfügung steht, wird weiter Boden verloren.

Den Terminus "bodenschonend" in der Stadt handlungsleitend auszufüllen und nicht beliebig, etwa sowohl gegen weitere Ausdehnung von Siedlungen in die 'freie Landschaft' wie gegen die sogenannte Innenverdichtung zu interpretieren, bedarf politisch und fachlich systematischer Bemühungen. Ein konservativ-statischer Bodenschutz, verstanden als "Freiflächen-Funktions-Schutz", kann dem nicht gerecht werden. In diesem Kapitel werden das mögliche Spektrum deutlich gemacht, Handelnde identifiziert und einzelne Facetten aufgezeigt.

9.1 Instrumentelle und methodische Anforderungen

Das zunehmende Umweltbewußtsein und der weiter steigende Handlungsbedarf haben in der Raum- und Umweltplanung instrumentelle Defizite aufgezeigt, aber auch Forderungen nach planungsrelevanten, ökologisch orientierten Maßstäben und Richtlinien für eine stadtgemäße Bodeninanspruchnahme entstehen lassen. Leitbilder, die solche Gedanken integrieren, harren der Formulierung. Noch stehen vorwiegend sektorale Lösungsansätze im Vordergrund. Gleichzeitig bedarf es in Systematik und Tiefe verbesserter Informationsgrundlagen und einer besseren Organisation des Erkenntnis- und Wissenstransfers.

Die ökonomischen Ansprüche an die Böden sind mit ökologischen, kulturellen, ästhetischen und hygienischen Vorstellungen der Stadtgesellschaft in Einklang zu bringen. Der Zielkonflikt Bodennutzung - Bodenschutz ist nur durch Abwägung im umfassenden Kontext zu lösen.

9.1.1 Integrierte Ansätze

An der Stadtbodenentwicklung sind viele Bewohner, Institutionen und Organisationen interessiert und dabei (latent) engagiert. Ohne eine umfassende

Einbeziehung aller Beteiligten und Betroffenen (vom Kleingärtner bis zum Umweltbeauftragten) kann die notwendige Verbesserung nicht erreicht werden. Behörden (von Umweltbehörden über Planungsämter bis zu Fachdienststellen), Eigentümer und Nutzer von Flächen (z.b. Kommunen, Verkehrsträger und Wohnungsbaugesellschaften), Umweltinitiativen und Wissenschaftler sollten ihr Handeln außer an abstrakten Grenzwerten an einer ortsbezogenen Konzeption orientieren können.

Vorsorge und Reparatur stehen in Konkurrenz um knappe Ressourcen. Um neue Belastungen zu vermeiden und mit vorhandenen Belastungen richtig umzugehen, sind ökologische Strategien in eine Langfristökonomie zu integrieren. Wie kann eine nachhaltig umweltverträgliche Bodennutzung gewährleistet werden, wenn Erhebungen und Schätzungen in altindustrialisierten Regionen über 30% aller B-Plan-Gebiete als altlastenverdächtig ausweisen? Gleichzeitig sind Schutzaspekte angemessen zu integrieren. Über das Abwägungsgebot wurde in letzter Zeit ein Bedeutungsgewinn für den Boden erzielt, doch setzt die notwendige Integration der Konzepte und Instrumente eine größere "Tiefenwirkung" voraus.

Noch kontrovers diskutierte Methoden und Instrumente der Ökologischen Planung und der Stadtökologie einerseits und des technischen Umweltschutzes andererseits sind für den ökologischen Stadtumbau auf eine neue, tragfähige Lösungsebene zu bringen. Zur Erarbeitung von Instrumenten und Strategien ist regionsspezifisch zu klären, welche Besiedlungsformen und -dichten als bodenschonend betrachtet werden können. Bezieht sich bodenschonend auf die Fläche oder auf Qualitäten oder beides? Ist "die Stadt" ökologisch günstiger als ein Maisacker einzuschätzen, wie Biotopkartierungen suggerieren? Sind Ökohäuser/-siedlungen als extreme Formen der Zersiedelung zu interpretieren?

9.1.2 Zielbezogene Instrumente und Strategien

Konkrete Ziele für Stadtböden/Oberflächen lassen sich aus städtischen Funktionen, ihrer Nutzungshistorie, ihrer Lage und landschaftlichen/ naturräumlichen Einbettung (Klima !), Leitlinien urbaner Lebensqualität und Umweltverträglichkeit sowie spezifischen Bodenschutzaspekten ableiten. Die klassischen Bodenschutzziele: die natürliche Lebensgrundlage Boden zu erhalten und zu pflegen, Schaden und Gefahren abzuwehren, indem Schädigungen der Bodenfunktionen vermieden oder vermindert werden, sind stadtgemäß zu interpretieren, zu gewichten und abzuwandeln, teilweise auch neu zu definieren. In Folge des - selbstverschuldeten - Niedergangs der institutionellen "Bodenkultur" entstehen Forderungen nach einer "Kultur der Bodeninanspruchnahme". Ihr Leitlinien, Qualitätsziele und einen auch wissenschaftlich begründeten Rahmen zu geben wird Aufgabe des Bodenschutzes im urbanen Bereich (Vgl. SENATOR FÜR STADTENTWICKLUNG UND UMWELTSCHUTZ, 1987; HÜBLER, 1989) sein.

Dem "neuen Thema" angemessen ist die Entwicklung ortsbezogener, durchgängiger Strategien, in denen alle Planungen und Maßnahmen koordiniert werden. Nach dem BGH-Urteil vom Jan. 1989 wird möglicherweise die partielle Verdrängung des Faktors Bodenbelastung in den Rathäusern abgebaut, gewinnt der Boden an Bedeutung. Ähnlich der Einführung der UVP (KGSt, 1986) sollten aus allen relevanten Dienststellen, evtl. ergänzt durch externe Berater, temporäre Arbeitsgruppen gebildet werden, die im Sinne des Projektmanagements einen integrierten kommunalen Handlungsrahmen zur Verbesserung der Bodensituation entwickeln.

Lösbare Informationsdefizite der Stadtplanung über das Umweltmedium Boden werden offenkundig bei qualifizierten Abwägungs- und Entscheidungsfragen im Einzelfall, im Konfliktfall für gerichtsverwertbare Entscheidungsgrundlagen und im Vorfeld der Bauleitplanung und Landschaftsplanung.

Zur Diskussion steht, die Bodeninanspruchnahme, die Intensität der Nutzungen und die Art der Oberflächen nicht allein durch Planung, sondern auch durch Abgaben (Entwurf zur Novelle des BNatG 1989) oder Umweltsteuern (WEIZSÄCKER, 1989) zu steuern. Da dies auch staatliche Nutzungen (z.B. Infrastrukturen) beträfe, ist kurzfristig kaum mit einem solchen Instrument zu rechnen. Maßstäbe, Ziele und Instrumente sollten realisierbar sein. Deshalb bedürfen Bodennutzer, -bewirtschafter und -eigentümer ihnen gemäßer, d.h. trägerspezifischer Lösungen.

9.1.3 Methoden

Nicht selten verstellen veraltete Methoden und technisch verengte Blickwinkel die Sicht auf Lösungsräume. Planer sind auf Improvisationen angewiesen (HEIDE u. EBERHARD, 1988). Es wird die Unsicherheit von seiten der Planung nicht nur in Bezug auf ihre eigenen Bedürfnisse, sondern auch die Unkenntnis darüber, welche Informationen geliefert werden können, beklagt (SCHWARZE-RODRIAN, 1987). Mit einem "Programm für den Schutz, die Pflege und die schonende Nutzung des Bodens" (SENATOR FÜR STADT-

ENTWICKLUNG UND UMWELTSCHUTZ, 1987) und dem Bericht der Enquete-Kommission "Bodenverschmutzungen, Bodennutzungen und Bodenschutz" (ENQUETE-KOMMISSION, 1988) wurden in Berlin fachliche Grundlagen bereits hervorragend aufbereitet.

Mit überholten Methoden eine abstrakte "Nutzungseignung" von Böden feststellen und darüber Flächennutzungsplanung betreiben zu wollen widerspricht nicht nur dem Bodenschutzgedanken, sondern geht auch am Planungsauftrag vorbei, dem weitere Belange zugrundeliegen. Das erforderliche Methodenspektrum dient zur Lösung differenzierter Fragestellungen:
- Welche Bodeneigenschaften sind für die Nutzungsplanung zu beachten? Wie sind einzelne Eigenschaften zu bewerten?
- Welche Maßnahmen zur Vorbeugung, Vermeidung, Abwehr, Reduzierung, Begrenzung, Immobilisierung oder Beseitigung und Sanierung können bzw. müssen durchgeführt werden?
- Was bedeutet bodenschonend?
- Wie geht der "Boden" sachgerecht in Abwägungsprozesse, in die UVP ein?

Methodische Entwicklungslinien aus der Landespflege, der Ökologischen Planung und der technischen Reinigung kontaminierter Standorte sind aufzunehmen und angemessen weiterzuführen. Mit der Sanierung kontaminierter Standorte ist die Bodenproblematik keineswegs gelöst, sondern erfordert die Einbindung in Strategien und Konzepte einer nachhaltigen urbanen Bodenentwicklung.

Methoden reichen von Wirkungsanalysen, Bewertungsverfahren, Trend- und Gefährdungsabschätzungen über stoffliche Bilanzierungen bis hin zu integrierten Ansätzen des Computer-Aided-Environmental-Planning (CAEP). Der technische Umweltschutz und die Ökologische Planung möchten jeweils das Paradigma stellen.

Technische Regelwerke wie die im Berliner Bodenschutzprogramm vorgeschlagenen bodenökologischen Handbücher können sowohl den Erfordernissen der Bauleitplanung Rechnung tragen als auch Emissions- bzw. Eintragsminimierungen fachlich ermöglichen. Spezielle, den vorhandenen DIN-Normen vorgelagerte Anleitungen werden erforderlich, um dem Baugewerbe, der Sanierungsindustrie oder dem Garten- und Landschaftsbau ihre Chance zu geben, Boden gut zu machen.

Der Import und Export von Böden und ihren Bestandteilen, sei es durch Baustoffe, Abfälle, Humus oder Bodenaustausch, ist methodisch in den Griff zu bekommen. Verschiedene Ansätze, so ein "Flächen-Substrat-Schadstoff-System-Konzept" (PIETSCH 1989a), gehen über bloße Bilanzen hinaus und weisen auf die an Zielwerten orientierte Entwicklung geeigneter Profile, mit denen funktionelle Anforderungen und Vielfalt zugleich zu realisieren sind.

9.2 Ziele und Maßstäbe für urbane Böden

Für Böden insgesamt existieren bisher, abgesehen von Schadstoff-Minimierungsstrategien und Eckwerten für Schadstoffgehalte in Böden ("Listen" siehe Kap. 7), kaum Umweltqualitätsziele. Erst recht fehlen sie für Stadtböden. Gesunde Wohn- und Arbeitsbedingungen und sauberes Grundwasser umreißen generelle Aspekte, fachplanerisch spielen städtische Oberflächen und ihre Auswirkungen oder der Stadtboden als Vegetationsstandort in die Zielfindung hinein. Durch Gesetze und Richtlinien oder eine künftige TA Boden können Umweltqualitätsziele nicht substituiert werden.

Für eine behutsame (bodenschonende) Flächenwirtschaft im urbanen Bereich sind zunächst als integraler Bestandteil eines Systems kommunaler Umweltqualitätsziele räumliche und funktionale Vorstellungen für städtische Bodenqualitäten abzuleiten bzw. zu konkretisieren, die auch die Dynamik städtischen Nutzungswandels antizipieren. Dazu lassen sich auf den Grundlagen von Bodenkartierungen und bodenökologischen Bewertungen bzw. Bodeninformationssystemen (Vgl. Kap. 8) z.B. Bewirtschaftungsrichtlinien entwickeln und Konzepte einer bodenschonenden Nutzungslenkung verwirklichen. Im Rahmen des Hamburger Landschaftsprogramms werden das Gebot der "Veränderung" (Verbesserung) für eine Schutzbedürftigkeit von Böden, das Gebot der "Erhaltung", für die Schutzwürdigkeit von Böden als grundlegend herausgestellt (KNEIB, 1987).

Allgemeine Zielvorstellungen zu ökologischen Eigenschaften ergeben sich aus den Gefährdungsbereichen der Böden (vgl. Tab. 1 in Kap. 3) und deren kommunaler bzw. regionaler Ausprägung oder liegen in Form des Niederländischen Prinzips der Multifunktionalität bereits vor. Es besagt, daß alle Böden für alle möglichen Nutzungen tauglich bleiben müssen. Im urban-industriellen Bereich kann dieses Prinzip nur begrenzt gelten, da hier mannigfaltige Nutzungen und Veränderungen vorliegen, die bestimmte Bodenfunktionen langfristig ausschließen. Realisierbar bleibt eine Funktionsoptimierung. In enger Verzahnung mit dem Zustand der Böden ist die Qualität des urbanen Wasserhaushaltes zu berücksichtigen.

9.2.1 Umweltqualitätsziele - Hierarchisierung und Differenzierung

Bei dem weiteren Spektrum städtischer Nutzungen, vom unbebauten Außenbereich bis in den Stadtkern, von gering überformten Böden bis zu vielfach durch den urbanen Nutzungswandel veränderten Standorten sind keine einheitlichen, sondern gestaffelte Qualitätsziele gefordert. Sowohl Nutzungstypen als auch Ziele sind ortsspezifischen Gegebenheiten anzupassen (Landschaft, Stadtentwicklung, natürliche und anthropogene Background-Belastungen). Eine statische Betrachtungsweise urbaner Böden und ihrer Qualitäten wird dem schnellen Nutzungswandel nicht gerecht. Neben räumlich gestaffelten Qualitätszielen sind zeitliche Abstufungen vorzusehen.

Weiter sind Qualitätsziele regional zu differenzieren, um eine Nivellierung von Qualitäten auf dem Niveau von Sanierungszielwerten zu vermeiden. Mißbrauchsgefahr bestünde sonst u.a., wenn in Gebieten mit derzeit besseren Bodenqualitäten alle Gefährdungen und Belastungen bis zum Auffüllen von Qualitätszielen zugelassen würden. Realistische Umweltqualitätsziele müssen an ökologischen Notwendigkeiten, aber auch an der vorgefundenen Umweltsituation ("ererbte Qualitäten") im Geltungsbereich orientiert werden. Qualitätsziele sollten so gewählt werden, daß sie nur in Teilen des Geltungsbereiches erreicht oder überschritten werden können, so daß überwiegend Entwicklungs- und Sanierungsmaßnahmen angebracht sind.

Die Dynamik städtischer Oberflächen und Böden erfordert einerseits mit dieser Dynamik (z.B. hoher Anteil von Rohböden/Pionierstandorten) korrespondierende Bodenqualitätsziele, andererseits auch für die bodenschonende Nutzungslenkung realisierbare Restriktionen. Der zunehmende Aufbau von Neuböden (Technosole) lenkt den Blick auf die Zukunft - wie ist die Bodenbildung steuerbar? Gefordert sind regionalisierte Positiv-Definitionen städtischer Böden: Wie sieht ein Qualitätsboden z.B. für den Nutzungstyp "Kleingarten" in Räumen wie Berlin, Hamburg, Frankfurt oder Nürnberg aus? Für unvermeidbare Zielkonflikte bedarf es rationaler Lösungsstrategien. Abzugrenzen von allgemeinen regionalen, nutzungsbezogenen und zeitlich gestaffelten Qualitätszielen sind Anforderungen an besondere Flächen, Entwicklungen und z.B. Deponien.

Sowohl die Umweltplanung als auch die -schutztechnik verlangen nach Zielvorgaben und nach Maßstäben für Bodensanierungen und Bodenschutzkonzeptionen. Gefragt sind:
1. Allgemeine Zielvorgaben für Bodenqualitäten in Form von Zielhierarchien,

2. Maßstäbe bzw. meßbare Eckdaten (qualitativ und quantitativ), die eine Konkretisierung der Zielvorgaben ermöglichen.

Zur Zielfindung und Konkretisierung von anzustrebenden Bodenqualitäten bietet sich ein schrittweiser, hierarchischer Aufbau von Zielen an. Unter einem umfassenden Oberziel bzw. einer Leitlinie "bodenökologisches Optimum" als erster Zielebene lassen sich unter Berücksichtigung von Vorgaben wie der Bodenschutzkonzeption der Bundesregierung (BMI, 1985), des Bundesnaturschutzgesetzes (§2 Abs.1 BNatSchG, siehe auch Neufassung) oder des Baugesetzbuchs vier Oberziele in einer zweiten Zielebene formulieren:

1. Oberziel: Verringerung der flächenhaften Bodeninanspruchnahme
Die Inanspruchnahme freier, offener Flächen für Siedlung, Verkehr, Gewerbe und Industrie sowie Infrastruktur und die Verbauung von Böden ist zu minimieren. Die Wiedernutzung von Stadtbrachen kann einen wesentlicher Beitrag zum Bodenschutz darstellen. Zerschneidungseffekte und die daraus resultierende Verinselung von Restflächen stellen den Erfolg von reinen Flächeneinsparungen im Sinne des Oberziels in Frage. Flächenrichtwerte für Bebauungspläne, die bereits Bestandteil des Entwurfs zur neuen Baunutzungsverordnung waren, dienen nur dann der Schonung weiterer Bodeninanspruchnahme, wenn ihre Anwendung standortbezogen der Schonung von tatsächlich vorhandenen Bodenfunktionen dient.

2. Oberziel: Vermeidung von Schadstoffeinträgen
Als offenes System unterliegen Böden der Zufuhr und Abfuhr von Stoffen. Infolge ihrer Senkeneigenschaften (früher leichtfertig als Filter- und Puffervermögen bezeichnet) finden Schadstoffanreicherungen statt, welche die Böden und ihre Funktionen nachhaltig beeinträchtigen. Für jede Bodennutzung ist daher zu erreichen, daß auch langfristig Schadstoffanreicherungen nicht mehr stattfinden. Einträge in
- die Böden durch Immissionen und schon belastete Substrate (kontaminierte Böden, Abfälle aller Art),
- die Bodenlösung,
- den Grundwasserkörper, auch die nicht zur Trinkwassergewinnung genutzten Grundwasserstockwerke,
sind nicht nur zu minimieren, sondern auf einen Level zurückzufahren, der unterhalb des Schadstoffaustrags und Schadstoffabbaus in den Böden liegt. Eine zukünftige Nutzbarkeit der Böden darf durch die gegenwärtige Nutzung möglichst wenig eingeschränkt werden. Die Vorgaben sind abgestuft nach Nutzungen zu differenzieren.

3. Oberziel: Entwicklung nachhaltig funktionsoptimierter Böden, Substrate und Oberflächen

Da die Mehrzahl städtischer Flächen jetzt und in Zukunft Böden anthropogenen Ursprungs umfaßt, ergeben sich gezielte Genesen und Bodenbewirtschaftungen als wesentliche Aufgabe. Neuböden (Technosole) sind in ihrer Funktion und ihrem Aufbau angemessen zu optimieren. Kriterien wie Multifunktionalität, Reversibilität und Nachhaltigkeit von Bodenfunktionen betreffen das städtische Systemkompartiment Boden in seiner Gesamtheit. Die Rolle des Bodens als regelndes Element für den Wasserhaushalt, das Stadtklima und als Vegetationsstandort steht hier im Vordergrund.

4. Oberziel: Schutz gewachsener und anthropogener Böden typischer bzw. einzigartiger Standorteigenschaften
Die wenigen Böden in der Stadt, die nicht oder nur gering durch Nutzungen überformt sind, erweisen sich oft als Standorte von Flora und Fauna, wie sie für eine Region/Landschaft typisch waren, sind für den Arten und Biotopschutz bedeutsam oder stellen Bodendenkmäler dar. Historische Ein- und Ausschnitte anthropogenen Ursprungs, z.B. alte Hohlwege, zählen dazu. Je nach Sichtweise lassen sich ethische Aspekte (Was die Natur in 10.000 Jahren entstehen ließ, darf nicht leichtfertig zerstört werden), wissenschaftliche (Monitoring) und Ausbildungsargumente ergänzen. Aus diesen Gründen können auch typische Böden sekundärer Genesen, bis hin zu gebauten Technosolen schützenswert sein. Stadttypische Bodendenkmäler, etwa archäologisch wertvolle Siedlungsböden, bedürfen trotz möglicher physischer Belastungen eines adäquaten Schutzes.

Diese allgemeinen Oberziele erfordern eine problembezogene, regionale und örtliche Differenzierung bzw. Konkretisierung auf einer dritten Zielebene, um sie planungsverfügbar zu gestalten (vgl. PIETSCH 1989a). In einer zweiten Ebene lassen sich Ziele problem- und verursacherbezogen weiter aufschlüsseln.

Gebietsbezogen differenzierte Ziele:
Größere, zusammenhängende Flächen naturnaher Böden mit geringer Kontamination können sich als "Bodenschutzgebiet" eignen. Im Zuge der Stadtentwicklung wenig veränderte Böden liegen z.B. häufig in Feuchtgebieten (Bach- und Flußtäler, Moore usw.) oder alten Parkanlagen. Eine stadtgeschichtliche Betrachtung der Bodeninanspruchnahme über Jahrzehnte/Jahrhunderte liefert wertvolle Hinweise auf Restflächen bzw. Inseln naturnaher Böden im urbanen Bereich.

Flächen, deren Böden anthropogen völlig verändert sind, die keine große ökologisch Bedeutung besitzen und aufgrund mäßiger Kontamination noch nicht als Altlast zu definieren, andererseits aber für bestimmte Nutzungen (z.b. Nahrungs- und Futtermittelproduktion) schon minderwertig, d.h. potentielle "Belastungsgebiete" sind, sollten durch angemessene Bewirtschaftung und Nutzungslenkung in der Qualität gehoben werden.

Schadstoffbezogen differenzierte Ziele:
In Bezug auf Schadstoffe können folgende Zielkategorien unterschieden werden:
- Eintragsgrenzwerte mit immissionsbezogener Herleitung, die als "Stopp-Werte" zu verstehen sind. Sie orientieren sich vor allem an der Nahrungsmittelproduktion. Klassische Beispiele sind die Orientierungswerte '80 von KLOKE (1981, 1988), die für einige Schwermetalle als rechtsverbindliche Grenzwerte in die Klärschlammverordnung übernommen wurden.
- Sanierungszielwerte als Vorgaben für die Absenkung von Schadstoffgehalten in Altlasten und stark kontaminierten Böden. KLOKE (1988) schlägt für Schwermetalle "Höchste akzeptierbare Levels (HAL)" vor.
- Handlungsorientierte Ziele, die als Auslösewerte den Umgang mit belasteten Böden regeln. In diese Kategorie fallen die Werte der "Holland-Liste" oder die von der Hamburger Umweltbehörde formulierten Schwellen- bzw. Prüfwerte für Bodenbelastungen durch Arsen und Schwermetalle (SCHULDT, 1988, FHH 1990).
- Funktionsorientierte Zielwerte, vorgeschlagen als "Soil Quality Standards" bzw. "Good Soil Quality", entsprechen dem Prinzip der Offenhaltung aller Nutzungsoptionen zum Schutz der empfindlichsten Potentiale (vgl. MOEN, 1988; VEGTER et al. 1988). Die rein schadstoffbezogenen Werte gelten bisher nur für ländliche Gebiete, nicht für den besiedelten Bereich.

Nutzungs- und funktionsbezogen differenzierte Ziele:
Soll-Eigenschaften städtischer Böden bzw. Oberflächen (Versiegelung) sind für die unterschiedlichen Nutzungstypen vom Kleingartengelände bis zum reinen Industriegebiet zu differenzieren: welche Bodenfunktionen sind erwünscht bzw. zulässig? Nutzungsbezogene Bodenqualitätsziele sollten die Realnutzung und Nutzungsabfolgen berücksichtigen.

Normen existieren bereits für Sport- und Spielplätze und im Garten- und Landschaftsbau. Eine nutzungsbezogene Auslegung widerspricht nicht zwangsläufig bodenökologischen Kriterien (Steuerung des Wasserhaushalts).

9.2.2 Beispiel Oberflächen

In einer weiteren Zielebene können Umweltqualitätsziele, z.b. für optimale Stadtoberflächen, weitgehend umweltpolitisch ergänzt werden. Dabei ergeben sich notwendig Querverbindungen zu den anderen Oberzielen.

Zielebene 1:

"Bodenökologisches Optimum" unter urbanen Bedingungen.

Zielebene 2:

- Verringerung der flächenhaften Bodeninanspruchnahme;
- Vermeidung von Schadstoffeinträgen;
- Entwicklung nachhaltig funktionsoptimierter Böden, Substrate und Oberflächen;
- Schutz gewachsener und anthropogener Böden typischer bzw. einzigartiger Standorteigenschaften.

Zielebene 3:

A. Erhaltung der gewachsenen Böden

- Minimierung oberflächenverändernder Bau- und Infrastrukturmaßnamen,
- Konzentration von Eingriffen statt flächenhafter Ausweitung.

B. Verbesserung der Gewässerqualität

- Ausweisung von Retensionsräumen und ausreichenden Uferzonen
- Sicherstellung ausreichender Mindestwasserführung,
- Hochwasser(-spitzen) -reduzierung,
- Schad- und Nährstoffminimierung im Oberflächenabfluß;

271

C. Überwindung der "Stadtentwässerung"

- Entwicklung ökosystemar orientierter Wasserhaushaltskriterien,
- Kreislaufbewirtschaftung statt Entsorgungsphilosophie;

D. der Grundwassersituation

- Sicherung der Grundwasserergänzung in Qualität und Menge,
- Gewährleistung nutzungsverträglicher Grundwasserstände,
- Vermeidung von Belastungseinträgen;

E. Ausweitung und Schaffung von Lebensräumen für Fauna und Flora

- Schaffung horizontaler und vertikaler Vegetationsflächen,
- Schaffung von Voraussetzungen für Biotopentwicklungen,
- Schaffung von zusammenhängenden, vernetzten Biotopen;

F. Verbesserung des Stadtklimas

- Förderung positiver Effekte (verlängerte Vegetationsperiode),
- Beeinflussung von Windfeldern durch Mikro- und Makrorauhigkeit,
- Vermeidung sommerlicher Überhitzungsextreme,
- Reduzierung von Luftverunreinigungen,
- Optimierung von Luftfeuchteverhältnissen.

Diesen Zielen sind in der nächsten Ebene als fachliche Aufgabe quantifizierte Zielgrößen zuzuordnen.

9.3 Möglichkeiten im Rahmen von Stadt-, Umwelt- und Fachplanungen

Das bestehende Planungs- und Umweltrecht enthält differenzierte, aber nicht hinreichende Instrumentarien für den Schutz, die Planung und die Entwicklung von Stadtböden. Im besiedelten Bereich wird es durch die Bauleitplanung dominiert, obwohl Umweltfachplanungen immer stärker zu einer Verräumlichung tendieren. Neben konkreten Rechtslücken leidet die Bodenpolitik unter der fehlenden Harmonisierung von Planungs- und Umweltrecht. Das bloße Vorhandensein rechtlicher Regelungen auf Bundes- und Landesebene wie das Baugesetzbuch (BauGB), Bundes- und Landesnaturschutzgesetze (BNatSchG u.a.), das Immisionsschutzrecht (BImSchG u.a.), Abfallgesetze oder die Klärschlammverordnung etc. gewährleistet erfahrungsgemäß keineswegs tatsächlichen Bodenschutz. Ob spezielle Bodenschutzgesetze oder eine TA Boden weiterführender wären, wird nicht nur von Juristen bezweifelt.

Der Handlungsraum von Stadt-, Umwelt- und Fachplanungen reicht von der Planung über die Gefahrenabwehr und Sanierung bis zu Strategien der Vorsorge. Ihre Verbindung können sie in der Ökologische Planung finden. Flächeninanspruchnahmen und Zuordnung von Nutzungsschwerpunkten erfolgen bereits auf der Ebene der Raumordnung und Regionalplanung, die in der folgenden Betrachtung ausgeklammert werden. In der nicht obligatorischen, vor der Bauleitplanung angesiedelten Stadtentwicklungsplanung werden ebenfalls bodenrelevante Vorgaben gemacht. Kreise und kreisfreie Städte ziehen teilweise weitere Planungsebenen ein. Genehmigungen für Gebäude und Anlagen, die Bodenveränderungen nach sich ziehen, können gemäß dem Bündelungsprinzip von verschiedenen Dienststellen erteilt werden. Einflußnahmen der Wirtschaftsförderung konterkarieren aber nicht selten langfristökonomische Orientierungen.

Weit über restriktiven Boden- und Flächenschutz hinaus können im besiedelten Bereich Bodenfunktionen gesichert und entwickelt werden. Die Mehrdimensionalität erfordert abgestimmte Konzepte und intelligente Lösungen. Stadtbodenmanagement sollte Stoff- und Substrattransporte integrieren. Zu bedenken ist der Faktor Zeit, wie er im Lebenszyklus von Nutzungen (Gewerbe, Industrie, Infrastruktur) und Belastungsphasen zum Ausdruck kommt. Ihr Bau und Betrieb sind ebenso wie die Nachnutzungsphase an der Nachhaltigkeit der Bodenfunktionalitäten auszurichten. Dazu gehören Möglichkeiten der Rückbaubarkeit oder ein Rekultivierungsgebot, wie es schon nach dem Bundesberggesetz vorgeschrieben ist. Erste Ansätze zur vorsorgeorientierten Stadtbodenentwicklung wurden bei SUKOPP (1983) und AUBE (1986) formuliert. Ohne den Einsatz von leistungsfähigen Umweltinformationssystemen wird durch Planungen Boden nicht in hinreichendem Umfang gut zu machen sein.

9.3.1 Bauleitplanung

Die Bodennutzung in urban-industriell geprägten Räumen wird in erster Linie über das Instrumentarium der Bauleitplanung organisiert. Die vorbereitende Bauleitplanung (Flächennutzungsplan) ordnet behördenverbindlich die Nutzung des Gemeindegebietes. Die verbindliche Bauleitplanung mit dem Instrument "Bebauungsplan" führt zu allseits verbindlichen Festsetzungen, bei denen Möglichkeiten, Bodenfunktionen zu fördern, bisher unzureichend genutzt werden.

Durch den § 1 BauGB haben die Gemeinden einen für die Nutzung des Bodens rahmensetzenden Ordnungsauftrag, bei dem die Berücksichtigung von Umweltqualitäten erst seit kurzem eine wesentliche Rolle spielt. Eine geordnete städtebauliche Entwicklung sollte auch "die natürlichen Lebensgrundlagen schützen und entwickeln" (BauGB § 1). Bereits ausgeschlossen kann das dort enthaltene Kriterium "gesunde Wohn- und Arbeitsverhältnisse" durch belastete Böden sein. Der als Abs. 5 neu eingeführte städtebauliche Planungsleitsatz lautet: "Mit Grund *und* Boden soll sparsam und schonend umgegangen werden. Landwirtschaftlich, als Wald oder für Wohnzwecke genutzte Flächen sollen nur im notwendigen Umfang für andere Nutzungsarten vorgesehen und in Anspruch genommen werden." Nutzungszuweisungen erfolgen in einigen Orten schon nicht mehr primär nach städtebaulichen Erfordernissen, sondern nach festgestellten Bodenbelastungen.

Für die Ebenen der Bauleitplanung und der Bebauungspläne sind zur Steuerung der Flächeninanspruchnahme z.B. Kriterien für durch minimierte Flächenansprüche bodenschonende Baulandausweisungen und Erschließungskonzepte, Bauweisen und Techniken der Baureifmachung (nicht nur für eher unproblematisches Wohnbauland) zu entwickeln. Letztere stellen eine neue Thematik in der Bauleitplanung dar. Die übliche Gegenüberstellung von Innen- und Außenentwicklung verkürzt die Problematik unzulässig. Zu bedenken ist, daß bei der Abwägung zwischen ökologischen und ökonomischen Aspekten Umnutzungen von Freiflächen nicht selten "rationalisiert" wurden und werden.

Selbst bei der Planung von Gewerbegebieten ist eine Ausweisung und Erschließung allein nicht mehr hinreichend, auch nicht die Schaffung ebenen,

274

standfesten Baugrundes. Dies gilt für "Grüne Wiesen" wie für das Flächenrecycling, die Wiedernutzung ehemals überbauter Gebiete. Festzulegen ist,
was mit dem vorhandenen Boden geschieht und welche Vorkehrungen gegen Verunreinigungen getroffen werden. Zu fordern sind ebenfalls Festsetzungen zum Oberflächenmanagement und zum Rückbau nach dem Nutzung-
sende.

Nutzungszuordnungen wurden durch Altlasten und kontaminierte Standorte
erschwert:
Die Kennzeichnungspflicht für (nachgewiesene) Altlasten im Flächennutzungsplan gilt nach § 5 Abs. 3 BauGB nur für Flächen, die für eine bauliche
Nutzung vorgesehen sind. Ursprünglich war eine unbegrenzte Kennzeichnungspflicht vorgesehen. Im Bebauungsplan gilt die Kennzeichnungspflicht
gemäß § 9 Abs. 5 Ziffer 3 für alle Flächen. Der Kennzeichnung sollten die in
Kap. 8 behandelten Kriterien zugrundeliegen.

Bei neu aufzustellenden Bebauungsplänen und vorhandenem Altlastenver-
dacht kann durch entsprechende Verfahrensabläufe und mit Festsetzungen
und Hinweisen angemessen reagiert werden. Wird dagegen eine Belastung
erst bekannt, wenn ein rechtsgültiger Plan vorliegt oder bereits vollzogen ist,
ergeben sich von der Sanierung bis zur Rechtsungültigkeit des Planes (incl.
entsprechender Entschädigungspflichten) andere Verfahrensabläufe bis hin
zu erforderlich werdenden Aufhebungsverfahren.

Bei Genehmigungen nach § 34 kann ein Nachweis der Nichtbelastung durch
Antragsteller gefordert werden. Selbst bei geordneten Verfahrensabläufen
sind bei sanierungsbedürftigen Flächen Nutzungsverzögerungen von 5-10
Jahren zu vergegenwärtigen. Dazu kommen Verwerfungen beim Bodenpreis,
eingeschränkte Nutzbarkeiten und Auswirkungen auf das Gebietsimage. Eine
Arbeitshilfe zur Berücksichtigung der Altlasten in der Bauleitplanung wurde
von der ARGE-Bau (Länder, Bund, Umweltbundesamt) bereitgestellt.

Der Vorschlag einer "Nutzungsverordnung" als neuem Instrument der Bauleitplanung (Vgl. Stellungnahme der Planerverbände zur Novellierung der
BauNVO) soll die tradierte Baunutzungsverordnung ablösen.

Deren neueste Fassung läßt zwar z.B. über die Grundflächenzahl die Festlegung von Versiegelungsobergrenzen zu. Weitergehende Überlegungen, mit
denen die Einteilung und Festsetzung von "Frei"-Flächen und -Gebieten
möglich gewesen wäre (BDA/BDLA/FLL/SRL-Arbeitsgruppe BauNVO,
1988), paßten nicht in die politische Landschaft.

9.3.2 Querschnittsorientierte Umweltplanungen

Landschaftsplanung und Umweltverträglichkeitsprüfung kommen ein quer-
schnittsorientierter, medienübergreifender Charakter zu, da sie verschiedene
Umweltbelange in (raumrelevanten) Planungen einbringen und koordinieren
sollen. Ihnen obliegt die Aufgabe, Bodenaspekte dabei angemessen, d.h. in
jedem Fall vermehrt einzubringen.

Das Bundesnaturschutzgesetz (§ 1 BNatSchG) fordert, "Natur und Landschaft sind im besiedelten ... Bereich so zu schützen, zu pflegen und zu entwickeln, daß

1. die Leistungsfähigkeit des Naturhaushaltes
2. die Nutzungsfähigkeit der Naturgüter
3. die Pflanzen- und Tierwelt
4. die Vielfalt, Eigenart und Schönheit von Natur und Landschaft als Lebensgrundlagen ... des Menschen nachhaltig gesichert sind".

Alles Forderungen, die ohne den Boden nicht realisierbar sind. Gemäß § 2 ist
er "zu erhalten, der Verlust seiner natürlichen Fruchtbarkeit ... zu vermeiden". Nach der Novellierung des BNatSchG kann die bisher schwache
Durchsetzungskraft des Gesetzes im besiedelten Bereich nur wachsen.

Landschafts- und Grünordnungspläne, deren Verbindlichkeit und Aussage-
schärfe in den Bundesländern unterschiedlich ist, ermöglichen bodenschonende Nutzungsfestsetzungen oder Vorgaben von Mindestanforderungen für
parallele und nachfolgende Planungen.

Insbesondere die Aussagen von Grünordnungsplänen können als ausbaufähig
betrachtet werden. Zu bodenverändernden Projekten erstellte Landschaftspflegerische Begleitpläne erlauben es, in Zusammenhang mit der "Eingriffsregelung" nach § 8 BNatSchG und Umweltverträglichkeitsprüfungen ausglei-
chende und bodenentwickelnde Festsetzungen zu treffen.

Mit dem Instrument der Umweltverträglichkeitsprüfung verbessern sich
mehrfach die Chancen, Bodenaspekte umweltgerecht zu berücksichtigen:

-   In allen Regelungen, von der EG-Richtlinie über das UVP-Gesetz und die
    kommunalen Lösungen, wird der Boden (im weiteren Sinn) explizit als
    einer der Umweltbereiche genannt, für die Auswirkungen von Vorhaben
    ermittelt, beschrieben und bewertet werden sollen.

- Zudem besteht der Sinn der UVP darin, die Wechselwirkungen zwischen den einzelnen Umweltbereichen zu beurteilen, also den Boden nicht isoliert, sondern im Wirkungsgefüge zu betrachten.
- Veränderungen des Bodens durch Bauausführungen, die in der Vergangenheit oft vernachlässigt wurden, sind ausdrücklich genannt.

Mit der sich in den Kommunen durchsetzenden Praxis einer über das UVPG hinausreichenden UVP für Bauleitpläne und Projekte kann davon ausgegangen werden, daß ökologische Aspekte des Stadtbodens bei allen Planungen und Maßnahmen stärker in den Vordergrund rücken.

9.3.3 Fachplanungen

Umwelt- und umweltrelevante Fachplanungen ermöglichen Regelungen mit bodenrelevanten Wirkungen wie die Reduzierung von Schadstoffeinträgen, etwa über den Luftpfad und die Steuerung von Umweltbereichen. Streiflichtartig werden entsprechende Fachplanungsaspekte vorgestellt. "Erfolge" medialer Umweltfachplanungen führen jedoch nicht selten zu tendenziell bodenbelastenden Problemverlagerungen. Ob und in wieweit neue Aufgaben wie die Ausweisung von
- Bodenschutzgebieten
- Bodenbelastungsgebieten
- Sanierungs- und Entwicklungsgebieten
über Fachplanungen zu organisieren sein werden oder eine eher querschnittsorientierte Aufgabe sind, wird neben der Entwicklung des Umwelt- und Planungsrechts von der Leistungsfähigkeit der Beteiligten abhängen.

Die Abfallwirtschaft gewinnt über Substratdynamik und Flächenansprüche ständig an Bodenrelevanz. Verringerung und Recycling von bisher deponierten Bauschutt und Erdaushub, die Kompostierung von organischer Substanz erzeugen zwangsläufig erhebliche Substratangebote, deren Verwendung im Stoffkreislauf urbaner Systeme noch unzureichend thematisiert ist.

Erfolgreiche Luftreinhaltung führt zur Minderung der trockenen und nassen Depositionen, aber auch zu neuen Substraten (z.B. Gips aus der Rauchgaswäsche) und Deponiebedarfen. Planungen der Altlastensanierung und der Reinigung kontaminierter Böden weisen über die Gefährdungsminderung hinaus Möglichkeiten und Probleme auf.

In der Verkehrsplanung und bei der Konzeption sonstiger Infrastrukturen ist über die reine Flächeninanspruchnahme die Zerschneidung und die Belastung angrenzender Bereiche zu berücksichtigen. Straßen müssen auch als Vegetationsstandort und in den Wasserkreislauf eingebunden und ökologisch vertretbar sein. In Planungen für den Tief- und Straßenbau stecken daher erhebliche Bodenschutzreserven.

Bewirtschaftungspläne nach dem Wasserhaushaltgesetz, in denen u.a. die für den Schutz von Gewässern als Bestandteil des Naturhaushaltes und für Nutzungserfordernisse erforderlichen Maßnahmen festzulegen sind (§ 36b), entfalten ebenfalls bodenrelevante Wirkungen. So sind Sedimente, Uferzonen und Überschwemmungsbereiche im Spannungsfeld zwischen Naturnähe und Schadstoffsenke zu berücksichtigen. Wasserschutzgebiete, die vielerorts noch nicht im erforderlichen Umfang ausgewiesen sind, bedingen bodenbezogene Vorgaben. Die Anlage neuer Versickerungsgebiete in der Stadt erlaubt der Siedlungswasserwirtschaft, ökosystemare Aspekte zu berücksichtigen.

Landschafts- und Grünplanungen, die Ausgestaltung von Grün- und Freiflächen, sei es durch landschaftspflegerische Begleitpläne oder Objektplanungen, wirken selbst intensiv auf die Bodennutzung und die Pflanzendecke. Regionalisierte und nutzungsbezogene Bodenqualitätsziele können über diese Planungen der Realisierung nähergebracht werden. Der Naturschutz im besiedelten Bereich erhält über tradierte konservierende Elemente hinaus die Aufgabe, stadttypische Biotope (Pioniergesellschaften) und Bodenformen zu fördern.

Das Bundesberggesetz enthält für alle vom Bergbau in Anspruch genommenen Flächen klare Vorgaben. Beim Bergbau nimmt die Bergewirtschaft durch die über Tage verbrachten Substrate in den Montanregionen eine bodenprägende Rolle ein. Hier und bei der Umsetzung von Vorgaben wie der des §4 Abs.4 BBergG: "Wiedernutzbarmachung ist die ordnungsgemäße Gestaltung der vom Bergbau in Anspruch genommenen Oberfläche unter Beachtung des öffentlichen Interesses." (Ziele der Raumordnung und Landesplanung etc.) nehmen vorgeschriebene Betriebspläne prägende Rollen ein.

9.3.4 Ordnungsbehördliche Maßnahmen

Nahezu alle Planungen und Regelungen bekommen irgendwann eine ordnungsrechtliche Relevanz. Baugenehmigungen werden nach Maßgabe der geltenden Bauordnungen erteilt. Diese enthalten durchaus bodenrelevante

Bestimmungen, so der § 10 der Hessischen Bauordnung: "Die Wasserdurchlässigkeit des Bodens erheblich beschränkende Befestigungen wie Asphaltie-
rung und Betonierung sind nur so weit zulässig, soweit ihr Zweck eine derartige Ausführung erfordert." Der § 202 BauGB besagt, daß "Mutterboden, der
bei der Errichtung und Änderung baulicher Anlagen sowie bei wesentlichen
anderen Veränderungen der Erdoberfläche ausgehoben wird, ... in nutzbarem
Zustand zu erhalten und vor Vernichtung oder Vergeudung zu schützen" ist.

Ähnliches gilt für das Wasserrecht. Im Wasserhaushaltsgesetz findet der § 34
bisher zu wenig Beachtung. Nach ihm darf "Eine Erlaubnis für das Einleiten
von Stoffen in das Grundwasser ... nur erteilt werden, wenn eine Verunreinigung des Grundwassers oder eine sonstige nachteilige Veränderung seiner
Eigenschaften nicht zu *besorgen* ist." Die Anwendung des § 34 setzt zwar in
der Regel einen Antrag vorraus, kann aber auch als Genehmigungsvorbehalt
im Rahmen umfassender wasserrechtlicher Genehmigungen genutzt werden.
Der Einsatz fehlertoleranter Systeme wird beim Umgang mit boden- und
wassergefährdenden Stoffen (z.B. oberirdische Leitungen und Lager für Flüs-
sigkeiten) erforderlich. Sie könnten durch eine "System-UVP" gefunden und
ordnungsbehördlich kontrolliert werden.

Vollzugskontrollen zu bodenrelevanten Auflagen sind bislang unzureichend
entwickelt. Nur im gewerblichen Bereich sind allmählich bodenrelevante
Wirkungen ordnungsbehördlicher Maßnahmen und Auflagen erkennbar, so
bei der Kontrolle des Umgangs mit gefährlichen Stoffen bei Transport und
Lagerung.

Viele Altlastensanierungen werden über ordnungsbehördliche Maßnahmen
eingeleitet. Ein Eintrag von Baulasten zur Sicherung der Sanierung kontaminierter Flächen bei der Umnutzung stellt einen gangbaren Sonderweg dar.

9.4 Instrumente, Verfahren und Methoden einer auch bodenorientierten Flächenwirtschaft

Durch eine bodenorientierte Flächenwirtschaft, die seinen Schutz und Neubildungen integriert, bei der also das bewegte, umgelagerte Substrat und der
liegende Boden eine nachhaltige Bewirtschaftung erfahren, kann der Umgang mit
- großräumigen Kontaminationen,
- belasteten Aufhaldungen oder Spülfeldern,
- Techno- bzw. Urbanosolen,

- Eingriffen durch Tiefbaumaßnahmen und Ver- und Entsorgungsinfrastrukturen
- Recyclingsubstraten,

über die Instrumentarien der Stadt- und Umweltplanung hinaus durch
- Flächenwidmung,
- räumlich konkretisierte Nutzungskonzepte (Planung!),
- Nachverdichtung vermeiden,
- Flächenbewirtschaftung,
- Flächenschutz,
- Management von Mengen und Frachten
erheblich verbessert werden.

Das in der Vergangenheit herangereifte Instrumentarium "Kommunaler Bodenpolitik" mit den Elementen "Bodenwirtschaft" und "Bodenordnung" diente trotz der naheliegenden Begrifflichkeiten nie dem Schutz und der Entwicklung der ökologischen Ressource Boden, sondern steht als Beispiel für die Ignoranz gegenüber den ökologischen Bodenfunktionen.

Dessen ungeachtet sollte für die Erhaltung und Entwicklung des Bodens als
Lebensgrundlage in urban und industriell überformten Gebieten auf die for-
malen Möglichkeiten dieses Instrumentariums zurückgegriffen werden.

Für den Grundstücksverkehr sollten notariell abgesicherte "Bodenzertifika-
te", die Aussagen über die ökologische (nicht-) Belastung von Grundflächen
machen, obligatorisch werden, um die Rechtssicherheit für Käufer zu erhö-
hen. Zusammenhänge einer bodenorienten Flächenwirtschaft bestehen mit
dem Bodenpreis:
höhere Bodenpreise können intelligente Lösungen fördern. Dort, wo niedrige
Grundstückspreise und nicht akute Gefährdungen zusammenkommen, wird
mittelfristig keine "saubere" Lösung zu erwarten sein.

Mittelfristig ist der Wasserhaushalt besiedelter Gebiete unter Wasserquali-
täts- und Mengengesichtspunkten gemeinsam mit der Bodensituation neu zu
organisieren. Die gegenwärtige Phase der Erneuerung von Entwässerungsnetzen bietet dazu geeignete Handlungsmöglichkeiten.

Der "Vorsorgeauftrag" gegenüber Stadtböden kann durch geeignete Regeln
(Grenz- und Richtwerte), Normen (Ortssatzungen), Verfahren (Kombinationen) - abgestützt durch Methoden, die den Stand des Wissens repräsentieren,
umfassend eingelöst werden.

9.4.1 Vorsorge durch Bodenbewirtschaftung

Die hohe Dynamik von Stadtböden ist aufzunehmen und in geeignete Entwicklungs- und Bewirtschaftungsstrategien zu transformieren. Handlungsebenen können die Gebietskörperschaft (unterlegt durch Ziele, Statistiken, Bilanzierungen), abgegrenzte Gebiete für Bodenbewirtschaftungspläne und die einzelnen Flächen und Nutzungen sein. Ansätze zu kommunalen Bodenschutz- und -bewirtschaftungsmaßnahmen sind bereits zu erkennen. Sie bedürfen jedoch der zielorientierten Integration, um optimale Wirkungen entfalten zu können. Unter dem Begriff "Öko-Land-Banking" werden unter Nutzung von ausländischen Erfahrungen, besonders aus den USA, rechtliche, verwaltungsmäßige und ökonomische Grundlagen eines öffentlichen Bodenmanagements diskutiert (DAVID, 1990).

Der dem "Harburger Modell" der Bodenbewirtschaftung zugrundegelegte ökosystemare Ansatz bietet die Chance, Stadtböden, auch solcher differenzierter Nutzungsmuster und -intensitäten, nachhaltig zu optimieren. Dazu sind
- schützenswerte Böden in ihrem Aufbau und ihren Funktionen zu erhalten,
- gestörte und belastete Böden in ihrer Qualität zu verbessern,
- Belastungstransfers zu vermeiden,
- aus Nutzungswandel, Umlagerungen, Rückbau und Altlastensanierung hervorgegangene "Neuböden" einer nachhaltigen, boden- und stadtökologisch "stimmigen" Entwicklung zuzuführen.

Organische und anorganische Substrate stehen für eine gesteuerte Bodengenese, d.h. den funktionsgerechten Aufbau von Böden nach "Rezept", statt sie der zufälligen Bodenveränderung anheimzugeben, ausreichend zur Verfügung.

Eine "Bewirtschaftung" der immensen Aushubmengen in der Stadt erfolgt in aller Regel aus Kostengründen und wegen des knappem Deponievolumens, nicht aus ökologischen Motiven. Beobachten lassen sich sowohl behördlich wie privatwirtschaftlich organisierte Steuerungen der Bodenbewegungen. Die Bodenleitstelle in Berlin (Senat) und die Bodenbörse in Frankfurt/M. (Verband der baugewerblichen Unternehmen) stehen für dieses Spektrum. Temporäre Lösungen lassen sich in Orten beobachten, in denen, etwa für den U-Bahnbau, außergewöhnliche Substratmengen anfallen (Beispiel Essen).

Eine vorsorgeorientierte Bewirtschaftung erfordert geeignete Informationsgrundlagen. Substrat- und Schadstoffbilanzen, etwa zur Input/Output-

Bilanzierung der anfallenden und umsetzbaren Biomasse und Bewertungen der vorhandenen sowie entstehenden Substrate und der Ein- und Austräge bei Flächen und Böden fehlen jedoch noch weitgehend.

Differenzierte Bewirtschaftungskonzepte sind für:
- Gebiete "relativer" Nutzungsstabilität,
- Flächenerschließungen,
- Sanierungs- und Entwicklungsbereiche,
- Nutzungsabhängige Sonderstandorte (Trümmerberge, Spül- und Rieselfelder),
- Flächen für Ver- und Entsorgungseinrichtungen wie Deponien, Klärwerke und Kompostierungsanlagen,

bereitzustellen. Konzepte bedürfen zur Umsetzung geeigneter Träger. Da nahezu alle Freiflächen in der Stadt bereits heute einer, allerdings nicht abgestimmten Bewirtschaftung unterliegen, kann auf sie gut Einfluß genommen werden.

9.4.2 Bodenbehandlungs- und -konditionierungszentren

Noch erfolgt der Umgang und die Anwendung mit den bei der Bauschuttaufbereitung und Wiederverwendung von Aushubmaterialien sowie Kompostierung anfallenden Boden- bzw. Substratmengen weitgehend nach Zufallsaspekten, bestenfalls durch Leistungsverzeichnisse für den Aufbau neuer Freiflächenböden geregelt. Auch für die "Ergebnisse" von Bodensanierungen liegen nur Negativdefinitionen (Schadstoffe), keine Kriterien über das verbleibende Substrat vor. Die physischen Folgen von Sanierungstechniken ("Bodenreinigung") bedürfen überwiegend einer Nachbehandlung, um als "Boden" nutzbar zu sein und marginale Funktionen zu erfüllen. Je nach Sanierungstechnik fallen sterile und klassierte Substrate, teilweise völlig ohne, teilweise mit hohen organischen Anteilen an. Deponien, auch langgestreckte (Lärmschutzwälle etc.) sind für all diese Materialien zu vermeiden. Obwohl die zu verbringenden Mengen aus den genannten Bereichen zunehmen (wenn alle Kompostierungspläne verwirklicht würden, wären Stadt und Land bald von einer dicken Humusschicht verdeckt), liegen keine dem zu erwartenden Ausmaß an Substraten entsprechenden Konzepte vor. Gleichzeitig wächst der Bedarf an qualifizierten Substraten für Begrünungs-, Austausch- und Abdeckungsmaßnahmen.

Die Aufbereitung von Aushub und Bauschutt zu standort-, nutzungs- und funktionsgerechten Substraten ist als physischer, nicht flächenbezogener

282

Aspekt des Erhaltungsauftrags zu interpretieren. Zu denken ist an Bodenbe-
handlungs- und -konditionierungszentren, in denen die örtlich anfallenden
Substanzen und Substrate nach bedarfsorientiert vorzugebenden Programmen
behandelt, gelagert und gemischt werden. Die Anlagengrößen und die einzu-
setzenden Technologien werden sich überwiegend aus den anfallenden Teil-
mengen ergeben. An die Flächen dieser Zentren selbst sind strenge Boden-
schutzauflagen anzulegen.

Ziele und Instrumente sind so zu operationalisieren, daß keine den Einheit-
serden ähnlichen Standardsubstrate entstehen, sondern bedarfsorientierte
Substrate spezieller Beschaffenheit. Diese ermöglichen den Aufbau von Profilen, deren Schichten in Art und Mächtigkeit aufeinander wie auf die örtliche Situation abzustimmen sind. Die Anforderungen der Örtlichkeit können
sich aus der Nutzung, angestrebten Bodenfunktionen und naturhaushaltlichen
Aspekten ergeben. Die Bodenkunde kann hier Hinweise geben, welche Ent-
wicklungsdynamik durch Bewirtschaftung und Umsetzungsprozesse zu erwarten sein wird und andere Disziplinen in ähnlicher Weise ihr Wissen einbringen.

Für spezielle Anforderungen, zu nennen sind Deponieabdeckungen, Dachgärten oder Sportplätze, wird dies heute bereits ansatzweise geleistet. Eine solche Herangehensweise widerspricht keinesfalls ökologischen Erfordernissen,
sondern wird sie bei richtiger Ausführung fördern, Standortvielfalt und natur-
identische Genesen realisieren helfen.

9.4.3 Trägerspezifische Erhaltungs- und Entwicklungskonzepte

Böden werden in der Stadt von unterschiedlichen Trägern (Unternehmen,
Garten-, Grünflächen- und Friedhofsämter, Tiefbauämter, Straßenbauverwal-
tungen, Wohnungsbaugesellschaften, Kleingärtnern, etc.) barbeitet und be-
wirtschaftet. Für diese sind, wie bereits im Berliner Bodenschutzprogramm
(ANONYM, 1987) angedacht, spezifische Konzepte zur Bewirtschaftung ihrer Böden, eingebettet in örtliche Bewirtschaftungsrahmen und abgestimmt
auf die Grünordnungs- und Landschaftspläne, anzubieten. Ausgerichtet an
der unterschiedlichen Kompetenz der Zielgruppen (nicht den nach BAT IIa
vergüteten Planer als Maßstab setzen) sind Leitfäden, ausgehend von Bestand, zu erarbeiten.

Nutzungen unterliegen im urban-industriellen Bereich zeitlichen Begrenzun-
gen, die zu "Halbwertszeiten" von ca. 20 Jahren in prosperierenden Ballungs-

räumen führen. Neben Grundforderungen wie dem Vermeiden von Belastungen, Devastierungen, Verdichtung etc. sind in den Leitfäden Ziele für standort- und funktionsgerechte Genesen praktikabel vorzugeben.

Entsprechend den nutzungsspezifischen Einflüssen ergeben sich für Industrieareale, Grünflächen, Wohnsiedlungen oder Verkehrsbereiche unterschiedlichste Anforderungen an die trägerspezifischen Erhaltungs- und Entwicklungskonzepte. Was in welchem Zeitraum geleistet werden kann, unterliegt auch ökonomischen Restriktionen. Die Nachhaltigkeit der Ansätze ist orts- und bodenspezifisch auf einer Zeitschiene transparent zu machen.

Eine noch weitgehend unbehandelte Thematik liegt in der offensichtlich notwendigen Erhaltung der Bodenfunktionen in Gewerbe- und Industriegeländen. Über die Gefahrenabwehr hinaus geht es um die systematische Pflege z.T. noch zu definierender Qualitäten. Damit werden über ökologischen Standards ökonomische Verluste bzw. Abschreibungsbedarfe vermieden.

Die Renaturierung von geeigneten innerstädtischen Gebieten, z.B. von Gewässern mit ihren Uferzonen, stellt sich als Herausforderung für freie Träger (Naturschutz) wie für Wasser- und Bodenverbände. Parkbodensanierungsprogramme oder die Sanierung von Stadtwald-Böden (Beispiel Hannover) zielen auf die Revitalisierung der Böden, vor allem Anhebung auf die des pH-Wertes.

In der DIN 18915 "Vegetation im Landschaftsbau" werden Regeln für die Bodenbearbeitung und den Aufbau von Substraten und Böden für Vegetationsflächen vorgegeben. Auf solchen Grundlagen, aber auch auf den Erfahrungen beim Aufbau von Deponieabdeckungen, lassen sich differenzierte trägerspezifische Erhaltungs- und Entwicklungskonzepte ableiten.

9.4.4 Optimierung der Oberflächen und Wasserhaushalt

Der Optimierung der Oberflächen-Eigenschaften kommt über die Teilmenge der eigentlichen "Stadtböden" hinaus eine für die Umwelt- und Lebensqualität in der Stadt hohe Bedeutung zu. Insbesondere integrierte Oberflächensysteme eignen sich für die multifunktionalen Anforderungen.

Dach- und Fassadenbegrünungen können durch Überbauung verlorene Vegetationsflächen kompensieren. Neben kleinklimatischen Verbesserungen und bauphysikalischen Effekten wird der urbane Wasserhaushalt bis hin zur Entlastung der Kanalisation ausgeglichener. Baumüberstandene Verkehrsflächen, seien es Straßen oder Parkplätze, tragen physisch und psychisch zu einer höherwertigen Umwelt bei.

In einigen Städten werden Entwässerungssatzungen angestrebt, die die Versickerung der Dachabflüsse auf dem Grundstück vorschreiben oder erlauben, soweit es der Baugrund zuläßt. Entsprechende Satzungen gibt es bisher nur in wenigen Städten wie z.B. Bamberg und Celle. In Celle besteht die Verpflichtung zur Versickerung auf dem Grundstück schon seit den 50er Jahren, so daß heute auf ca. 80% der Grundstücke die Dachabflüsse versickert werden.

In Städten, in denen laut Satzung die Versickerung zwar nicht ausdrücklich vorgeschrieben, aber zulässig ist, wird versucht, über den finanziellen Anreiz der Abwasserbeitragsminderung die Versickerung zu fördern (z.B. in Hamburg, wo die Beitragspflicht erst mit der tatsächlichen Inanspruchnahme des Regenwasserkanals entsteht). Seit Herbst 1985 gewährt die Freie und Hansestadt Hamburg Zuschüsse von bis zu 50% der zuwendungsfähigen Ausgaben für die Umwandlung von wasserundurchlässigen in wasserdurchlässige Hof- und Wegeflächen, für die Schaffung von Versickerungsmöglichkeiten für Oberflächenwasser (bei gleichzeitiger Reinigung oder Zurückhaltung von Schadstoffen) und vor allem für die Anlage von Zisternen zur Brauchwassernutzung.

Durch entsprechende Festsetzungen in Bebauungsplänen wird vielerorts eine vermehrte Versickerung der Niederschlagswasser angestrebt. So legt der Bebauungsplan der durch die Sümpfungen des Braunkohlentagebaus betroffenen Stadt Mönchengladbach für ein Gewerbegebiet die Versickerung des Regenwassers von Dach- und den nicht verschmutzten Geländeflächen auf dem Grundstück textlich fest.

Einige Städte haben umfassende Versickerungskonzepte entwickelt:
- In Ratingen wird die Möglichkeit zur Anlage dezentraler Versickerungsteiche geprüft. Die anfallenden Dachwasser sollen gesammelt, vorgeklärt und über Teiche, z.T. integriert in öffentliche Grünanlagen, versickert werden.
- In Hannover wurde für die geplante Bebauung eines Gewerbeparks ein Entwässerungskonzept entwickelt, das die Versickerung der Dachabflüsse vorsieht, wohingegen die Hof- und Straßenabflüsse wegen des höheren Verschmutzungsgrades über das Kanalsystem abgeleitet werden. Als Versickerungsanlagen dienen dezentrale offene und begrünte Mulden.

- Die Stadt Mönchengladbach bezieht seit 1968 systematisch die Versickerung geeigneten Regenwassers in die Generalentwässerungsplanung mit
  ein. Hieraus hat sich ein Versickerungsplan ergeben, der aus einer Karte
  im Maßstab 1:20.000 und technischen Unterlagen zu den verschiedenen
  Versickerungsmöglichkeiten besteht. Als Ergebnis dieser Planung kommen ca. 34% der vorhandenen und geplanten Baugebiete (Bruttobauland-
  flächen) für die Versickerung von Niederschlagswasser in Frage.

Zur Entlastung von Entwässerungsnetzen (insbesondere Mischsystemen) und
zur Verbesserung der Grundwasseranreicherung haben sich Versickerungsanlagen, insbesondere begrünte Muldensysteme, als ökonomisch und ökologisch optimal herausgestellt (Vgl. SIEKER, 1989). Schluckbrunnen erzielen
einen ähnlichen Beitrag zur Grundwasseranreicherung, wenn auch mit gerin-
geren positiven ökologischen Nebeneffekten.

Um Stadtteile und Quartiere in ihrer ökologischen Qualität herauszuarbeiten
und angemessen zu verbinden, werden gezielte Bodenentwicklungen erforderlich. Dabei sind neben der sich spontan einstellenden Vegetation eine
breite konzeptionelle Basis von Pflanzgeboten über Umweltqualitätsziele und
die Verbesserung von Straßenbaumstandorten bis hin zur ästhetisch-
ökologisch motivierten Stadtverwaldung (Vgl. Kassel und AUBE, 1986)
vielfältige stadtgerechte Biotopentwicklungen zu integrieren.

Die Schaffung neuer Oberflächen für historische Stätten, belegbar mit den
Beispielen Bornplatz Hamburg, Gestapo-Gelände Berlin oder   Börneplatz
Frankfurt/M. zeigen, daß über technisch-ökologisches Denken hinaus eine
Sensibilität für Standorte und Substrate (Bedeutungsgehalte) zu entwickeln
ist. Schlacken aus der Müllverbrennung stellen keinen geeigneten Unterbau
für gebaute Gedenkstätten dar.

Literatur

Abfallgesetz 1986: Gesetz über die Vermeidung und Entsorgung von Abfällen (AbfG) vom 27. August 1986 BGBl I S. 1410, ber. S. 1501

Abfallgesetz für das Land Nordrhein-Westfalen 1988: (Landesabfallgesetz - LAbfG-) vom 21. Juni 1988 GV NW S. 250

ANONYM, (1987): Programm für den Schutz, die Pflege und die schonende Nutzung des Bodens (Berliner Bodenschutzprogramm). Drucksache 10/1503 vom 18.5.87 des Abgeordnetenhauses von Berlin

ANONYM, (1988): Bodenverschmutzungen, Bodennutzung und Bodenschutz. 2. Bericht der Enquete-Kommission an das Abgeordnetenhaus von Berlin. Kulturbuchverlag Berlin

ARBEITSGRUPPE UMWELTBEWERTUNG ESSEN - AUBE (1986): Ökologische Qualität in Ballungsräumen - Methoden zur Analyse und Bewertung - Strategien zur Verbesserung. Düsseldorf

Baugesetzbuch 1986: (BauGB) vom 8.12. 1986, B& Bl I S. 2253

Baunutzungsverordnung 1990: Verordnung über die bauliche Nutzung der Grundstücke (BauNVO) vom 23.1. 1990 BG Bl I S. 127

BDA/BDLA/FLL/SRL-Arbeitsgruppe BauNVO 1988: Stellungnahme "Nutzungsverordnung" als neues Instrumentarium der Bauleitplanung. Bonn

BÖNNIGHAUSEN, G., KRISCHOK, A. und LANGE, H. (1988): Altlasten, Erfassung - Bauleitplanung - Finanzierung. Baubehörde Hamburg

BONGARTZ et al., (1989): Ökologische Planungskonzepte als Grundlage für die Bebauungsplanung nach dem Baugesetzbuch. Schriftenreihe Forschung des Bundesministers für Raumordnung, Bauwesen und Städtebau, Heft 468, Bonn

Bundesimmissionsschutzgesetz 1986: Gesetz zum Schutz vor schädlichen Umwelteinwirkungen durch Luftverunreinigungen, Geräusche, Erschütterungen und ähnliche Vorgänge (BImSchG) vom 26.11. 1986 BG Bl I S. 2089

Bundesnaturschutzgesetz 1987: Gesetz über Naurschutz und Landschaftspflege (BNatSchG) vom 12.3. 1987 BG Bl I S. 889

FIEBIG, K.-H. und G. OHLIGSCHLÄGER (1989): Altlasten in den Kommunen. Ergebnisse einer Umfrage 1988; in: Handbuch Bodenschutz. Erich Schmidt Verlag

DEUTSCHES INSTITUT FÜR NORMUNG: DIN 18915: Vegetationstechnik im Landschaftsbau; Bodenarbeiten

FREIE UND HANSESTADT HAMBURG (1990): Vorläufige Prüfwerte für Untersuchungen bei Bodenbelastungen mit Schwermetallen im Hinblick auf verschiedene Gefährdungspfade. Staatliche Pressestelle Hamburg, 23.3.90

HEIDE u. EBERHARD (1987): Voraussetzungen für lokale Bodenschutzkonzepte - Bewertung des gegenwärtigen Wissensstands und Folgerungen für die Bodenforschung. Forschungsauftrag im Rahmen des BMFT-Forschungsprogramms "Bodenbelastung und Wasserhaushalt" BMFT Nr. 03 7432.

KGST 1986: Organisation des Umweltschutzes: Umweltverträglichkeitsprüfungen, Köln

KLOKE, A.(1980): Orientierungsdaten für tolerierbare Gesamtgehalte einiger Elemente in Kulturböden. Mitt. VDLUFA 1 - 3, S. 9-11

KLOKE, A. (1988): Grundlagen zur Ermittlung von nutzungsbezogenen, höchsten akzeptierbaren Schadstoffgehalten in innerstädtischen und stadtnahen Böden; in: Kongreßband des Zweiten Internationalen TNO/BMFT-Kongresses über Altlastensanierung, 11.-15. April 1988, Hamburg. Kluwer Academic Publishers, Dordrecht, Boston, London

KNEIB, W., (1987): Bodenschutzkonzept im Hamburger Landschaftsprogramm. Garten und Landschaft 8/87, S. 25 - 29

288

MOEN, J.E.T., (1988): Bodenschutz in den Niederlanden; in: Kongreßband des Zweiten Internationalen TNO/BMFT-Kongresses über Altlastensanierung, 11.-15. April 1988, Hamburg. Kluwer Academic Publishers, Dordrecht, Boston, London

PIETSCH, J., (1989): Umweltqualitätsziele - Methodische Anmerkungen zu einer normativen Basis von Umweltwahrnehmung. In: Leipert/Zieschank (Hg.) Perspektiven der Wirtschafts- und Umweltberichterstattung, Berlin

SCHMIDT, A.; REMBIERZ, W. (1987): Überlegungen zu ökologischen Eckwerten und ökologisch orientierten räumlichen Leitzielen der Landes- und Regionalplanung. In: Wechselseitige Beeinflussung von Umweltvorsorge und Raumordnung. Forschungs- und Sitzungsberichte, Band 165. Akademie für Raumforschung und Landesplanung, Hannover

SIEKER, F. und HARMS, R.W. (1988): Entwässerungstechnische Versickerung von Regenwasserabflüssen. St. Augustin

SCHULDT, M. (1988): Möglichkeiten der Festsetzung von Schwellenwerten für Bodenbelastungen. Landesentwicklung in Norddeutschland - Abfallwirtschaft im norddeutschen Raum. Akademie für Raumforschung und Landesplanung. Arbeitsmaterial Nr. 135, Hannover 1988

SCHWARZE-RODRIAN (1987): Bodenschutz und Stadtplanung. Arbeitsgespräch Stadtböden der Dt. Bodenkdl. Ges. am 4./5. Juni 1987 in Essen. Unveröff. Manuskript

SUKOPP, H., (1983): Ökologische Charakteristik von Großstädten. In: Grundriß der Stadtplanung. Akademie für Raumforschung und Landesplanung, Hannover

BGH (1989): Urteil des Bundesgerichtshofs: Haftung für Altlasten aus bauplanungsrechtlichen Entscheidungen (Urt. v. 26. 1. 1989 III ZR 194/87)

UVP-Gesetz 1989: Gesetz zur Umsetzung der Richtlinie des Rates vom 27.6. 1985 über die Umweltverträglichkeitsprüfung bei bestimmten öffentlichen und privaten Projekten (UVPG) vom 20.2. 1990 BG Bl I S. 205

VEGTER, J.J., ROELS, J.M. und H.F. BAVNIK, (1988): Bodenqualitätsstandards: Wissenschaft oder Zukunftsvision? Untersuchung der methodischen Ansätze zur Ermittlung von Bodenqualitätskriterien. In:

Kongreßband des Zweiten Internationalen TNO/BMFT-Kongresses über Altlastensanierung, 11.-15. April 1988, Hamburg. Kluwer Academic Publishers, Dordrecht, Boston, London

Wasserhaushaltsgesetz 1986: Gesetz zur Ordnung des Wasserhaushalts (WHG) vom 23.9.1986 BG Bl I S. 1529 ber. S. 1654

Sachregister

Umweltverträglichkeitsprüfung – UVP

Entwicklung und Anwendung in der Praxis

**Herausgegeben von Prof. Dr. Karl-Hermann Hübler und
Dipl.-Ing. Konrad Otto-Zimmermann**

1991. ca. 300 Seiten mit Bildern, Tafeln und Tabellen. Preis ca. DM 98,–
ISBN 3-89367-022-X

Mit völlig neuem Inhalt und ausgerichtet auf die nunmehr besonders gefragte Anwendungspraxis bzw. Anwendungsperspektive zum neuen UVP-Gesetz, schließt das Buch an das weitverbreitete Werk derselben Herausgeber „UVP-Umweltverträglichkeitsprüfung" an, das einen wichtigen Beitrag zur Einführung des UVP-Gesetzes geleistet hatte.

Die Bedeutung dieses neuen Bandes sowohl für die kommunale Arbeit als auch für Wirtschaft und Planung wird sehr schnell erkennbar aus der nachfolgenden, stark gekürzten Inhaltsübersicht:

Perspektiven der kommunalen UVP: UVP in der kommunalen Umweltpolitik. Rechtliche Rahmenbedingungen zur UVP in den Kommunen und Landkreisen / Zum Vollzug des Bundesgesetzes: Probleme der Umsetzung des UVP-Gesetzes.

Methodische Anforderungen an Verwaltungsvorschriften / UVP in der Bauleitplanung und in den Fachplanungen (Beispiele): Die Veränderung der Rahmenbedingungen durch das UVP-Gesetz. Das Verhältnis von Landschaftsplan zur UVU. UVP bei gebundenen Entscheidungen im Immissionsschutz.

Das Verhältnis der UVP zur naturschutzrechtlichen Eingriffregelung. Abfall-UVP / UVP und Umweltplanung: Regionale Umweltbewertung. Handbuch zur Umweltbewertung. Umweltqualitätsziele und Umweltstandards.

Vom Gemeinderatsbeschluß zum Umweltzielsystem / Qualifizierung kommunaler Mitarbeiter/innen: Verwaltungsinterne Seminarkonzepte. UVP-Einführung für die Verwaltung. Fortbildung von Architekten, Stadt- und Landschaftsplanern.

EB EBERHARD BLOTTNER VERLAG
Fachbücher für wirksamen Umweltschutz · 6204 Taunusstein

Bauleitplanung und Immissionsschutz für gewerbliche Anlagen

Rechtsgrundlagen und Rechtsmöglichkeiten,
Gesetz über die Umweltverträglichkeitsprüfung

von Alexander Schmidt

IUR-Reihe (Schriften des Instituts für Umweltrecht e.V., Bremen).
1991. Ca. 275 Seiten. Format 15 x 21 cm. Kartoniert ca. DM 89,– /
ISBN 3-89367-019-X

Erläutert werden die rechtlichen Fragen der Bauleitplanung für Industrieanlagen auf der Basis aktueller umweltrechtlicher Gesetzgebung.

Inhaltsübersicht:

Die Frage der Aufgabenverteilung zwischen Bauleitplanung und immissionsschutzrechtlichem Genehmigungsverfahren: Bedeutung der Umweltverträglichkeitsprüfung (UVP) für die Frage der Aufgabenverteilung.

Das Bundesimmissionsschutzgesetz: Aufgaben des Immissionsschutzrechts. Die immisssionsschutzrechtliche Genehmigung. Immissionsschutz und räumliche Planung.

Die Bauleitplanung: Aufgaben und Befugnisse. Verhältnis zur Raumordnung und Landesplanung. Planungsziele und abwägungserhebliche Belange. Das Abwägungsgebot. Umweltverträglichkeitsprüfung.

Anforderungen an den Immissionsschutz in der Bauleitplanung: Überplanung von Gemengelagen. Neuplanung in unbebauten Gebieten.

Regelungsmöglichkeiten der Bauleitplanung: Darstellung im Flächennutzungsplan. Festsetzung im Bebauungsplan.

Die Zulässigkeit von Emissions- und Immissionswerten im Bebauungsplan: Unterschiede und Berührungspunkte der Regelungsbereiche. Die "ebenenspezifische" Aufgabenverteilung. Vorrang der immissionsschutzrechtlichen Anforderungen. Die verbindliche Bestimmung von Immissionsschutzzielen durch die Bauleitplanung.

 EBERHARD BLOTTNER VERLAG
Fachbücher für wirksamen Umweltschutz · 6204 Taunusstein

Ökologisierung kommunaler Abgaben

Abfall- und Abwassergebühren als Instrument der Umweltpolitik

von Frank Chantelau und Ulf-Henning Möker

IUR-Reihe (Schriften des Instituts für Umweltrecht).
1989. 144 Seiten. Format 15 x 21 cm. Kartoniert DM 66,– / ISBN 3-89367-010-6

Es werden die kommunalen Benutzungsgebühren in Abgrenzung zu anderen Abgabearten sowie die wesentlichen gebührenrechtlichen Grundsätze und Fragen des kommunalen Satzungsrechts behandelt. Besondere Bedeutung erhält dabei das nach betriebswirtschaftlichen Grundsätzen und unter Finanzierungsaspekten zu ermittelnde Gebührenaufkommen. Es geht um Errichtungs- und Verbesserungsinvestitionen sowie um die laufenden Betriebskosten umweltrelevanter Anlagen. Aber auch um die Verteilung des Gebührenaufkommens, um Gebührenmaßstäbe und die Tarifgestaltung.

Bestehende Satzungen für die Beseitigung von Hausmüll und hausmüllähnlichen Gewerbeabfällen sowie Abwässersatzungen werden analysiert und daraus konkrete Alternativvorschläge für deren „Ökologisierung" entwickelt.

Abfallvermeidung durch kommunale Verpackungsabgaben

Rechtliche Möglichkeiten und Grenzen

von Wolfgang Köck und Matthias von Schwanenflügel

IUR-Reihe (Schriften des Instituts für Umweltrecht).
1990. 112 Seiten. Format 15 x 21 cm. Kartoniert DM 49,– / ISBN 3-89367-015-7

Dargestellt und geprüft werden das gemeindliche Abgabenerhebungsrecht unter Berücksichtigung der Vorgaben des Abfallgesetzes und die Zulässigkeit kommunaler Getränkeverpackungsabgaben (Steuern und Vorzugsleistungen). Dabei geht es ausschließlich um kompetenzrechtliche Probleme.

Es werden die Möglichkeiten der Erhebung einer Verpackungssteuer beim Händler behandelt. Anschließend werden die Möglichkeiten der Gemeinden und Landkreise für die Erhebung solcher Gebühren und Beiträge erörtert. Weiterhin wird auf Alternativen zur Erhebung von Abgaben beim Kauf von Einweggetränkeverpackungen eingegangen. Das für Behörden, Abfallwirtschaft, Kommunalpolitik, Industrie und Handel wichtige Buch enthält praxisnahe Informationen und Handlungshinweise.

 EB **EBERHARD BLOTTNER VERLAG**
Fachbücher für wirksamen Umweltschutz · 6204 Taunusstein

Kommunaler Winterdienst – umweltfreundlich

Rechtsfragen und Rechtsprechung zu den Möglichkeiten eines umweltgerechten Winterdienstes auf Innerortsfahrbahnen

von Eckart Abel-Lorenz u. Jörg Eisberg

IUR-Reihe (Schriften des Instituts für Umweltrecht).
1990. 160 Seiten. Kartoniert. DM 66,– / ISBN 3-89367-020-3

In praxisgerechter Form wird dargestellt, wieweit nach der gegenwärtigen Gesetzeslage und der Rechtsprechung (Stand: Juni 1990) ein umweltfreundlicher Winterdienst auf Innerortsstraßen möglich ist. Ein wichtiger Beitrag zur Regelung geeigneter Maßnahmen!

Inhalt: Gesetzeslage (Rechtsgrundlagen der Räum- und Streupflicht. Umweltfreundliche landesgesetzliche Regelungen. Rangverhältnis der verkehrsmäßigen und der polizeilichen Reinigung. Freiwilliger Winterdienst. Haftungsgrundlagen). Die Rechtsprechung zum Winterdienst - Anforderungen und Grenzen unter dem Aspekt der Umweltfreundlichkeit (Erforderlichkeit und Zumutbarkeit. Organisation des Winterdienstes. Räumliche Grenzen. Zeitliche Grenzen. Streumittel. Sorgfaltspflichten der Verkehrsteilnehmer). Möglichkeiten für einen umweltfreundlichen Winterdienst.

Die Verbandsklage im Naturschutzrecht

von Johann Bizer / Thomas Ormond / Ulrike Riedel

IUR-Reihe (Schriften des Instituts für Umweltrecht).
1990. 120 Seiten. Kartoniert DM 49,– / ISBN 3-89367-012-2

Inhaltsübersicht: Sinn und Zweck der Verbandsklagen: Arten von Verbandsklagen. Verbandsklagen außerhalb des Naturschutzrechts. Bedeutung objektiver Rechtskontrolle für den Naturschutz. Objektive Rechtskontrolle des Naturschutzrechts im Ausland.

Aktueller Stand der Diskussion über die gesetzliche Einführung der Verbandsklage. Argumente gegen die Verbandsklage. Stellungnahme zu den Einwänden. Zur verfassungsrechtlichen Zulässigkeit der naturschutzrechtlichen Verbandsklage. Erfahrungen mit der Verbandsklage im In- und Ausland. Die Verbandsklage im Bundesnaturschutzgesetz. Regelungsvorschlag, der den Erfahrungen mit der Verbandsklage Rechnung trägt.

EB **EBERHARD BLOTTNER VERLAG**
Fachbücher für wirksamen Umweltschutz · 6204 Taunusstein

Rechtsfragen der Kanalsanierung

Herausgegeben von Dr. Christian Schrader

IUR-Reihe (Schriften des Instituts für Umweltrecht e.V., Bremen)
1991. Ca. 120 Seiten. Format 15 x 21 cm. Kartoniert ca. DM 55,–
ISBN 3-89367-018-1

Etwa ein Viertel der öffentlichen Abwasserkanäle ist undicht, wie aus einer neuen Untersuchung der Abwassertechnischen Vereinigung e.V. (ATV) hervorgeht. Im Bereich der privaten Kanalisationsanlagen dürfte mit einer vergleichbaren Situation zu rechnen sein.

Mit den austretenden Abwässern ist für die Reinheit des Grundwassers eine neue, große Bedrohung entstanden. Für dringend notwendige Sanierungsmaßnahmen rechnen die Länder und Gemeinden allein in den "Alt-"Bundesländern mit Kosten in Höhe von rund 110 Milliarden DM. Zusätzlich erfordert die noch nicht zuverlässig überschaubare Situation in den neu hinzugekommenen Bundesländern Handlungs- und Finanzierungsbedarf in derzeit kaum abschätzbaren Größenordnungen. Die auf die Länder und Gemeinden, auf private Grundeigentümer und Industriebetriebe zukommenden Kostenrisiken sollten nicht unterschätzt werden: denn werden trotz bekannter Undichtigkeit keine entsprechenden Maßnahmen getroffen, so ist mit rechtlichen Schritten wegen strafbarer Gewässerverschmutzung zu rechnen!

Jede Gemeinde, aber ebenso auch viele Grundeigentümer und die gewerbliche Wirtschaft werden deshalb ihre Anstrengungen um die Erhaltung ihres Kanalnetzes verstärken müssen. Entsprechende Entscheidungen sind vorzubereiten, Planungen durchzuführen, Maßnahmen durchzusetzen. Gemeinderäte und Kämmerer müssen Finanzquellen für die sehr beträchtlichen Erkundungs- und Sanierungskosten erschließen.

Die Rechtswissenschaft hat sich jedoch bislang kaum mit der Dichtigkeit von Kanälen befaßt. Das vorliegende Buch soll hier den aktuellen fachübergreifenden Überblick geben: der technische Bereich wird über die anzuwendenden Rechtsvorschriften und der rechtliche Bereich über die bautechnischen und ökologischen Probleme informiert.

Die Autoren des Buches sind ausgewiesene Fachwissenschaftler des Rechtswesens, des Ingenieurwesens und der Volkswirtschaft. Alle Autoren sind durch ihre berufliche Praxis sehr eng mit dem Problem der undichten Kanalisation vertraut.

EB EBERHARD BLOTTNER VERLAG
Fachbücher für wirksamen Umweltschutz · 6204 Taunusstein

Rechtsfragen der Bodenkartierung

Ermächtigungsgrundlagen. Kollidierende Rechtsgüter. Kartiergesetz

von Rechtsanwalt Eckart Abel-Lorenz
(Leiter des Instituts für Umweltrecht, IUR, Bremen)

und Prof. Dr. jur. Dipl.-Pol. Edmund Brandt
(Universität Hamburg, Fachbereich Rechtswissenschaft II)

1990. 208 Seiten. Format 15 x 21 cm. Kartoniert DM 89,-- ISBN 3-89367-013-0

Die rechtlichen Probleme beim Bodenschutz beginnen bereits bei der Bodenkartierung, also bei der Bestandsaufnahme, die Klarheit darüber schaffen soll, welche Eigenschaften der Boden an einer bestimmten Stelle besitzt, in welchem Zustand er sich befindet, welche Nutzungsmöglichkeiten sich ergeben und welcher Sanierungsbedarf besteht.

Auf Veranlassung des Umweltbundesamtes haben die Autoren die damit zusammenhängenden Rechtsprobleme geprüft. Möglichkeiten nach geltendem Recht, kollidierende Rechtsgüter bei der Kartierung selbst und bei der Verwertung der Kartierergebnisse werden erörtert. Fragen des Datenschutzes sowie die im Zusammenhang mit der Kartiertätigkeit bestehenden Haftungsprobleme spielen dabei eine wichtige, im Buch ebenfalls erläuterte Rolle. Ferner haben die Autoren Eckpunkte für ein Kartiergesetz entwickelt.

Das Buch ist in fünf Abschnitte unterteilt:
In Teil 1 werden mögliche Ermächtigungsgrundlagen für eine Bodenkartierung im geltenden Recht geprüft. Einbezogen werden u.a. das Naturschutzrecht, das Gewässerschutzrecht, das Abfallrecht, das Planungsrecht, das Landschaftsrecht und das Statistikrecht.
Im Teil 2 schließt sich eine entsprechende Prüfung im Hinblick auf die Verwertung der Kartierergebnisse an. Es zeigt sich, daß für den Umgang mit den gewonnenen Daten noch keine ausreichenden Rechtsgrundlagen zur Verfügung stehen.
Teil 3 ist der Erörterung derjenigen Rechtsgüter gewidmet, die möglicherweise einer Bodenkartierung im Wege stehen könnten. Hierzu zählen insbesondere auch Aspekte des Datenschutzes.
Im Teil 4 werden auf der Grundlage der bisherigen Darstellungen Eckpunkte eines Kartiergesetzes entwickelt sowie Fragen der Gesetzgebungskompetenz erörtert.
Teil 5 beschäftigt sich mit Haftungsfragen, die sich im Zusammenhang mit der Bodenkartierung stellen.

EB EBERHARD BLOTTNER VERLAG
Fachbücher für wirksamen Umweltschutz · 6204 Taunusstein

Altlastenkataster und Datenschutz

Handlungsempfehlungen für die Einsichtnahme in Kataster kontaminationsverdächtiger Flächen

von Prof. Dr. jur. Dipl.-Pol. **Edmund Brandt**
(Universität Hamburg, Fachbereich Rechtswissenschaft II)

1990. 112 Seiten. Format 15 x 21 cm. Kartoniert DM 46,– / ISBN 3-89367-016-5

Die Bedeutung dieser mit Unterstützung des Bundesforschungsministeriums und zusammen mit dem Stadtverband Saarbrücken erarbeiteten Ergebnisse geht weit über den Rahmen des Themas hinaus.

An einem exemplarischen Beispiel - immerhin wurden vom Stadtverband Saarbrücken bisher bereits rund 2.200 Altablagerungen und kontaminationsverdächtige Standorte festgehalten - wird eine Klärung der rechtlichen Fragen im Zusammenhang mit der Einsichtnahme in die entsprechenden Unterlagen vorgenommen. Ein Vorgang, der unterschiedliche Behörden (Bau-, Umwelt-, Recht-, Stadtentwicklung usw.), Juristen, Planer, die Immobilienwirtschaft, Grundbesitzer usw. in zunehmendem Umfange beschäftigt.

Im Buch wird unterschieden zwischen materiellrechtlichen und verfahrensmäßigen Aspekten. Von den betroffenen Rechtsmaterien her stehen die Artikel 12 und 14 des Grundgesetzes sowie die Datenschutzgesetze und die sich aus dem verfassungsrechtlich gewährleisteten Schutz von Betriebs- und Geschäftsgeheimnissen ergebenden Regelungen und Möglichkeiten im Vordergrund der Darstellung.

Es ist die Aufgabe dieses Buches, Rahmenbedingungen und Verfahrensweisen aufzuzeigen, unter denen die Einsichtnahme in Kataster kontaminationsverdächtiger Flächen gewährt werden kann. Informiert wird aus rechtlicher Sicht über die in Betracht kommenden Handlungsmöglichkeiten, Handlungsvoraussetzungen und Handlungsrestriktionen. In einem eigenen Kapitel werden als Ergebnis dieser Informationen entsprechende "Thesen" und "Handlungsempfehlungen" vermittelt.

EB EBERHARD BLOTTNER VERLAG
Fachbücher für wirksamen Umweltschutz · 6204 Taunusstein

Bodenschutz in Stadt- und Industrielandschaften

Arbeitsgrundlagen und Handlungsempfehlungen für den kommunalen Bodenschutz

von Wilfried Graf zu Lynar, Uta Schneider und Ernst Brahms.

Herausgegeben von Prof. Dr. Karl-Hermann Hübler, IfS Institut für Stadtforschung und Strukturpolitik (Berlin) in Zusammenarbeit mit ARUM, Arbeitsgemeinschaft Umweltplanung (Hannover)

1989. 130 Seiten mit 15 Abbildungen und 31 Tabellen. Format 15 x 21 cm. Kartoniert DM 59,– / ISBN 3-89367-008-4

Die Zerstörung natürlicher Ökosysteme durch großflächige Versiegelung der Böden hat in den Stadtlandschaften extreme Ausmaße angenommen. Bei Anlegung strenger Maßstäbe müßten unsere Städte wegen der dispersen Schadstoffverteilung fast flächendeckend als Altlastenstandorte bezeichnet werden! Bodenschutz ist damit eine dringende staatliche kommunale und private Aufgabe geworden.

In der vorliegenden Untersuchung sind zahlreiche Vorschläge zusammengefaßt, die geeignet sind, den Bodenschutz in Politik, Verwaltung, Stadt- und Landschaftsplanung und in private Entscheidungen umzusetzen. Es werden unter anderem Freiflächen-Richtwerte für die Bebauungsplanung dargestellt, die Funktion von kommunalen Flächenhaushaltsberichten erläutert, die Einführung von Bodenschutzgebieten und Bodenschutzklauseln in Miet- und Pachtverträgen diskutiert sowie finanzielle Anreizstrategien, Handlungsansätze für den Umgang mit Altlasten und umweltentlastende Branchenkonzepte für Gewerbebetriebe vorgeschlagen. Bisher bestehende Grenzen, aber auch Möglichkeiten, vorhandene und zukünftige Bodenbelastungen in Ballungsgebieten zu „entschärfen", werden am Beispiel Berlin und Hannover aufgezeigt.

Diese Ergebnisse sind für freiberufliche und in der Verwaltung tätige Umwelt-, Stadt- und Landschaftsplaner, für Juristen, Kommunalpolitiker, Verwaltungsfachleute und interessierte Bürger sowie für Wissenschaftler der einzelnen ökologischen Teildisziplinen von besonderem Interesse.

Kurze Inhaltsübersicht:
Einführung. Entwicklung methodischer Grundlagen für die Ableitung von Bodenschutzmaßnahmen in Verdichtungsgebieten. Analyse der kommunalen und regionalen Planungs- und Entscheidungsvoraussetzungen und -restriktionen. Diskussion des kommunalen und regionalen Handlungsbedarfs und beispielhafte Überlegungen zur Umsetzung von Bodenschutzmaßnahmen.

EB EBERHARD BLOTTNER VERLAG
Fachbücher für wirksamen Umweltschutz · 6204 Taunusstein

Altlasten

Bewertung, Sanierung, Finanzierung

Herausgegeben von Prof. Dr. jur. Dipl.-Pol. Edmund Brandt

2., vollständig neu bearbeitete und erweiterte Auflage 1990.
224 Seiten mit 31 Abbildungen und Tafeln. Format 15 x 21 cm.
Kartoniert DM 89,– / ISBN 3-89367-014-9

Bereits die erste, bald wieder vergriffene Auflage wurde von der Fachwelt und der gesamten Fachpresse als ein wichtiger Beitrag zur Bewältigung der immer brisanter werdenden Altlastenproblematik gewürdigt. Die jetzt vollständig überarbeitete und um wichtige Teile erweiterte zweite Buchauflage berücksichtigt die seither eingetretenen Erkenntnisse und Entwicklungen.

Der für den Leser entscheidende Vorzug des Werkes, sein interdisziplinäres Konzept, insbesondere die Behandlung ingenieurwissenschaftlicher Aspekte in ihren politisch-rechtlichen Zusammenhängen, ist unverändert beibehalten worden. Ausgewiesene Fachleute unterschiedlicher Fach- und Wissenschaftsbereiche haben ihre Beiträge geleistet, um in dieser fachübergreifenden Form zur Lösung drängender Probleme in den Gemeinden und in der Industrie beizutragen.

In erweiterter Thematik ist das Buch unterteilt in drei große Bereiche: Bestandsaufnahme und Bewertung, Sanierung, Haftung und Finanzierung.

Zunächst geht es um quantitative und qualitative Fragen der Untersuchung und Bewertung von Altlasten sowie um die Bestandsaufnahme ermittelter Altlasten. Für den Leser wichtige Beiträge zur Festlegung von Prioritäten und für den sinnvollen Ressourceneinsatz!

Einen größeren Raum nehmen die Abhandlungen zur Sanierung selbst ein. Kriterien für Sanierungskonzepte und -techniken, kritische Einschätzungen von Lösungsansätzen sowie exemplarische Beispiele und Berichte aus der Praxis bieten dem Leser eine Fülle von wichtigen, bisher kaum zugänglichen Arbeitsunterlagen. Hervorzuheben ist hier vor allem eine vergleichende Übersicht der heute gebräuchlichen Sanierungstechniken!

Abschließend werden in einem weiteren eigenständigen Teil die Haftungs- und Finanzierungsfragen ausführlich behandelt: Möglichkeiten der Finanzierung, Überlegungen zum Finanzbedarf und die kritische Wertung bereits praktizierter Finanzierungsmodelle.

EB EBERHARD BLOTTNER VERLAG
Fachbücher für wirksamen Umweltschutz · 6204 Taunusstein